网页设计与制作项目教程（HTML + CSS + Bootstrap）（第2版）

主　编　徐云晴

副主编　琚敏敏　李永明　毛　燕
谈李清　花小琴

北京理工大学出版社
BEIJING INSTITUTE OF TECHNOLOGY PRESS

内 容 简 介

本教程主要面向网页设计与制作的入门者，尽量选择了贴近当前市场上网站前端开发的主流技术，以 Dreamweaver 2021 作为学习平台，以项目为教材内容的组织形式，以网站前端开发的一般流程作为项目主线编写而成。

本教程共 9 个项目和 3 个附录。通过每个项目的学习，读者都能创建一个完整的网站。每一个项目都是以网站开发的完整流程展开的，同时，项目的设计又突出体现了各个项目的学习重点，前后项目既相对独立，又相互联系。

图书在版编目（CIP）数据

网页设计与制作项目教程：HTML + CSS + Bootstrap / 徐云晴主编. -- 2 版. -- 北京：北京理工大学出版社，2021.11

ISBN 978 - 7 - 5763 - 0765 - 8

Ⅰ. ①网… Ⅱ. ①徐… Ⅲ. ①网页制作工具 - 教材 Ⅳ. ①TP393.092.2

中国版本图书馆 CIP 数据核字（2021）第 259825 号

出版发行 / 北京理工大学出版社有限责任公司
社　　址 / 北京市海淀区中关村南大街 5 号
邮　　编 / 100081
电　　话 / （010）68914775（总编室）
（010）82562903（教材售后服务热线）
（010）68944723（其他图书服务热线）
网　　址 / http://www.bitpress.com.cn
经　　销 / 全国各地新华书店
印　　刷 / 三河市天利华印刷装订有限公司
开　　本 / 787 毫米 × 1092 毫米　1/16
印　　张 / 20
字　　数 / 465 千字
版　　次 / 2021 年 11 月第 2 版　2021 年 11 月第 1 次印刷
定　　价 / 85.00 元

责任编辑 / 王玲玲
文案编辑 / 王玲玲
责任校对 / 周瑞红
责任印制 / 施胜娟

前　言

随着 Web 2.0 时代的到来，越来越多的网站开始注重 Web 标准化。这其中，HTML 与 CSS 是 Web 标准化技术的核心和基础。移动平台的广泛应用的需求促使万维网联盟（W3C）于 2014 年推出了下一代 HTML 标准——HTML 5.0。Bootstrap 是基于 HTML、CSS 和 JavaScript 的快速开发网站前端的框架。

本编写组主要面向网页设计与制作的入门者，尽量选择贴近当前市场上 Web 前端开发的主流技术，以 Dreamweaver 2021 作为学习平台、以项目为教材内容的组织形式、以网站前端开发的一般流程作为项目主线编写了本教程。

本教程共 9 个项目。通过每个项目的学习，读者都能创建一个完整的网站。每一个项目都是以网站开发的完整流程展开的，同时，项目的设计又突出体现了各个项目的学习重点，前后项目既相对独立，又相互联系。

任务内容任务化。每个项目划分为多个任务，读者在逐个完成一系列的任务后，也即完成了整个网站的创建。

本教材的部分图片可通过手机“扫一扫”功能扫描图片旁边或下方的二维码，预览查看该图彩色效果。

1. 项目主旨说明

项目	项目名称	项目主旨	建议学时*	备注
项目一	创建网站“绿色家园”（网页初识）	初识网页	4	读者可根据自身实际情况作适当调整学时数
项目二	创建网站“太湖之美”（HTML 入门）	初识 HTML	12	
项目三	创建网站“姑苏美食”（样式入门）	初步掌握样式的使用	8	
项目四	创建网站“古诗文网”（页面布局）	DIV + CSS 页面布局基础	12	
项目五	创建网站“个人博客”（样式应用）	DIV + CSS 页面布局深入	12	
项目六	创建网站“美食交流”（表单应用）	建立表单	6	
项目七	创建网站“快乐花店”（模板应用）	使用模板	8	
项目八	创建网站“全瀚通信”（综合实训）	综合实训	30	
项目九	创建网站“菲菲服饰”（Bootstrap 应用）	Bootstrap 应用	10	
	总计			

续表

项目	项目名称	项目主旨	建议学时*	备注
*附录一	创建网站“姑苏美食”续（样式入门）	表格和多媒体的样式	6	
*附录二	创建网站“全瀚通信”前导（网页美工）	网页美工、切片	8	
*附录三	创建网站“全瀚通信”续（网站代码）	网站代码		
*学时以40～45分钟计为1学时。 *附录以电子版的形式提供，读者可以根据自身的实际情况选择学习。				

其中，项目八是一个综合实训项目，这一项目完全按照网站开发的工作过程从网站规划、网页设计（美工、切片）、网页布局、模板制作、首页分页制作等逐环节进行。并且为了使读者对网站有一个完整的概念，在该项目的最后还初步涉及后台开发的入门内容，为读者后续进一步学习动态网页打下基础。同时，通过本项目综合网站的开发，使读者回顾教程中每一个项目的重点内容。

附录一是项目三的补充，侧重于表格和多媒体元素的学习。

附录二介绍如何基于 Photoshop 软件进行网页美工图的绘制和切片，对网页美工熟悉的读者可以忽略本项目。感兴趣的读者可以阅读完毕再进入项目八的学习。

附录三是综合实训项目“全瀚通信”全站代码，方便读者查阅。

2. 项目栏目说明

（1）项目简介：说明网站主题和项目主旨。

（2）项目目标：说明本项目包含的学习要点。项目目标中提示职业素养的培养和课程思政。

（3）工作任务：说明项目分解的主体模块任务。

3. 任务栏目说明

（1）任务描述：给出本任务的效果图，并做任务分解。

（2）任务目标：说明本任务的学习目标。

（3）知识准备：对于完成任务时涉及的知识，在此进行相对系统的说明，读者可选择性地进行学习。

（4）任务实施：按照任务实施分解的步骤顺序，做详细的操作指导。

（5）小贴士：对任务实施中出现的关键性技术要点给出提示。

（6）想一想：对任务实施中出现的易混淆的技术点提示读者思考归纳。

（7）任务评价：通过列表形式对实施本任务需达成的学习指标进行评价。

（8）思考练习：参考本任务的知识和技能要点，给出读者练习内容（偏理论）。

（9）任务拓展：通过完成一个完整网站或网页的开发，使读者回顾本任务的学习重点，并尝试进一步对任务中的深入要求进行探究。

本教材由无锡旅游商贸高等职业技术学校徐云晴担任主编，苏州工业园区工业技术学校琚敏敏、无锡立信高等职业技术学校李永明、无锡旅游商贸高等职业技术学校毛燕、无锡机电高等职业技术学校谈李清、南京高等职业技术学校花小琴担任副主编。其中，徐云晴编写了项目四并统筹了全稿，毛燕编写了项目一和项目二，琚敏敏编写了项目三、项目六及附录一，谈李清编写了项目五和项目八，李永明编写了项目七和项目九，花小琴编写了附录二、附录三。附录一、附录二和附录三均以电子版的形式呈现，读者可以扫描二维码下载或网上阅读。

由于编者水平有限，书中难免存在疏漏和不足之处，希望同行专家和读者能给予批评和指正。

编 者

2021 年 10 月

目　录

项目一

创建网站“绿色家园”（网页初识）

一、项目简介

随着互联网的飞速发展，网络早已成为人们生活中重要的一部分。作为业界领先的网页制作软件，无论是国内还是国外，Dreamweaver 都深受广大网页初学者和网页设计工作者的青睐。本项目以创建网站“绿色家园”为例，介绍网页的基础知识、Dreamweaver 2021 软件的功能及操作界面、创建第一个网站的方法及网页制作的基本流程。

二、项目目标

本项目以网站“绿色家园”为例，了解网页的基础知识、Dreamweaver 2021 软件的功能及操作方法，掌握创建和管理站点的方法，掌握网页制作的基本流程。

通过本项目的学习，初步建立网页和网站建设的思路，激发学习乐趣，培养乐于思考和探索的品质。

三、工作任务

根据网站制作的基本流程，以任务驱动的方式，将本项目分为以下两项任务：

①初识 Dreamweaver 2021。

②创建网站“绿色家园”。

任务一　初识 Dreamweaver 2021

（一）任务描述

通过以下两个步骤的操作实践来认识 Dreamweaver 2021 的工作界面和掌握网页制作的流程，效果如图 1. 1. 1 所示。

①初识 Dreamweaver 2021 的工作界面。

②熟悉网页制作的流程。

（二）任务目标

通过任务操作，了解 Dreamweaver 2021 的功能和工作界面，熟悉 Dreamweaver 的视图、菜单、面板等，熟悉网页制作的流程。

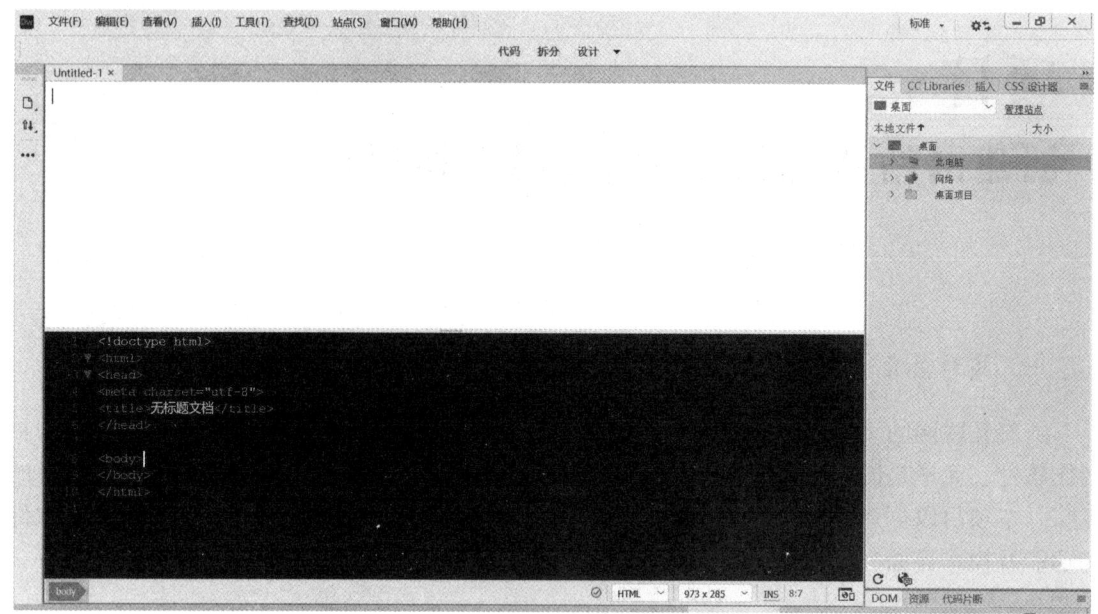

图 1.1.1　Dreamweaver 2021 的工作界面

扫码查看
彩图效果

（三）知识准备

知识准备一　了解网页和网站的基础知识

在网络技术高速发展的今天，网站已经成为一个自我展示和宣传的平台，一个网站是由多个相互关联的网页构成的。一般网页上都会有文本和图像信息，复杂一些的网页上还会有声音、视频、动画等多媒体。要制作出精美的网页，不仅需要熟练使用软件，还需要掌握一些网页设计制作的相关知识。

1. 互联网和 WWW

互联网是一组彼此连接的计算机，也称为网络。全世界所有计算机通过传输控制协议（Transmission Control Protocol/Internet Protocol，TCP/IP 协议）进行交流、娱乐，共同完成工作。

人们熟悉的 WWW，即 World Wide Web（万维网），是互联网的一个子集，为全世界用户提供信息。WWW 共享资源共有 3 种机制，分别为“协议”“地址”和 HTML。协议，即超文本传输协议（Hyper Text Transfer Protocol，HTTP），是访问 Web 资源必须遵循的规范；地址，即用统一定位符（Uniform Resource Locators，URL）来标识 Web 页面上的资源，WWW 按照统一命名方案访问 Web 页面资源；超文本标记语言（HTML），用于创建可以通过 Web 访问的文档，扩展名为. htm 或. html。使用浏览器请求信息时，Web 服务器会相应地回应请求，它会将请求的信息发送至浏览器，浏览器可以对从服务器发送来的信息进行处理。

2. 网页语言

网页语言，即 HTML 语言（Hyper Text Markup Language），也就是超文本标记语言，是

网页设计和开发领域中的一个重要组成部分，是为“网页创建和其他可在网页浏览器中看到的信息”设计的一种标记语言。网页的本质就是超级文本标记语言，通过结合使用其他的 Web 技术（如脚本语言、公共网关接口、组件等），可以创造出功能强大的网页。因而超级文本标记语言是万维网（Web）编程的基础，也就是说，万维网是建立在超文本基础之上的。超级文本标记语言之所以称为超文本标记语言，是因为文本中包含了“超级链接”点。

3. 常用的浏览器

网络的时代，浏览器更是介入互联网的重要软件，几乎可以上网的地方都需要浏览器。浏览器可以用于浏览新闻，观看电视剧、电影、图片，播放音乐等。常用的浏览器有以下几种，如图 1.1.2 所示。

图 1.1.2　常用浏览器图标

（1）Chrome 浏览器

Chrome 浏览器由谷歌公司开发，测试版本在 2008 年发布。虽然是比较年轻的浏览器，但是却以良好的稳定性、快速、安全性获得使用者的青睐。本教材中的案例网站均用 Chrome 浏览器进行调试，其对 CSS3 的支持较好。

（2）IE 浏览器（Internet Explorer）

IE 浏览器是世界上使用最广泛的浏览器，它由微软公司开发，预装在 Windows 操作系统中，装完 Windows 系统之后就会有 IE 浏览器。目前最新的 IE 浏览器的版本是 IE 11。

（3）Safari 浏览器

Safari 浏览器由苹果公司开发，它也是使用得比较广泛的浏览器之一。Safari 预装在苹果操作系统当中，从 2003 年首发测试以来，到现在已经十多个年头，其是苹果系统的专属浏览器，现在其他的操作系统也能安装 Safari。

（4）Firefox 浏览器

Firefox 浏览器是一个开源的浏览器，由 Mozilla 资金会和开源开发者一起开发。由于是开源的，所以它集成了很多小插件，开源拓展很多功能。其发布于 2002 年，也是世界上使用率前五的浏览器。

（5）Opera 浏览器

Opera 浏览器是由挪威一家软件公司开发的，该浏览器始创于 1995 年，目前其最新版本是 Opera 20。它有着快速、小巧的特点，还有绿色版的，属于轻灵的浏览器。

（6）其他浏览器

如 QQ 浏览器、搜狗高速浏览器、傲游浏览器 3、360 极速浏览器、猎豹浏览器、百度浏览器等，大多是基于 IE 内核开发的，如图 1.1.3 所示。

图 1.1.3　浏览器图标 LOGO

4. 网页和网站

网页实际上就是一个 HTML 文件，这个文件存放在世界上某个地方的某一台计算机中，并且这台计算机必须与互联网相连接。网页是由网址（URL，例如 www. sina. com）来识别与存取的。在浏览器的地址栏中输入网页的地址后，经过复杂而又快速的程序解析（域名解析系统）后，网页文件就会被传送到计算机中，然后再通过浏览器解释网页的内容，最后展现在浏览者的眼前。

网页是 Internet 中最基本的信息单位，是构成网站的基本元素，是把文字、图形、声音及动画等各种多媒体信息相互连接起来的一种信息表达方式，是承载各种网站应用的平台。通常情况下，网页中有文字和图像等基本信息，有些网页中还有声音、视频和动画等多媒体内容。网页一般由网站 LOGO、搜索栏、广告栏、导航栏和信息栏等部分组成，如图 1.1.4 所示。

扫码查看彩图效果

图 1.1.4　网页的组成部分

网站主要由网页集合而成，而通过浏览器看到的画面就是网页，同样可以理解为：网站是由许多 HTML 文件集合而成的。究竟多少网页集合在一起才能称作网站，这并没有规定，即使只有一个网页，也能称为网站。

5. 主页和首页

在访问一个网站时，首先映入眼帘的网页一般称为网站的首页。有些网站的首页具有欢迎访问者的作用，有的是体现网站的个性，也有的是进行网站语言的选择等。首页只是网页

的开场页，单击首页上的文字或图片，即可打开网站的主页，而首页也随之关闭。网站首页、主页如图 1.1.5 和图 1.1.6 所示。

图 1.1.5　网站首页效果图

图 1.1.6　网站主页效果图

网站主页与首页的区别在于，主页设有网站的导航栏，是所有网页的链接中心。但多数网站的首页与主页通常合为一个页面，省略了首页而直接显示主页，这种情况下，首页与主页指的是同一个页面。

6. 静态网页和动态网页

静态网页是相对于动态网页而言的，并不是说网页中的元素都是静止不动的。静态网页是指浏览器与服务器端不发生交互的网页，网页中的 GIF 动画、Flash 等多媒体元素都会发生变化。访问者只能被动地浏览网站建设提供的网页内容，网页内容不会发生变化，除非网页设计者修改了网页的内容。静态网页不能实现和浏览网页的用户之间的交互，信息流向是单向的。

静态网页的执行过程大致为：

①浏览器向网络中的服务器发出请求，指向某个静态网页。

②服务器接到请求后，将请求传输给浏览器，此时传送的只是文本文件。

③浏览器接到服务器传来的文件后解析 HTML 标签，将结果显示出来。

动态网页除了静态网页中的元素外，还包括一些应用程序，这些程序需要浏览器与服务器之间发生交互行为，并且应用程序的执行需要服务器中的应用程序服务器才能完成。动态网页可以是纯文本内容的，也可以是包含各种动画内容的，这些只是网页具体内容的表现形式。无论网页是否具有动态效果，采用动态网站技术生成的网页都称为动态网页，如用户注册、用户登录、搜索查询、用户管理、订单管理等。信息流向是双向的。

动态网页是与静态网页相对应的，静态网页的 URL 后缀是以.htm、.html、.shtml、.xml 等常见形式出现的，而动态网页的 URL 后缀是以.asp、.jsp、.php、.perl、.cgi 等形式出现的。

7. 网站的类型

按照网站主体性质的不同，分为政府网站、企业网站、商业网站、教育科研机构网站、个人网站、其他非营利机构网站及其他类型等。按照网站功能，划分为：

（1）产品（服务）查询展示型网站

本类网站的核心目的是推广产品（服务），是企业的产品“展示框”。利用网络的多媒体技术、数据库存储查询技术、三维展示技术，配合有效的图片和文字说明，将企业的产品（服务）充分展现给新老客户，使客户能全方位地了解公司产品。与产品印刷资料相比，网站可以营造更加直观的氛围和产品的感染力，促使商家及消费者对产品产生采购欲望，从而促进企业销售。

（2）品牌宣传型网站

本类网站非常强调创意设计，但不同于一般的平面广告设计。网站利用多媒体交互技术、动态网页技术，配合广告设计，将企业品牌在互联网上发挥得淋漓尽致。本类网站着重展示企业 CI、传播品牌文化、提高品牌知名度。对于产品品牌众多的企业，可以单独建立各个品牌的独立网站，以便市场营销策略与网站宣传统一。

（3）企业涉外商务网站

通过互联网对企业各种涉外工作提供远程、及时、准确的服务，是本类网站的核心目标。本类网站可实现渠道分销、终端客户销售、合作伙伴管理、网上采购、实时在线服务、物流管理、售后服务管理等，它将更进一步地优化企业现有的服务体系，实现公司对分公司、经销商、售后服务商、消费者的有效管理，加速企业的信息流、资金流、物流的运转效率，降低企业经营成本，为企业创造额外收益，降低企业经营成本。

（4）网上购物型网站

通俗地说，就是实现在网上买卖商品，购买的对象可以是企业（B2B），也可以是消费者（B2C）。为了确保采购成功，该类网站需要有产品管理、订购管理、订单管理、产品推荐、支付管理、收费管理、送发货管理、会员管理等基本系统功能。复杂的物品销售、网上购物型网站还需要建立积分管理系统、VIP 管理系统、客户服务交流管理系统、商品销售分

析系统及与内部进销存（MIS、ERP）打交道的数据导入/导出系统等。

（5）企业门户综合信息网站

本类网站是所有各企业类型网站的综合，是企业面向新老客户、业界人士及全社会的窗口，是目前最普遍的形式之一。该类网站的内容主要是企业日常的涉外工作，包括营销、技术支持、售后服务、物料采购、社会公共关系处理等。

（6）沟通交流平台

利用互联网，将分布在全国的生产、销售、服务和供应等环节联系在一起，改变过去利用电话、传真、信件等传统沟通方式。可以对不同部门、不同工作性质的用户建立无限多个个性化网站；提供内部信息发布、管理、分类、共享等功能；汇总各种生产、销售、财务等数据；提供内部邮件、文件传递、语音、视频等多种通信交流手段。

（7）政府门户信息网站

利用政务网（或称政府专网）和内部办公网络建立的内部门户信息网，是为了方便办公区域以外的相关部门（或上、下级机构）互通信息、统一数据处理、共享文件资料而建立的。

8. 网站设计与制作的流程

规范的网站建设应遵循一定的流程，合理的流程可以最大限度地提高工作效率。网站建设流程主要由规划设计阶段、实施发布阶段、评价阶段组成，如图 1.1.7 所示。

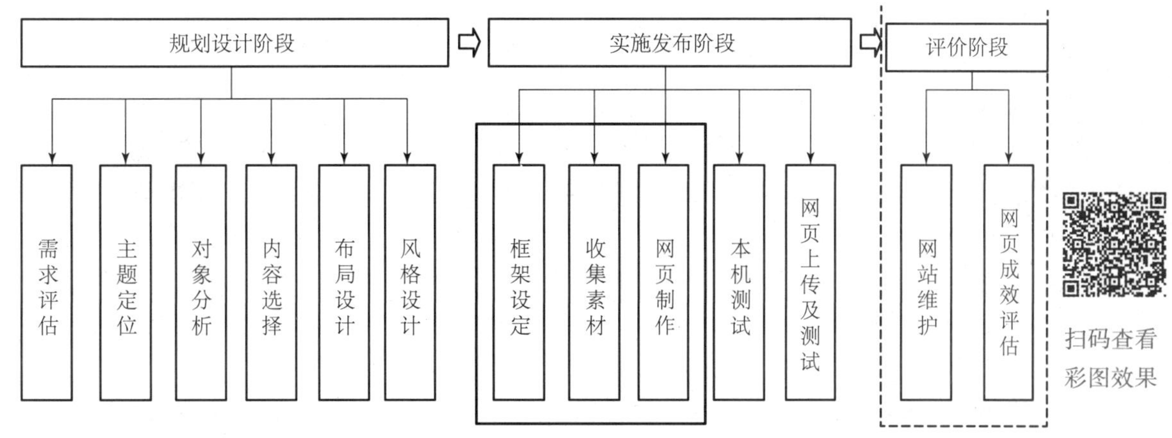

图 1.1.7　网站设计与制作流程图

9. 网页设计技术的演进历史

世界第一个网站是由英国物理学家蒂姆（Tim Berners－Lee）（图 1.1.8）在欧洲粒子物理研究所（CERN）时发明的，当初成立的目的，是让世界各地的物理学家可以方便地交换研究资料，后来 CERN 在 1993 年 4 月 30 日决定以免授权费的方式，将 WWW（World Wide Web）与全世界同享。30 年前诞生的 CERN 的网页只运用了简单的 URL、HTTP 和 HTML，这样的创举改变了全世界的网络世界，也让蒂姆在 2002 年入选“BBC 最伟大的 100 名英国人”。在网际网络真正开始之时，黑色的界面仅能显示单色的像素。当时的网页设计仅能使用字符和空格排列组合。虽然图形化的界面早在 20 世纪 80 年代初就有了，但在当时普及率并不高。直到90年代，图形化界面才真正进入千家万户。

图1.1.8　物理学家蒂姆

1995年，网页的兴起、Table的使用、能够显示图片的浏览器的诞生，是促使网页设计这个行业诞生的重要先决条件。在当时最接近于资讯结构化的概念，是HTML中已有的元素：表格（Table）。在表格中嵌套表格，将静态的表格和动态的表格以巧妙的方式结合到一起，在那个时代这种方法大为流行。网页设计所面临的另外一个问题，就是如何保持网页脆弱的结构。也正是因为这种需求，切片设计（Slicing Design）逐渐流行起来。设计师创建出漂亮的网页排版，开发者将整个设计稿切片，找出呈现设计的最佳方法。另外，表格也有好用的地方，比如垂直对齐、以像素为单位或者以百分比来控制对齐。在当时，表格是近乎栅格系统一样的灵活的设计神器，也正因为如此，那个时代的开发者并不喜欢前端的代码。

1995年，JavaScript解决了HTML的一些局限。举个例子，如果想写个弹出窗，或者想动态修改某些对象的顺序，HTML不行，但是JavaScript可以。当时背景图像、GIF动画、闪烁文字、计数器等工具迅速成为网页的噱头。不过JavaScript的主要问题在于，它处于整个网页布局的顶层，并且需要单独加载。很多时候它仅仅被当作一个简单的补丁，但如果使用得当，JavaScript可以非常强大。今天，如果CSS能实现同样的功能，会尽量避免使用JavaScript。不可否认的是，JavaScript本身确实很强大，前端常用的jQuery、后端的Node. js，都是不可多得的好东西。

1996年，Flash自由的黄金年代。Flash为网页开发者/设计师带来了前所未有的自由，它打破了之前网页设计固有的限制。设计师可以随心所欲地在网页上展现任何形状、排版、动画和互动，也可以使用任何喜欢的字体。所有的这一切最终会被打包成一个文件，然后被发送到浏览器端显示出来。这也意味着，用户只需要拥有最新的Flash插件和些许等待时间，就可以享有一个魔术般的网页。这是启动页面（splash pages）、介绍动画及各种交互特效的黄金时代。不幸的是，这种设计并不开放，也不利于搜寻，还消耗大量的运算能力。2007年，当苹果发布他们的第一台iPhone时，就决定彻底放弃Flash，也正是在这个时候，Flash在网页设计领域逐渐被HTML5取代。

1998年，CSS（Cascading Style Sheets）出现。CSS与Flash约同期出现，是一种更好的网页结构化设计工具。CSS的基本概念是将网页内容和设计样式分开管理，所以网页的外观和排版等属性将会在CSS中被定义，但内容依然保留在HTML中。早期版本的CSS并没有

现在那么灵活，它最大的障碍在于许多浏览器还没来得及接纳这一新技术，对于开发者而言，这是一件令人头疼的事情。需要明确说明的是，CSS 并非全新的编程语言，它仅仅是一种声明性语言。

2007 年，Grid System iPhone 问世。在手机上浏览网页本就是一种全新的挑战，设计师除了要为不同尺寸的屏幕装置设计不同的排版布局，还面临着内容控制的问题：小屏幕上展示的内容是和桌面端一样多，还是需要单独抽离开来？桌面端网页上的广告要如何在手机上呈现？加载速度也是一个大问题，行动装置的网络加载速度不够快，且桌面端网页会消耗大量的流量。第一个重大的改进是栅格系统的出现。960 栅格系统或 12 栅格系统被设计师们广泛接纳，甚至成为许多设计师最常用的设计工具。各种常见的设计元素诸如表格、导航、按钮被标准化为可复用的套件，构成了视觉元素库。其中最典型的代表就是 Bootstrap 和 Foundation，它们使网站和 APP 之间的界限逐渐模糊。它们也不是没有缺点，借助这些元素库设计出来的网页往往大同小异，并且网页设计师要想使用它们，还得深入了解相关的代码知识。

2010 年，RWD 响应式网页设计（Responsive Web Design）出现。设计师 Ethan Marcotte 决定挑战传统的网页设计，让网页在内容不变的前提下，版面布局随着显示器尺寸的变化而变化，将这种设计命名为 RWD 响应式网页设计。设计师只需要 HTML 和 CSS 就可以实现这种功能。对于设计师而言，RWD 响应式网页设计意味着为手机设计许多不同的布局。对于用户而言，RWD 响应式网页设计就意味着这个网页可以在手机上完美浏览。对于开发者而言，RWD 响应式网页设计意味着如何控制好网站图片在行动端和桌面端，以及在不同情形和语义下，拥有良好的下载速度和呈现效果。简而言之，就是一个网站能在任何情况下良好展现，且更利于搜寻引擎优化。

2010 年，Flat Design 扁平化设计出现。以往的设计耗费太多时间在繁杂的设计上，如不必要的阴影、纹理、装饰等，现今开始抛弃复杂的光影效果，设计开始化繁为简，回归到设计的根本，专注于内容呈现方面。将复杂的效果淡化后，这些简化的视觉元素就是所谓的扁平化设计。充满光影特效的按钮被扁平化的图标所替代，向量图 SVG 和图标字体 Font icon 开始被广泛使用，简约的界面与流畅的操作，给使用者带来更直觉的设计。

2014 年，网页设计璀璨的未来。网页设计演化至今，目的在于呈现直觉的内容、快速地传递信息。在许多设计平台上，设计师只需要在屏幕上移动不同的控件，就可以生成整洁的代码，并且这些代码非常灵活，可控度极高，开发者无须担心浏览器兼容性，可以专注于更加实际的问题！网页设计的概念与技术不断推陈出新。在 CSS 中新诞生的属性，如 vh 和 vw（viewport height 和 viewport width），使网页元素的定位控制更加灵活、自由。此外，影片型网站、向量图形 SVG 与图标字体 Font icon 等技术使网站效能更加优化。

10. 网页制作的工具

（1）基础级软件

1）Microsoft FrontPage

如果对 Word 很熟悉，那么相信用 FrontPage 进行网页设计一定会非常顺手。使用 FrontPage制作网页，能真正体会到“功能强大，简单易用”的含义。页面制作由 FrontPage 中的 Editor 完成，其工作窗口由 3 个标签页组成，分别是“所见即所得”的编辑页、HTML 代码编辑页和预览页。FrontPage 带有图形和 GIF 动画编辑器，支持 CGI 和 CSS。向导和模板都能使初学者在编辑网页时感到更加方便。

2）Netscape 编辑器

Netscape Communicator 和 Netscape Navigator Gold 3.0 版本都带有网页编辑器。如果喜欢用 Netscape 浏览器上网，使用 Netscape 编辑器将非常简单方便。用 Netscape 浏览器显示网页时，单击“编辑”按钮，Netscape 就会把网页存储在硬盘中，然后就可以编辑了。也可以像使用 Word 那样编辑文字、字体、颜色，改变主页作者、标题、背景颜色或图像，插入链接，定义文档编码，插入图像，创建表格等，但 Netscape 编辑器不支持表单创建、多框架创建。

Netscape 编辑器是网页制作初学者很好的入门工具。如果网页主要是由文本和图片组成的，Netscape 编辑器将是一个轻松的选择。如果对 HTML 语言有所了解，能够使用 Notepad 或 Ultra Edit 等文本编辑器来编写少量的 HTML 语句，也可以弥补 Netscape 编辑器的一些不足。

3）Adobc Pagemill

Pagemill 功能不算强大，但使用起来很方便，适合初学者制作较为美观，但不是非常复杂的主页。如果主页需要很多框架、表单和 Image Map 图像，那么 Adobe Pagemill 是首选。Pagemill 另一大特色是有一个剪贴板，可以将任意多的文本、图形、表格拖放到里面，需要时再打开，很方便。

4）Claris Home Page

如果使用 Claris Home Page 软件，可以在几分钟之内创建一个动态网页。这是因为它有一个很好的创建和编辑 Frame（框架）的工具，不必花费太多的力气就可以增加新的 Frame（框架）。并且 Claris Home Page 3.0 集成了 FileMaker 数据库，增强的站点管理特性还允许检测页面的合法连接，不过对 Image Map 图像的处理不完全。

（2）中级网页制作软件

如果对网页设计已经有了一定的基础，对 HTML 语言又有一定的了解，那么可以选择下面的几种软件来设计的网页。

1）Dreamweaver

Dreamweaver 是本书中运用到的网页制作的软件，它包括可视化编辑、HTML 代码编辑的软件包，并支持 ActiveX、JavaScript、Java、Flash、ShockWave 等，并且它还能通过拖曳从头到尾制作动态的 HTML 动画，支持动态 HTML（Dynamic HTML）的设计，使页面没有 plug－in 也能够在 Netscape 和 IE 浏览器中正确地显示页面的动画。同时，它还提供了自动更新页面信息的功能。Dreamweaver 还采用了 Roundtrip HTML 技术。这项技术使网页在 Dreamweaver 和 HTML 代码编辑器之间进行自由转换，HTML 句法及结构不变。这样，专业设计者可以在不改变原有编辑习惯的同时，充分享受到可视化编辑带来的益处。Dreamweaver 最具挑战性和生命力的是它的开放式设计，这项设计使任何人都可以轻易扩展它的功能。

2）Fireworks

Fireworks 是第一款完全为 Web 制作者们设计的软件，使 Web 作图发生了革命性的变化。Fireworks 是专为网络图像设计而开发的，其能够自动切图，生成鼠标动态感应的 JavaScript。Fireworks 具有十分强大的动画功能和一个几乎完美的网络图像生成器（Export 功能）。它增强了 Dreamweaver 的联系，可以直接生成 Dreamweaver 的 Libary，甚至能够导出为配合 CSS 式样的网页及图片。

3）Flash

Flash 可让网页动起来。Flash 是用在互联网上的动态的、可互动的 shockwave。它的优点是体积小，可边下载边播放，这样就避免了用户长时间的等待。可以用其生成动画，还可在网页中加入声音，这样就能生成多媒体的图形和界面，并且文件所占空间却很小。Flash 虽然不可以像一门语言一样进行编程，但用其内置的语句并结合 JavaScript，也可做出互动性很强的主页来。

4）HotDog Professional

HotDog Professional 可用于制作要加入多种复杂技术的网页。HotDog 是较早基于代码的网页设计工具，其最具特色的是提供了许多向导工具，能帮助设计者制作页面中的复杂部分。HotDog 的高级 HTML 支持插入 marquee，并能在预览模式中以正常速度观看。即使首创这种标签的 Microsoft 在 FrontPage 中也未提供这样的功能。HotDog 对 plug - in 的支持也远超过其他产品，它提供的对话框允许以手动方式为不同格式的文件选择不同的选项，但对中文的处理不是很方便。

5）HomeSite

HomeSite 可用于制作可完全控制页面进程的网页。Allaire 的 HomeSite 是一个小巧而全能的 HTML 代码编辑器，有丰富的帮助功能，支持 CGI 和 CSS 等，并且可以直接编辑 Perl 程序。HomeSite 工作界面繁简由人，根据习惯，可以将其设置成像 Notepad 那样简单的编辑窗口，也可以在复杂的界面下工作。HomeSite 更适合那些比较复杂和精彩页面的设计。如果希望能完全控制页面的制作进程，HomeSite 是最佳选择。不过对于初学者来说，其过于复杂。

6）HotMetal Pro

HotMetal Pro 可用于制作具有强大数据嵌入能力的网页。HotMetal 既提供“所见即所得”图形制作方式，又提供代码编辑方式，是一个令各层次设计者都不失望的软件。但是初学者需要熟知 HTML，才能得心应手地使用这个软件。HotMetal 具有强大的数据嵌入能力，利用它的数据插入向导，可以把外部的 Access、Word、Excel 及其他 ODBC 数据提出来，放入页面中。并且 HotMetal 能够把它们自动转换为 HTML 格式。此外，它还能转换很多格式的文档（如 WordStar 等），并能在转换过程中把这些文档里的图片自动转换为 GIF 格式。HotMetal 还可以用网状图或树状图表现整个站点文档的链接状况。

（3）高级网页制作软件

①Microsoft Visual Studio：用于动态开发的 aspx 网页，适合高级用户。

②Jbuilder：用于开发 Jave Server Pages 网页，适合高级用户。

③记事本：记事本功能少，软件很简单，但是用它来制作网页仅适合高级用户。没有任何可视化的操作可直接制作网页，而只能通过编写各种 HTML 代码、CSS 代码、JavaScript 代码和各种动态脚本制作出网页来。

知识准备二　Dreamweaver 2021 软件介绍

1. Dreamweaver 软件介绍

Dreamweaver，简称“DW”，中文名称“梦想编织者”，是美国 Macromedia 公司开发的集网页制作和网站管理于一身的所见即所得网页编辑器。DW 是第一套针对专业网页设计师特别发展的视觉化网页开发工具，利用它可以轻而易举地制作出跨越平台限制和跨越浏览器限制的充满动感的网页。由于 Macromedia 已于 2005 年被 Adobe 并购，故此软件现已为 Adobe 旗下产品。

之前 Macromedia 公司推出的版本有 Dreamweaver 1、Dreamweaver 2、Dreamweaver 3、Dreamweaver 4、Dreamweaver 5、Dreamweaver 6、Dreamweaver MX、Dreamweaver 8，Macromedia 被 Adobe 收购后，推出的第一个版本是 Adobe Dreamweaver CS3，随后出现了 Dreamweaver CS4、Dreamweaver CS5、Dreamweaver CS6、Dreamweaver CC 2014、Dreamweaver CC 2015、Dreamweaver CC 2016、Dreamweaver CC 2017，2018 年 3 月版的 Dreamweaver（18.1 版）等，现已推出 2021 年 1 月版（版本 21.1），Adobe Dreamweaver 版本 21.1 改进了与最新操作系统版本（macOS 和 Windows）的兼容性，修复了多项错误和安全漏洞，并提高了文件打开性能。Dreamweaver 只是一个工具软件，众多版本的使用方法类似，各版本在功能上不断地完善和增强，更便捷和高效。

2. Dreamweaver 的新功能和其他增强功能

Dreamweaver 2018 年 10 月版（版本 19.0）以后陆续推出了一些令 Web 设计人员和开发人员激动无比的新增功能。

（1）JavaScript 重构

Web 开发人员可以在 HTML、PHP 和 JavaScript 文档类型中重构代码。当右键单击 Dreamweaver 中的代码区域时，可以在出现的快捷菜单中选择“重构”。重构中包含一些有用的工作效率增强功能，例如“重命名”“提取到变量”“提取到函数”“包装在 Try Catch 中”“包含在 Condition 中”“转换为箭头函数”和“创建 Getter/Setter”。

（2）支持 ECMAScript 6

ECMAScript 是由 ECMA 国际标准化的脚本语言规范。Dreamweaver 现在支持 ECMAScript 6 语法。Web 开发人员可以利用 ECMAScript 6 的功能使用最新 JavaScript 更新。

（3）新版 CEF 集成

Dreamweaver 现已与新版 Chromium Embedded Framework（CEF）集成。借助新版 CEF，实时视图可以渲染使用 CSS Grid 布局设计的页面。此外，此更改还可以提供更好的 CSS 网格布局查看效果。

（4）安全性增强功能

Dreamweaver 现可提供多种安全增强功能，使其能够支持大多数托管服务提供商。OpenSSH 和 OpenSSL Dreamweaver 已与全新 OpenSSH（版本 7.6）集成，可实现与多个托管服务器的无缝 SFTP 连接。

（5）主屏幕定制

启动 Dreamweaver 时，就可以打开各种教程，帮助快速学习和理解概念、工作流程、提示和技巧，可以创建新文档或打开现有文档。主屏幕的内容可以根据对 Dreamweaver 和 Creative Cloud 会员资格计划的熟悉程度而定制。

（6）代码格式设置增强功能

根据在标签库中设置的规则，Dreamweaver 支持 PHP 文档中的 HTML 代码格式设置。还可以根据需要自定义 CSS、JS 和 PHP 代码的格式设置规则。

（7）无缝实时视图编辑

在“实时视图编辑”中，生成代码、聚焦、编辑选项等方面的工作流程得到了进一步改进。借助自动同步功能，在实时视图中所做的任何编辑都可自动与代码视图同步。

3. Dreamweaver 2021 常用菜单

Dreamweaver 2021 主菜单包含文件、编辑、查看、插入、修改、格式、命令、站点、窗口、帮助，如图 1.1.9 所示。

图 1.1.9　主菜单

①文件菜单：包括新建文件、打开文件、保存文件、导入/导出、预览等。

②编辑菜单：共 25 个子菜单，常用的有复制/粘贴、查找替换、代码工具及首选项。尤其是“首选项”子菜单，可对 Dreamweaver 进行各类参数的设置，如图 1.1.10 所示。

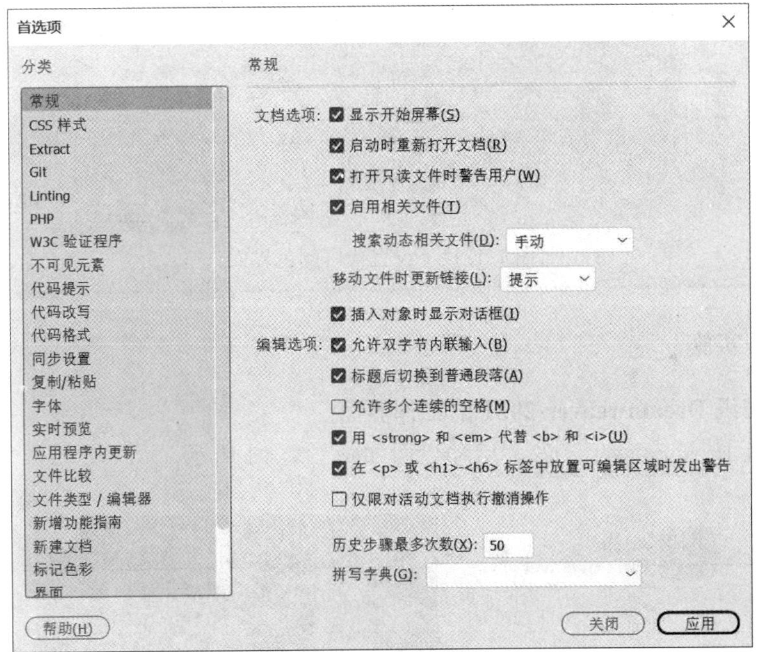

图 1.1.10　“首选项”窗口

③查看菜单：共 28 个子菜单，可进行视图的切换、窗口设置等。

④插入菜单：可以向网页插入视频、音频、表单、HTML、jQuery、DIV 等所有可插入元素。

⑤修改菜单：可以修改已插入的元素，管理字体，设置表格、页面属性等。

⑥格式菜单：可以对页面元素属性、CSS 样式等进行设置。

⑦命令菜单：可以检查拼写、优化图像、编辑各项命令等。

⑧站点菜单：主要用于新建站点、管理站点。

⑨窗口菜单：可以通过勾选子菜单而让子菜单出现在快速菜单窗口。

⑩帮助菜单：可以查看帮助文档和版本信息。

小贴士

Adobe Dreamweaver 的字体、界面风格、标记色彩等都可以进行再设置。如果要修改标记色彩，则在“编辑”菜单中单击“首选项”，在弹出的对话框中单击“分类”下的“标记色彩”，修改相应的颜色即可，如图 1. 1. 11 所示。

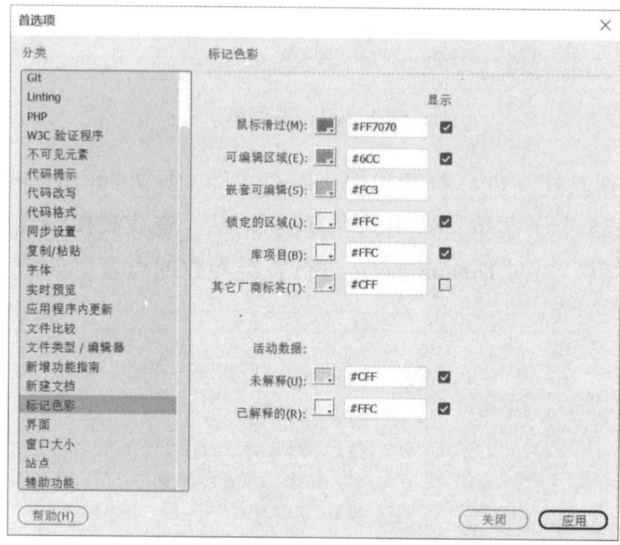

图 1. 1. 11　设置代码颜色界面

(四) 任务实施

步骤一　初识 Dreamweaver 2021 的工作界面

①正确安装 Dreamweaver 2021，启动界面如图 1. 1. 12 所示。

图 1. 1. 12　启动界面

②打开桌面上的 Dreamweaver 2021 快捷方式，或者通过单击程序菜单中的 Dreamweaver 方式来启动 Dreamweaver 2021，出现默认快速菜单区、菜单栏和属性面板等，如图 1.1.13 所示。

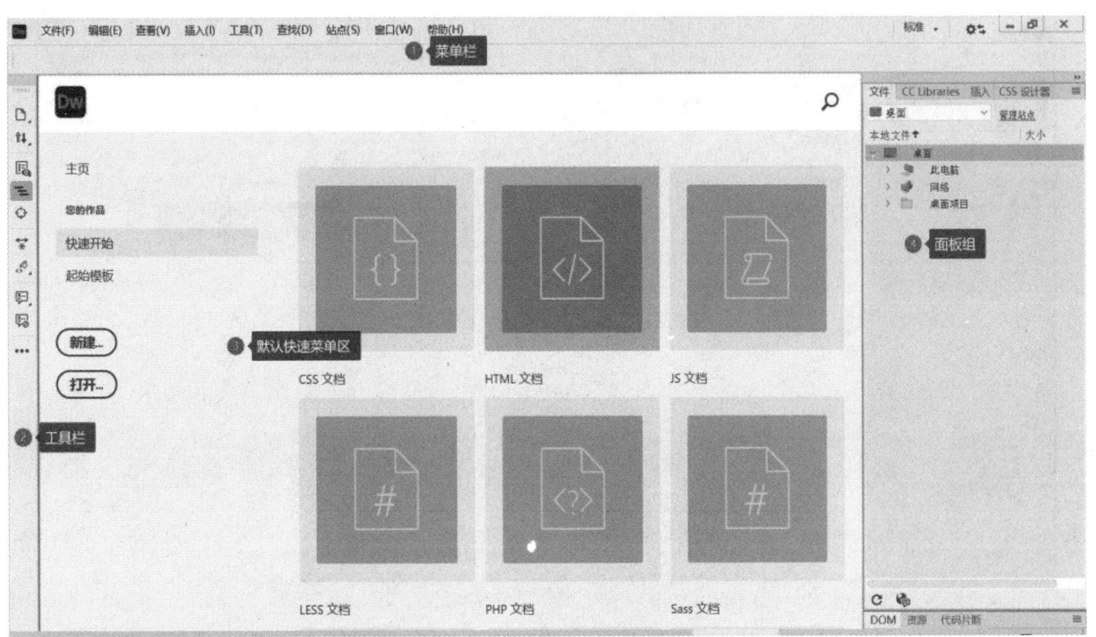

图 1.1.13　Dreamweaver 2021 工作界面

扫码查看彩图效果

③Dreamweaver 2021 的快速菜单区也称欢迎界面，用于帮助用户进行相应的操作，包括“新建”“打开”等操作，如图 1.1.14 所示。

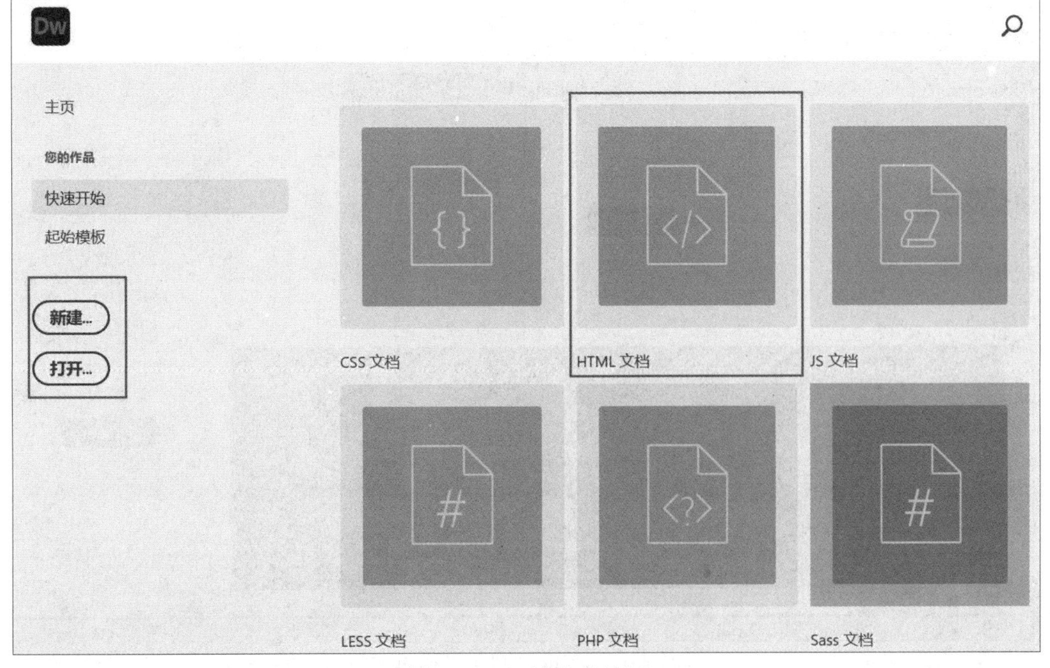

图 1.1.14　快速菜单区

④在欢迎界面中执行某项操作后，便进入 Dreamweaver 2021 的工作界面中，在此，单击“新建文档”菜单，或者单击欢迎界面中“新建”栏中的“HTML 文档”，选择新建的文档类型为 HTML5，默认为 HTML5 文档类型，单击“创建”按钮，如图 1.1.15 所示。

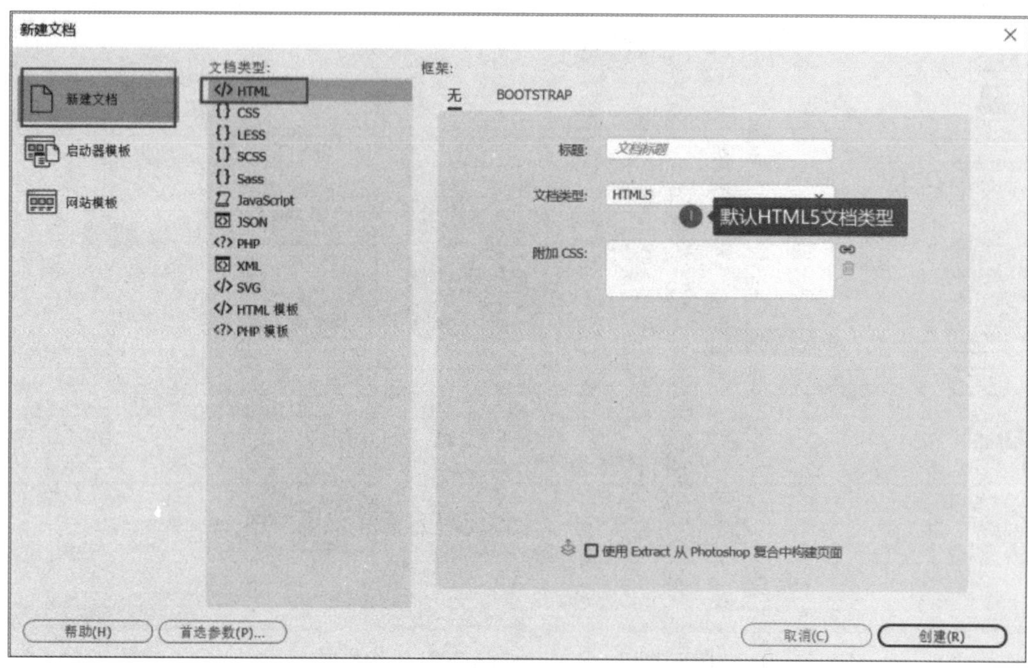

图 1.1.15　新建文档窗口

⑤此时，新建了一张空白的 HTML 文件，默认文件名为“untitled－1. html”，如图 1.1.16 所示。

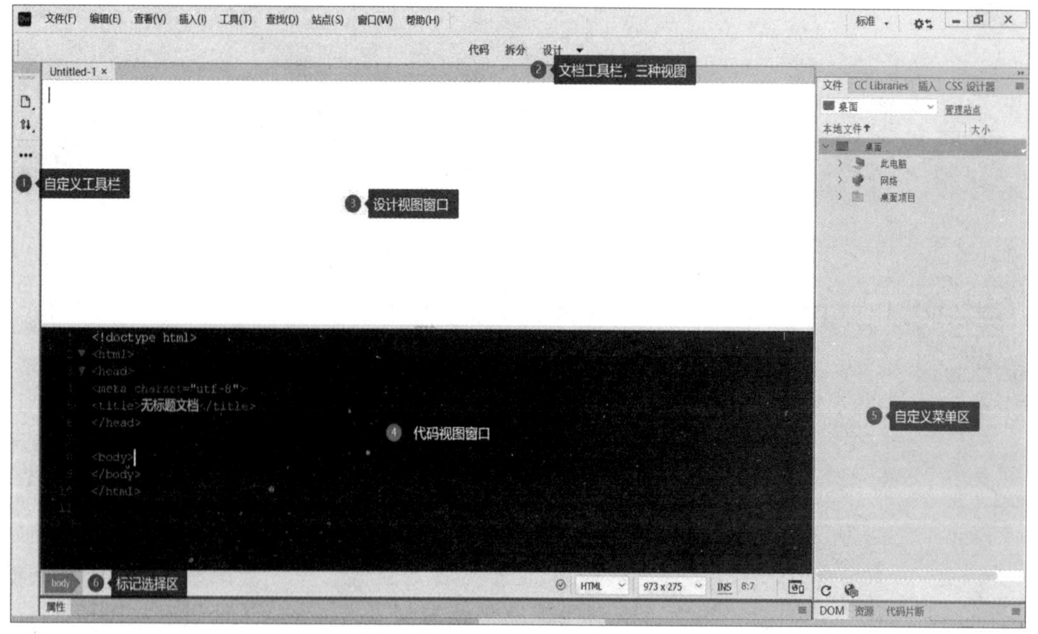

图 1.1.16　网页制作工作界面

扫码查看彩图效果

小贴士

Dreamweaver 提供了一个将全部元素置于一个窗口中的集成工作界面。在集成工作界面中，全部窗口和面板都被集成到一个更大的应用程序窗口中，是一种可伸缩、自由定制的界面，用户可以根据工作习惯自由设置界面，可以查看文档和对象属性。此外，还有很多常用操作放置于工具栏中，使用户可以快速更改文档。

可将面板组中“插入”工具栏拉至网页编辑区的上方，更便于操作，如图 1.1.17 所示。

图 1.1.17　“插入”工具栏界面

步骤二　熟悉网页制作的流程

①单击“文档”工具栏中的“设计”按钮，切换至“设计”视图窗口，在空白的编辑区输入文字“这是我的第一张网页！”，如图 1.1.18 所示。

图 1.1.18　设计视图窗口

②单击“拆分”按钮，编辑区将分成两部分，上半部分为“设计”视图中的内容，下半部分为“代码”视图中的内容，如图 1.1.19 所示。仔细观察设计视图窗口和代码视图窗口中所显示的内容间的联系。

③在编辑区下半部分的“代码”视图窗口中，在 <body> … </body> 中，在文字“这是我的第一张网页！”后方输入文字“就是在这里编辑网页的内容！”，将鼠标在“设计”视图窗口中的任意位置单击，观察窗口内容的变化，如图 1.1.20 所示。

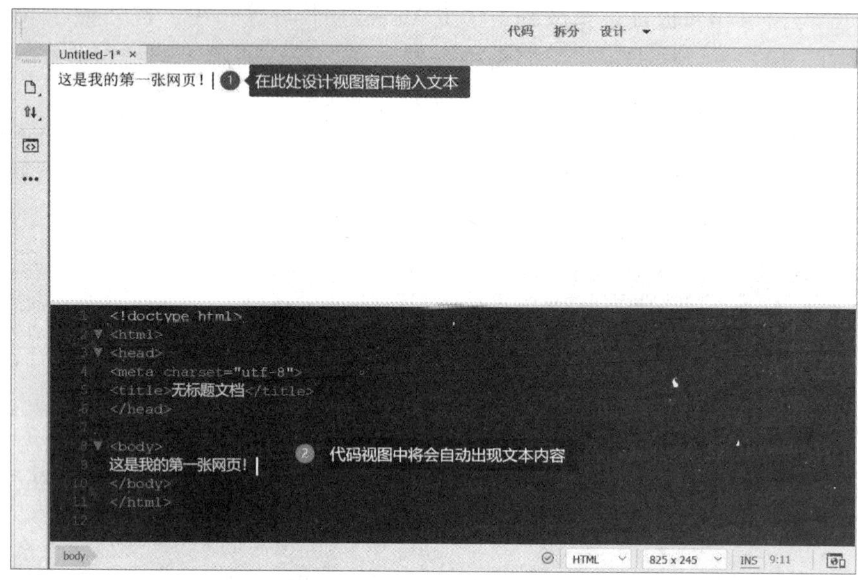

图 1.1.19　拆分视图窗口

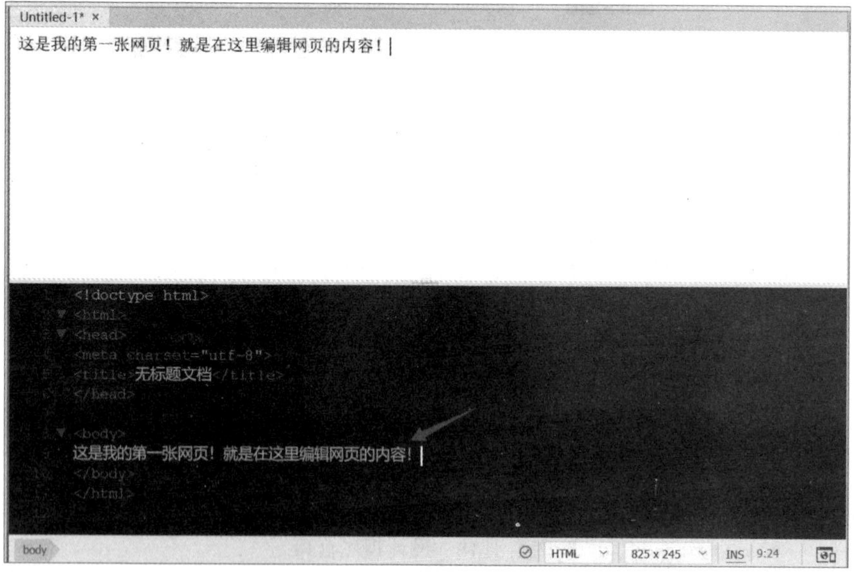

图 1.1.20　编辑网页窗口 1

④在编辑区下半部分的“代码”视图窗口中，将“<title>无标题文档</title>”中的“无标题文档”改为“这里是网页的标题”，如图 1.1.21 所示。

⑤在 D 盘新建文件夹 test，用于存放当前网页。

⑥在 Dreamweaver 中，通过“文件”菜单来保存网页，或者按 Ctrl + S 组合键保存当前网页，保存在 D:\test 下，保存文件名为“index. html”。

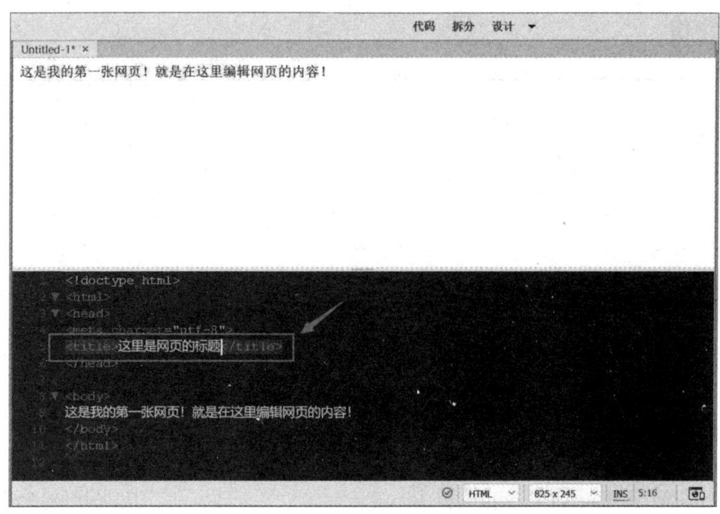

图 1.1.21　编辑网页窗口 2

小贴士

步骤一中，新建完一张空白网页“untitled－1.html”后，也可先对网页进行保存，保存为“index.html”，再进行步骤二中的各项操作。

⑦预览网页文件。打开 D 盘“test”文件夹，双击网页文件 index.html，在浏览器中可以看到网页中的文本内容和网页标题。也可以通过 Dreamweaver 编辑区右下角的 按钮，或者按 F12 键进行预览，如图 1.1.22 所示。

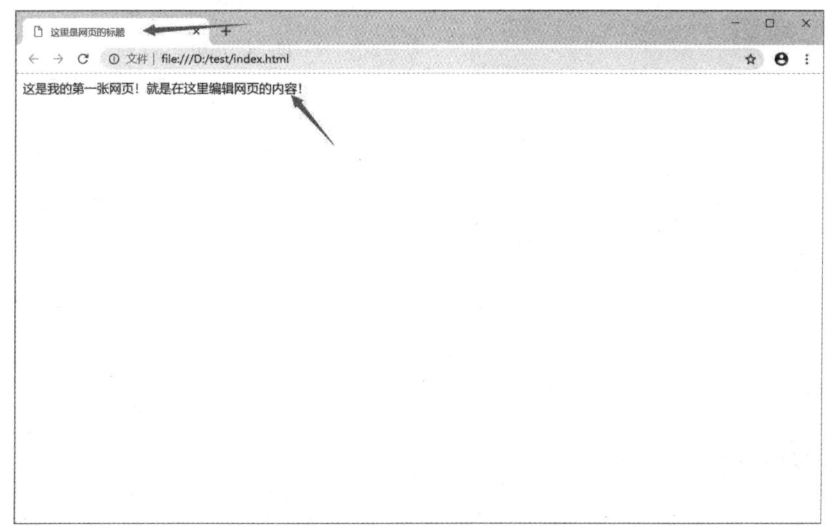

图 1.1.22　网页浏览窗口

⑧在浏览器显示区域，单击右键，选择快捷菜单中的“查看网页源代码”，可以看到网页文件的 HTML 代码，或者使用 F12 键查看源代码。

（五）任务评价

序号	一级指标	分值	得分	备注
1	网页和网站的相关知识	30		
2	Dreamweaver 2021 的工作界面	20		
3	网页制作的流程	50		
合计		100		

（六）思考练习

1. URL（Uniform Resource Locator）即________________，也就是网络地址，是在Internet上用来描述信息资源，并将Internet提供的服务统一编址的系统。

2. 因特网（Internet）又称为__________，是一个把分布于世界各地的计算机用传输介质互相连接起来的网络。

3. Internet 主要提供的服务有______________ 及远程登录（Telnet）等。

4. Dreamweaver 是由__________ 公司出品的。

5. 万维网是（　　）。

A. 无数个网络站点和网页的集合　　B. 互联网

C. 一个网站　　D. 一个网页

6. 目前在 Internet 上应用最为广泛的服务是（　　）。

A. FTP 服务　　B. WWW 服务

C. Telnet 服务　　D. Gopher 服务

7. 网页的特征是（　　）。

A. HTML 文档的基本特征——超文本

B. 标识语言，网页中不能没有标记（Tag）

C. 网页提供了一些措施，以防在网上冲浪的过程中迷失方向

D. 网页实现了对原文档信息的无限补充或扩展

8. 网站和网页的区别是什么？

9. 网站主页和首页的区别是什么？

10. 常用的浏览器有哪些？

（七）任务拓展

①寻找你认为优秀的网站案例，将网站保存并分享给同学，并写出网站吸引你的地方。分析网站包含了哪些功能或者网站能帮助了解到哪些信息。

②进一步熟悉 Dreamweaver 2021 的各面板属性，熟练软件操作。

任务二　创建网站“绿色家园”

（一）任务描述

要制作一个网站，掌握站点建立和编辑的方法尤为重要，所有的网页都是基于站点建立的。建立站点是制作一个网站的首要工作，站点目录结构的确定直接影响到站点的建立与管理等后续工作。以“绿色家园”为主题建立网站，通过以下三个步骤的操作实践来掌握站点的创建和管理的操作方法，并能够根据不同的要求建立和管理站点，如图 1.2.1 所示。

扫码查看
彩图效果

图 1.2.1　网站主页效果图

①确定网站站点目录。
②创建我的第一个网站。
③学会管理站点。

（二）任务目标

通过任务操作，了解网站站点目录的常规设置，掌握创建站点和制作主页的方法，掌握管理站点的方法。

（三）知识准备

知识准备　创建和管理站点的基础知识

1. 站点的定义

站点的创建是制作网站的首要工作，是理清网络结构脉络的重要工作之一。

Dreamweaver 中的站点是指属于某个 Web 站点的文档的本地或远程存储位置。运用 Dreamweaver站点可以组织和管理所有的 Web 文档，并将本地站点上传到 Web 服务器，用于跟踪和维护站点链接，以及管理和共享文件。

Dreamweaver 中的本地站点则为一个本地文件夹，若要向 Web 服务器传输文件或者开发 Web 应用程序，则必须添加远程站点和测试服务器信息。Dreamweaver 站点由本地根文件夹、远程文件夹、测试服务器文件夹三部分组成。

（1）本地根文件夹

本地根文件夹，又称为本地站点，主要用于存储正在处理的文件，通常位于本地计算机上，也可以位于网络服务器上。

（2）远程文件夹

远程文件夹，又称为远程站点，主要存储用于测试、生产和协作等用途的文件，具体是哪些文件取决于开发环境。通常位于运行 Web 服务器的计算机上，包含用户从 Internet 中访问的文件。通过远程文件夹和本地文件夹，用户可以实现本地和 Web 服务器之间的文件传输功能。

（3）测试服务器文件夹

测试服务器文件夹是 Dreamweaver 用来处理动态网页的文件夹。Dreamweaver 用此文件夹生成动态内容并在工作时连接到数据库，主要在对动态页面进行测试时使用。

2. 站点的规划

规划站点结构是指利用不同的文件夹，将不同的网页内容分门别类地保存，它是设计站点的必要前提。合理地组织站点结构，可加快对站点的设计，提高工作效率，节省工作时间。

在 Dreamweaver 中，站点包括本地站点和远程站点，即自己的计算机上的站点和互联网上的站点。一般应在本地计算机上构建好本地站点，创建合理有序的站点结构，使站点中的文档管理起来更轻松，然后可以把站点上传到互联网上供大家浏览。在规划站点时，要遵循一些规则。

（1）文档分类保存

如果站点比较复杂，就不要把文件只放在一个文件夹，应把文件分类，放在不同的文件夹中，以方便更好地管理。在创建文件夹的时候，先建立根文件夹，再建立子文件夹。并且站点中还有一些特殊的文件，如模板、库等，最好放在系统默认创建的文件夹中。

（2）文件夹合理命名

为了方便管理，文件夹和文件的名称最好要代表一定的意义，这样就能清晰地明白网页内容，也便于网站后期的管理，提高工作效率。一般在命名时，可以采用与其内容相同的英文或拼音进行命名（如公司文件夹可以命名为 company 或 gongsi）。在命名时，应避免使用中文和长文件名，并且注意名称的大小写，这是因为很多 Web 服务器使用的是英文操作系统或 UNIX 操作系统。在 UNIX 操作系统中是要区分大小写的，如 index. htm 和 index. HTM 会被 Web 服务器视为不同的两个文件。因此，建议在构建站点时，所有的文件夹和文件都使用小写的英文字母命名。由于本项目介绍静态网页的制作，建议将网页首页的文件名设为“index. html”。

（3）本地站点和远程站点结构统一

为了方便维护和管理，在设置本地站点时，应该将本地站点与远程站点的结构设计保持一致。将本地站点上传至远程服务器上时，可以保证本地站点和远程站点的完整复制，避免出错，也便于对远程站点的调试和管理。

3. 站点导航草图设计

如果网站很大，又没有导航图，可能记不住各个页面之间的关联，从而使页面的链接工作变得凌乱。经过网站的规划分类后，可以试着画出一个导航草图，这样在实际制作过程中可以轻松创建各种链接。如网站“零零影视”，导航草图如图 1. 2. 2 所示。

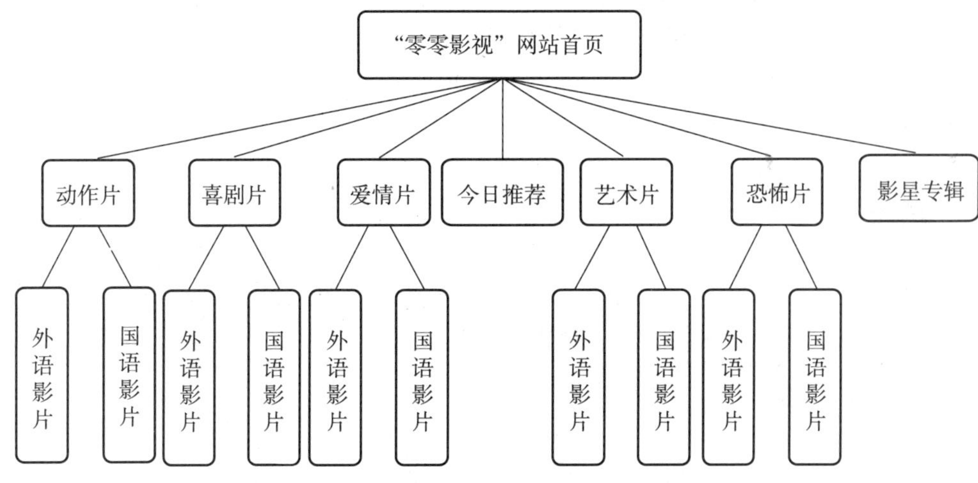

图 1. 2. 2　站点设计草图

4. 站点目录结构的规范

站点目录建立的基本原则：以最小的层次提供最清晰、简便的访问结构。具体需要注意以下一些原则：

①站点根目录一般只存放 index. html 及系统文件，不要将所有网页都存放在根目录下。

②每个一级栏目开设一个独立的目录，也可以建立 files 文件夹放置除主页 index. html 以外的分页文件。

③根目录下的 images 文件夹用于存放各页面的公用图片，子目录下的 images 文件夹存放本栏目页面中使用的私有图片，图片名称一般采用英文，不能采用中文，不建议采用拼音。

④所有 CSS 文件存放在根目录下的 style 目录中。

⑤多媒体文件存放在根目录下的 others 或 media 目录中。

⑥目录层次不要太深，最好不要超过 3 层。

⑦不要使用过长的目录名。

5. 网页文件的后缀名选择

后缀名是用 HTM 还是用 HTML？推荐使用长后缀名 HTML。HTM（Hyper Text Markup）和 HTML（Hyper Text Markup Language）采用的都是英文单词首字母缩写，含义清晰。HTM

来源于老的8.3文件格式，由于DOS操作系统只能支持长度为三位的后缀名，所以使用“HTM”。但在Windows下无所谓HTM与HTML，两者在效果上没有区别。以前HTM和HTML作为不同服务器上的超文本文件，但现在通用。

（四）任务实施

步骤一　确定网站站点目录

①在D盘根目录下，新建文件夹“myweb”，作为网站的站点文件夹。

②在站点文件夹myweb下，新建文件夹files，用于存放网站中的分页；新建文件夹images，用于存放网站中所用到的图像文件；新建文件夹others，用于存放音频、视频等多媒体文件；新建文件夹style，存放页中所用到的CSS文件。

③将素材文件夹中的图片“green. jpg”复制到images文件夹中，为制作第一张网页做好充分的准备，如图1. 2. 3所示。

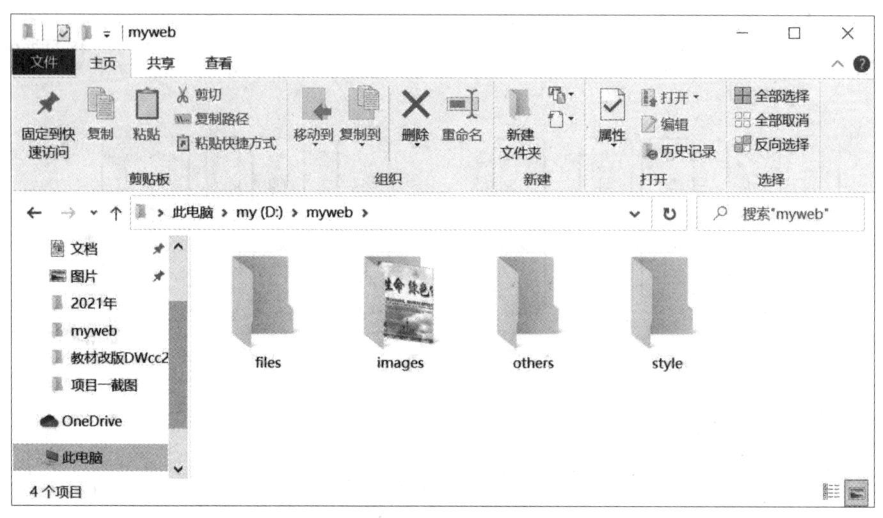

图1. 2. 3　站点目录

步骤二　创建网站“绿色家园”

①双击打开Dreamweaver，执行“站点”菜单中的“新建站点”命令，弹出“站点设置对象 未命名站点”对话框。单击“站点”选项卡，在“站点名称”文本框中输入站点名称“myweb”，单击“本地站点文件夹”选项右侧的浏览文件夹按钮，选择站点文件夹myweb位置，单击“选择文件夹”按钮，确定站点目录。

②单击“高级设置”选项卡，选择“本地信息”，在右侧展开的列表中设置“默认图像文件夹”，单击右侧的浏览文件夹按钮，选择站点文件夹myweb\images位置，单击“选择文件夹”按钮，确定站点图像文件夹目录。

③单击“保存”按钮，完成站点的创建，如图1. 2. 4所示。

④通过“文件”菜单，新建HTML网页，新建的网页默认名为“untitled－1. html”，保存网页，将其存放在myweb站点文件夹的根目录下，保存名为“index. html”。或者通过文件面板，在站点文件夹myweb上单击右键，选择“新建文件”，则在站点文件夹根目录下新建一个网页文件，将文件重命名为“index. html”，如图1. 2. 5～图1. 2. 7所示。

（a）

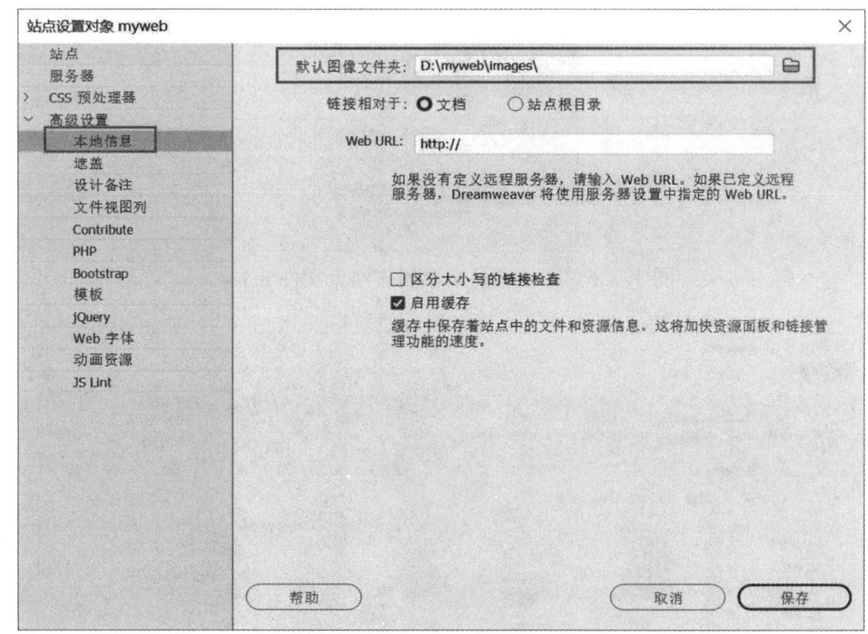

（b）

图 1.2.4　创建站点

⑤在 Dreamweaver 中双击打开 index. html，进入编辑状态，切换到设计视图，在属性面板中的“标题文本框”内输入网页标题“绿色家园”，可切换至拆分视图，观察代码窗口中的变化，如图 1.2.8 所示。

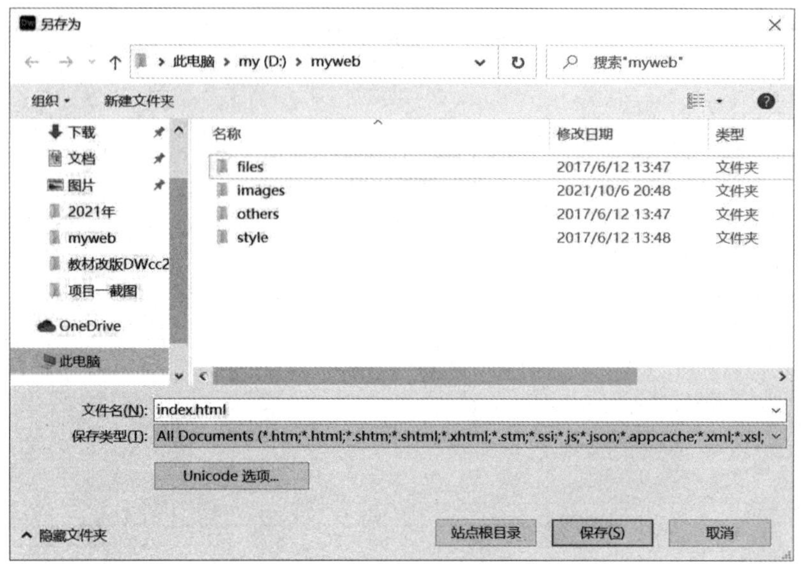

图 1.2.5　保存 index 网页

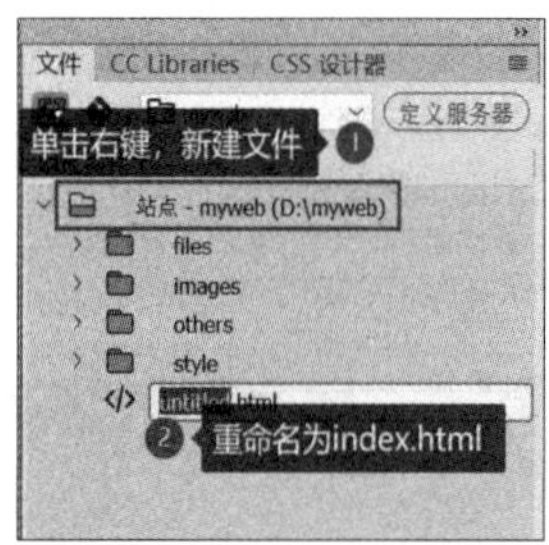

图 1.2.6　在站点目录上创建网页文件 index

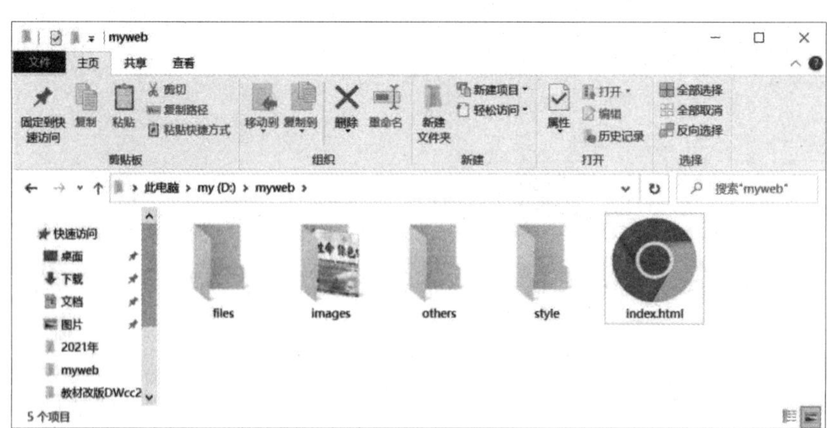

扫码查看
彩图效果

图 1.2.7　站点目录

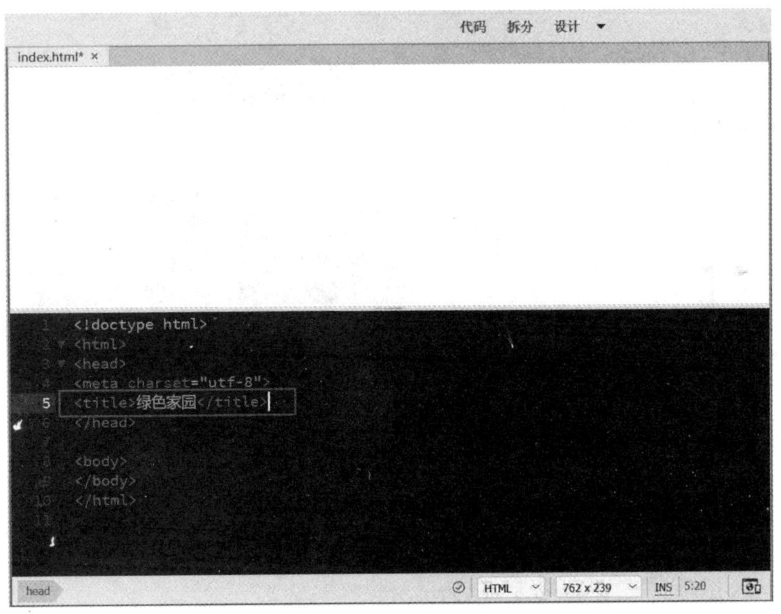

图 1.2.8　设置标题

⑥在设计视图的空白的编辑区中，输入文字“绿色家园”，可观察代码窗口中的变化。

⑦在文字“绿色家园”后按 Enter 键进行换行，观察代码窗口的变化，如图 1.2.9 所示。

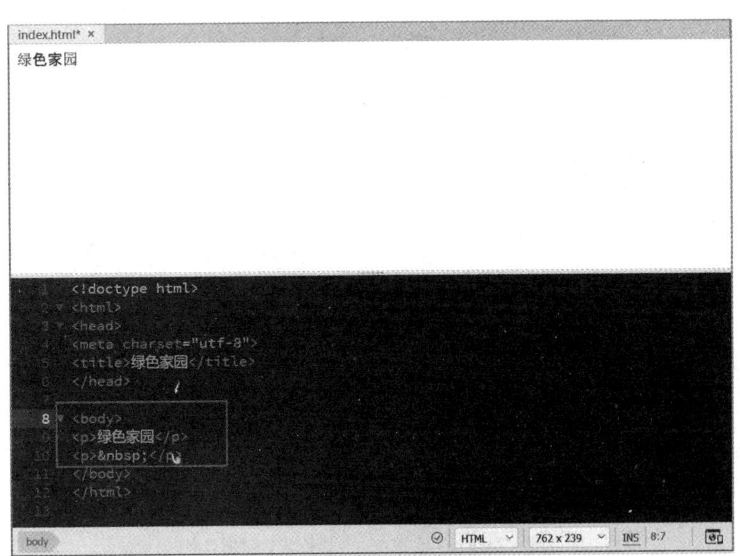

图 1.2.9　网页制作视图窗口

⑧单击“插入”菜单中的“图像”命令，选择站点文件夹 images 中的“green. jpg”，插入图像。或者打开 Dreamweaver 的文件面板，展开 images 文件夹，通过鼠标拖曳的方式将图片“green. jpg”拖放至网页的编辑区，也可实现图片插入的效果，如图 1.2.10 所示。

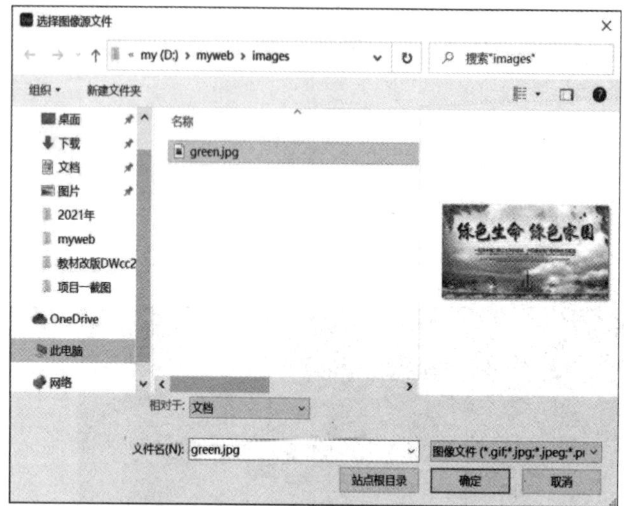

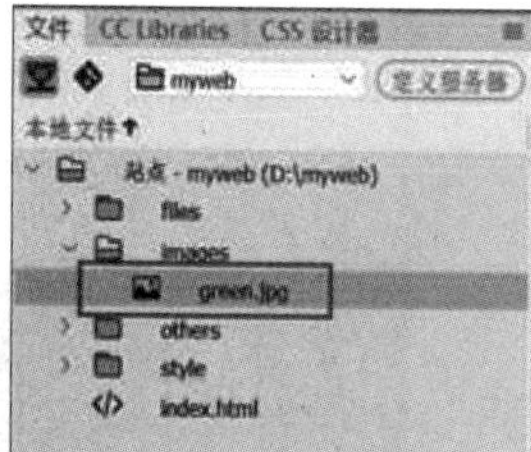

图 1.2.10　插入图像

想一想：插入图像，还有其他方法吗？

⑨通过“文件”菜单中的“保存”命令来保存网页，或者按 Ctrl + S 组合键保存当前网页。

⑩预览网页文件。通过“预览”按钮预览网页，或者按 F12 键预览网页，或者双击打开 D 盘中的网页文件 index. html 预览网页。在浏览器中可以看到网页中的文本内容和网页标题，如图 1.2.11 所示。

图 1.2.11　网页效果图

⑪在网页中图像过大时，可通过鼠标手动更改图像的大小，或者在代码窗口中修改 width 和 height 的值，单位为像素，如图 1.2.12 所示。

```
<!doctype html>
<html>
<head>
<meta charset="utf-8">
<title>绿色家园</title>
</head>

<body>
<p>绿色家园</p>
<p><img src="images/green.jpg" width="1024" height="525" alt=""/></p>
</body>
</html>
```

图 1.2.12　代码窗口修改图像大小

⑫在浏览器空白区域单击右键，选择快捷菜单“查看源文件”，可以看到网页文件的HTML 的代码，如图 1.2.13 所示。

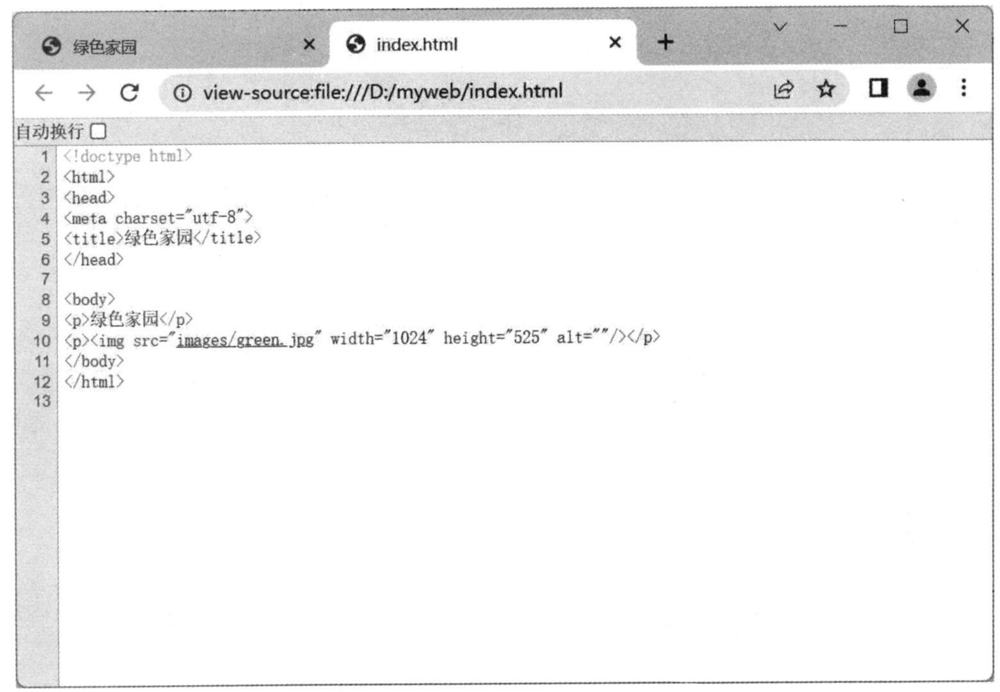

图 1.2.13　浏览器中网页源文件窗口

步骤三　管理站点

Dreamweaver 内置了站点的管理功能，可以进行编辑站点、复制站点、删除站点、导入和导出站点等设置，如图 1.2.14 所示。

①打开“站点”中的“管理站点”命令，在弹出的“管理站点”对话框中，选中“myweb”。单击“编辑当前选定的站点”按钮，或者在“myweb”站点上双击，也可打开编辑站点对话框，修改站点名称为“myweb - greenworld”，单击“保存”按钮，如图 1.2.15 所示。

②单击“复制站点”按钮，复制“myweb”站点，创建了站点的副本。双击复制的站点，修改站点名称为“绿色家园”，如图 1.2.16 所示。

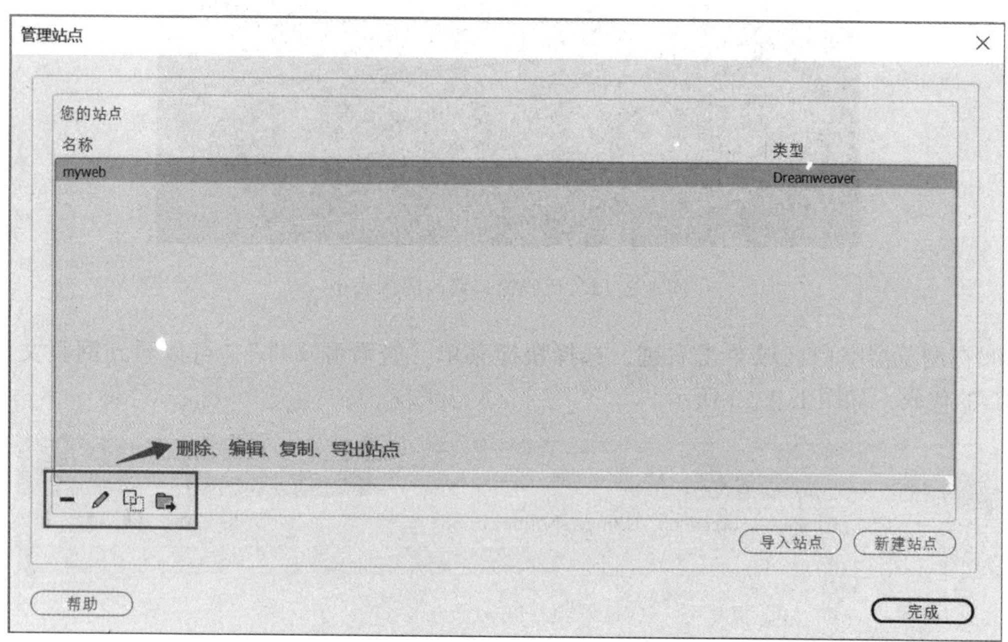

图 1.2.14　管理站点界面

扫码查看
彩图效果

您可以在此处为 Dreamweaver 站点选择本地文件夹和名称。

站点名称：myweb-green

本地站点文件夹：D:\myweb\

管理站点

您的站点

名称　　类型

myweb-green　　Dreamweaver

导入站点　新建站点

帮助　完成

图 1.2.15　修改站点名称

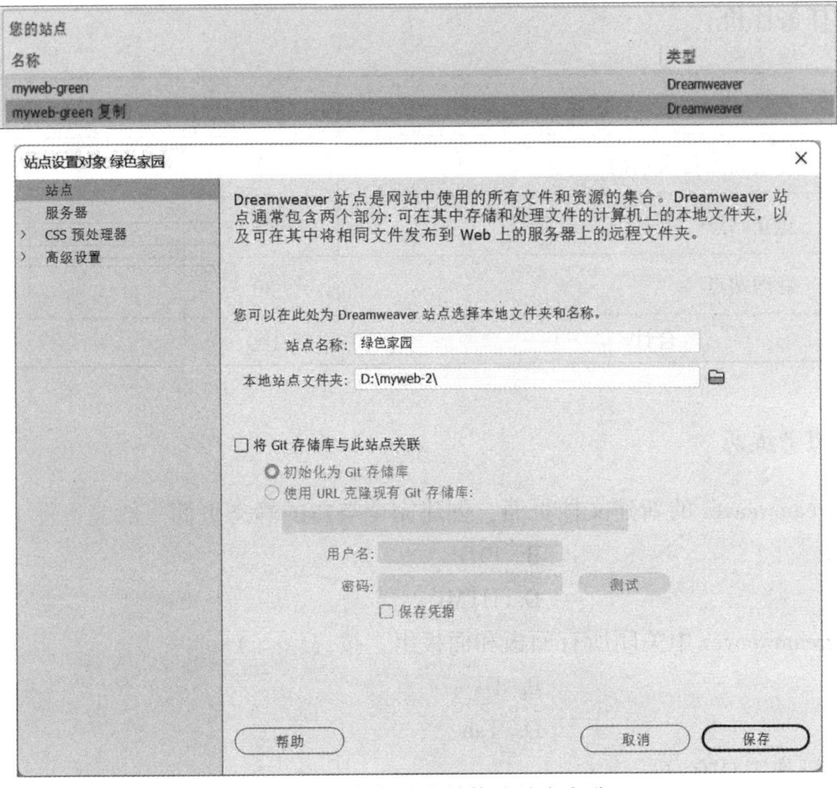

图 1.2.16　复制站点并修改站点名称

③如需删除站点，则选中站点，单击“删除站点”按钮即可。

想一想：“管理站点”命令还可以在哪里进行操作？

④选择站点“绿色家园”，单击“导出”按钮将站点导出，在弹出的“导出站点”对话框中设置保存的位置，单击“保存”按钮，即可将站点保存为扩展名为.ste 的 XML 文件格式，如图 1.2.17 所示。

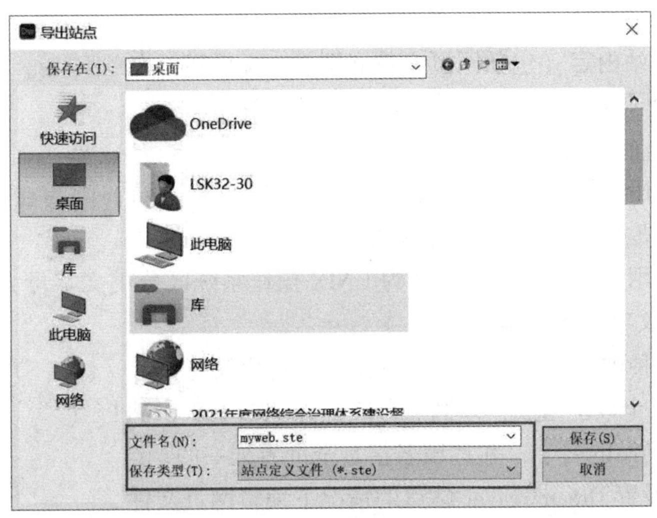

图 1.2.17　导出站点

（五）任务评价

序号	一级指标	分值	得分	备注
1	确定站点目录结构	35		
2	建立站点	35		
3	管理站点	30		
合计		100		

（六）思考练习

1. 在 Dreamweaver 的新建文档页面，创建完全空白的静态页面一般应选择（　　）。

A. XML　　B. PHP

C. CSS　　D. HTML

2. 在 Dreamweaver 中关闭所有面板和面板组，按（　　）键。

A. F1　　B. F4

C. Ctrl　　D. Tab

3. 网页制作工具有（　　）。

A. Dreamweaver

B. Microsoft FrontPage

C. Fireworks

D. 记事本

4. 利用 Dreamweaver 建立站点，要创建站点根文件夹，以下说法正确的是（　　）。

A. 存放网站链接

B. 是网站中的一部分

C. 用来保存网站内容（包括网页文件和图像、动画等）的文件夹

D. 创建若干个子文件夹，以存放不同类型的文件

5. 静态的首页命名只能为“index. html”。（　　）

6. 最好不要使用中文命名文件和文件夹（包括根文件夹），因为在使用 UNIX 或 Linux 作为操作系统的主机上，使用中文名容易出错。（　　）

7. 文件名不要用大写英文字母，因为 UNIX 操作系统区分英文字母大小写，而 Windows 操作系统不区分英文字母大小写。（　　）

8. 浏览器是一种硬件设备，最常用的有 IE、腾讯浏览器等。（　　）

9. IP 地址由四个数字组成，以圆点分隔，如 192.168.0.111。（　　）

10. 域名就像网站的名字，并且该名字是全世界唯一的。（　　）

11. 可以在不设置 Dreamweaver 站点的情况下编辑网页文件。（　　）

12. 图像可以用于充当网页内容，但不能作为网页背景。（　　）

（七）任务拓展

合理规划网站结构目录，并根据自己的设想新创建网站“我和我的祖国”。

步骤提示：

①确定站点目录结构。

②建立站点。

③管理站点。

④创建网站“我和我的祖国”。

项目二

创建网站“太湖之美”（HTML 入门）

一、项目简介

HTML（Hyper Text Markup Language，超文本标识语言）是一种用来制作超文本文档的简单标记语言。用 HTML 编写的超文本文档称为 HTML 文档。超文本标记语言是标准通用标记语言下的一个应用，也是一种规范、一种标准，它通过标记符号来标记要显示的网页中的各个部分。

本项目以创建网站“太湖之美”为例，要求掌握 HTML 的基本概念、基本格式，文字标签、段落标签、水平线标签、换行标签、列表标签、超链接标签的使用，HTML 中样式的定义和应用等。

二、项目目标

本项目以网站“太湖之美”为例，通过直接输入代码的方式来制作简单的网页，从而了解 HTML 的基本概念、基本格式，文字标签、段落标签等常用的标签，以及 HTML5 的新结构及特征。

通过本项目的学习，初步认识 HTML 的基本概念及应用方法，建立起网站设计和开发的思路，培养独立思考和自主探究的职业素养。

三、工作任务

根据网页制作的一般流程，以任务驱动的方式，将本项目分解成以下两项任务：

①初识 HTML。

②编辑代码、丰富页面。

任务一　初识 HTML

（一）任务描述

通过代码编辑的方式制作和简单美化网页，从而了解 HTML 的基本概念、基本格式及文字标签、段落标签等。将任务分解成以下三个步骤，效果如图 2. 1. 1 所示。

①新建站点。

②编辑 HTML 代码。

③美化简单页面。

扫码查看
彩图效果

图 2.1.1　“太湖之美”网站主页效果图

（二）任务目标

通过任务操作，了解 HTML5 的新特性，熟记 HTML 的基本概念和常用的标签，掌握通过编辑代码的方式制作和美化网页的方法。

（三）知识准备

知识准备一　HTML 的基本概念

1. HTML 由来

万维网上的一个超媒体文档称为一个页面（page）。一个组织或者个人在万维网上放置开始点的页面称为主页（Homepage）或首页，主页中通常有指向其他相关页面或其他节点的指针（超级链接）。所谓超级链接，就是一种统一资源定位器（Uniform Resource Locator，URL）指针，通过激活（单击）它，可使浏览器方便地获取新的网页。这也是 HTML 获得广泛应用的最重要的原因之一。在逻辑上将视为一个整体的一系列页面的有机集合称为网站（Website 或 Site）。HTML 是为“网页创建和其他可在网页浏览器中看到的信息”设计的一种标记语言。

网页的本质就是超级文本标记语言，通过结合使用其他的 Web 技术（如脚本语言、公共网关接口、组件等），可以创造出功能强大的网页，因而超级文本标记语言是万维网（Web）编程的基础，万维网是建立在超文本基础之上的。超级文本标记语言之所以称为超文本标记语言，是因为文本中包含了“超级链接”点。

2. HTML 定义

超级文本标记语言是标准通用标记语言下的一个应用，也是一种规范、一种标准，它通过标记符号来标记要显示的网页中的各个部分。网页文件本身是一种文本文件，通过在文本文件中添加标记符，可以告诉浏览器如何显示其中的内容（如文字如何处理、画面如何安排、图片如何显示等）。浏览器按顺序阅读网页文件，然后根据标记符解释和显示其标记的内容，对书写出错的标记，将不指出其错误，并且不停止其解释执行过程，编制者只能通过显示效果来分析出错原因和出错部位。

因此，HTML 可以简单概括为是用来描述网页的一种语言。

①HTML 指的是超文本标记语言。

②HTML 不是一种编程语言，而是一种标记语言（markup language）。

③标记语言是一套标记标签（markup tag）。

④HTML 使用标记标签来描述网页。

3. HTML 标签

HTML 标记标签通常被称为 HTML 标签。HTML 标签是 HTML 语言中最基本的单位，是最重要的组成部分。

HTML 标签不区分大小写，例如，“主体” <body>与<BODY>表示的意思是一样的，推荐使用小写。

因此，简单概括为如下几点：

①HTML 标记标签通常被称为 HTML 标签（HTML tag）。

②HTML 标签由尖括号包围关键词，比如<html>。

③HTML 标签通常是成对出现的，如<b>和</b>。

④标签对中的第一个标签是开始标签，如<html>，第二个标签是结束标签，如</html>。

⑤开始标签和结束标签也被称为开放标签和闭合标签。

⑥特定的 HTML 元素没有结束标签，比如
。

4. HTML 的特点

超级文本标记语言文档制作不是很复杂，但功能强大，支持不同数据格式的文件嵌入，这也是万维网（WWW）盛行的原因之一，其主要特点如下：

①简易性：超级文本标记语言版本升级采用超集方式，从而更加灵活、方便。

②可扩展性：超级文本标记语言的广泛应用带来了加强功能、增加标识符等要求。超级文本标记语言采取子类元素的方式，为系统扩展带来保证。

③平台无关性：超级文本标记语言可以使用在广泛的平台上，这也是万维网（WWW）盛行的另一个原因。

④通用性：HTML 是网络的通用语言，是一种简单、通用的标记语言。它允许网页制作人建立文本与图片相结合的复杂页面，这些页面可以被网上任何其他人浏览，无论使用的是什么类型的电脑或浏览器。

5. HTML 发展历史

超文本标记语言（第一版）：1993 年 6 月作为互联网工程工作小组（IETF）工作草案发布（并非标准）。

HTML2.0：1995 年 11 月作为 RFC 1866 发布，在 2000 年 6 月发布 RFC 2854 之后，RFC 1866 被宣布已经过时。

HTML3.2：1997 年 1 月 14 日，W3C 推荐标准。

HTML4.0：1997 年 12 月 18 日，W3C 推荐标准。

HTML4.01（微小改进）：1999 年 12 月 24 日，W3C 推荐标准。

HTML5：2014 年 10 月 28 日，W3C 推荐标准。

HTML 没有 1.0 版本，是因为当时有很多不同的版本。有人认为蒂姆·伯纳斯－李的版本应算作初版，这个版本没有 IMG 元素。当时被称为 HTML＋的后续版的开发工作于 1993 年开始，最初是被设计成“HTML 的一个超集”。第一个正式规范为了和当时的各种 HTML 标准区分开来，使用了 2.0 作为其版本号。HTML＋的发展继续下去，但是它从未成为标准。

HTML3.0 规范是由 W3C 于 1995 年 3 月提出的，其提供了很多新的特性，例如表格、文字绕排和复杂数学元素的显示。虽然它是被设计用来兼容 2.0 版本的，但是实现这个标准的工作在当时过于复杂，在草案于 1995 年 9 月过期时，标准开发也因为缺乏浏览器支持而中止了。3.1 版从未被正式提出，而下一个被提出的版本是开发代号为 Wilbur 的 HTML3.2，其去掉了大部分 3.0 中的新特性，加入了很多特定浏览器如 Netscape 和 Mosaic 的元素和属性。

HTML4.0 同样也加入了很多特定浏览器的元素和属性，但是同时也开始“清理”这个标准，把一些元素和属性标记为过时，建议不再使用它们。

HTML5 草案的前身名为 Web Applications 1.0。于 2004 年由 WHATWG 提出，于 2007 年被 W3C 接纳，并成立了新的 HTML 工作团队。在 2008 年 1 月 22 日，第一份正式草案发布。2012 年 12 月 17 日，万维网联盟（W3C）正式宣布凝结了大量网络工作者心血的 HTML5 规范已经正式定稿。W3C 的发言稿称：“HTML5 是开放的 Web 网络平台的奠基石。”2013 年 5 月 6 日，HTML5.1 正式草案公布。该规范定义了第五次重大版本，第一次要修订万维网的核心语言：超文本标记语言（HTML）。在这个版本中，新功能不断推出，以帮助 Web 应用程序的作者，努力提高新元素互操作性。2014 年 10 月 29 日，万维网联盟宣布，经过近 8 年的艰辛努力，HTML5 标准规范最终制定完成了，并已公开发布。

XHTML1.0：发布于 2000 年 1 月 26 日，是 W3C 推荐标准，后来经过修订，于 2002 年 8 月 1 日重新发布。

XHTML1.1：于 2001 年 5 月 31 日发布，W3C 推荐标准。

XHTML2.0：W3C 工作草案。

XHTML5：是 XHTML1.x 的更新版，基于 HTML5 草案。

6. HTML 编辑方式

HTML 其实是文本，它需要浏览器的解释，它的编辑器大体可以分为三种：

①基本文本、文档编辑软件：使用微软自带的记事本或写字板都可以编写，也可以用

WPS 来编写。不过存盘时应使用 .htm 或 .html 作为扩展名，这样方便浏览器认出并直接解释执行。

②半所见即所得软件：如 FCK – Editer、E – webediter 等在线网页编辑器。推荐使用 Sublime Text 代码编辑器（由 Jon Skinner 开发，Sublime Text 2 收费但可以无限期试用）。

③所见即所得软件：使用最广泛的编辑器。用户一点不懂 HTML 的知识也可以做出网页，如 Amaya（万维网联盟出品）、Frontpage（微软出品）、Dreamweaver（Adobe 出品）。

所见即所得软件与半所见即所得的软件相比，开发速度更快，效率更高，并且直观表现更强，对任何地方进行的修改，只需要刷新即可显示。缺点是生成的代码结构复杂，不利于大型网站的多人协作和精准定位等高级功能的实现。

7. HTML 文档

HTML 文档用来描述网页。HTML 文档包含 HTML 标签和纯文本。HTML 文档也被称为网页。完整的 HTML 文档至少包括 <html> 标签、<head> 标签、<title> 标签和 <body> 标签。

（1）HTML 文档的组成部分

①HTML 部分：HTML 部分以 <html> 标签开始，以 </html> 标签结束。<html> 标签告诉浏览器这两个标签中间的内容是 HTML 文档。

②头部：头部以 <head> 标签开始，以 </head> 标签结束。这部分包含显示在网页标题栏中的标题、元信息、定义 CSS 样式和脚本代码等。

标题包含在 <title> 和 </title> 标签之间。

③主体部分：主体部分包含网页中显示的所有内容（如文本、超链接、图像、表格和引表等）。主体部分以 <body> 标签开始，以 </body> 标签结束。

所有标签不区分大小写，可以使用 <HTML> 来代替 <html>。

将三部分组合在一起形成 HTML 的最基本的结构，如图 2.1.2 所示。

（2）HTML 文档结构（HTML5）

主要包括文档类型说明、HTML 文档开始标签、元信息、主体标签和页面注释标签，如图 2.1.3 所示。

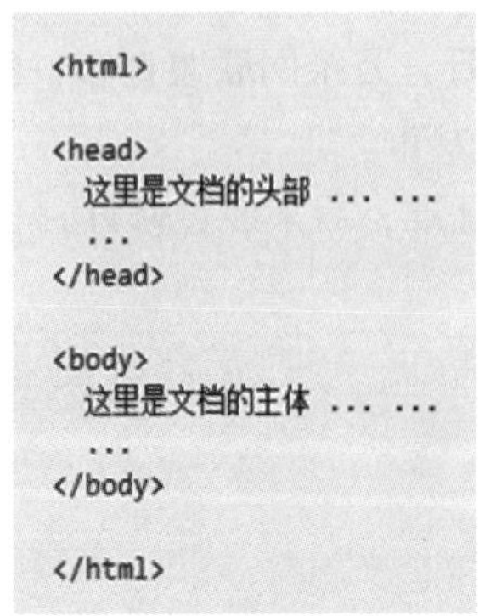

```
<html>

<head>
  这里是文档的头部 ... ...
  ...
</head>

<body>
  这里是文档的主体 ... ...
  ...
</body>

</html>
```

图 2.1.2　HTML 语言的基本结构

```
<!DOCTYPE html>
<html>
<head>
<meta charset="utf-8">
<title>网页标题</title>
</head>
<body>
网页正文内容
</body>
</html>
```

图 2.1.3　HTML5 的文档结构

扫码查看彩图效果

①文档类型说明：HTML5 对文档类型进行了简化，简单到 15 个字符：<!DOCTYPE html>，需要放在 HTML5 文件的第一行。其必不可少，用于告诉浏览器编写网页所用的标签版本。

②meta 标签：charset 属性设置文档的字符集编码格式，如 <meta charset = "UTF - 8" >，告诉浏览器网页使用 UTF - 8 字符集显示。

③常见的几种字符集编码格式：

a. UTF - 8：万国码，基本兼容各国语言（最常用）。

b. GB - 2312：国标码，简体中文。

c. GBK：扩展的国标码，简体中文。

（3）了解早期完整的 HTML 文档基本结构

早期的 HTML 源代码，包括 HTML DOCTYPE 声明、title 标题、head、网页编码声明等内容，如图 2. 1. 4 所示。

```
<!DOCTYPE html PUBLIC "-//W3C//DTD XHTML 1.0 Transitional//EN"
 "http://www.w3.org/TR/xhtml1/DTD/xhtml1-transitional.dtd">
<html xmlns="http://www.w3.org/1999/xhtml">
<head>
<meta http-equiv="Content-Type" content="text/html; charset=utf-8" />
<title>标题部分</title>
<meta name="keywords" content="关键字" />
<meta name="description" content="本页描述或关键字描述" />
</head>
<body>
内容
</body>
</html>
```

图 2. 1. 4　早期完整的 HTML 文档结构

有关 <meta> 标签，可以插入很多有用的元素属性，下面介绍四种。

用来标记搜索引擎在搜索的页面时所取出的关键词：

```
<meta name = "keywords" content = "study,computer" >
```

用来标记文档的作者：

```
<meta name = "author" content = "taihu" >
```

用来标记页面的解码方式：

```
<meta http - equiv = "Content - Type" content = "text/html; charset = utf - 8" >
```

用来自动刷新网页：

```
<meta http - equiv = "refresh" content = "5;URL = http://www.w3school.com.cn/" >
```

8. HTML5 和 HTML 文档的区别

（1）在文档类型声明上

```
HTML:
```

```
<! DOCTYPE html PUBLIC " - //W3C//DTD XHTML 1.0 Transitional//EN" "http://www.w3.org/TR/xhtml1/DTD/xhtml1 - transitional.dtd" >
<html xmlns = "http://www.w3.org/1999/xhtml" >
html5:
<! doctype html >
```

在文档声明上，HTML 有很长的一段代码，并且很难记住这段代码，而 HTML5 却不同，只有简简单单的声明，方便记忆。

（2）在结构语义上

HTML：没有体现结构语义化的标签，通常都是这样来命名的：<div id = "header" ></div >，这样表示网站的头部。

HTML5：在语义上有很大的优势，提供了一些新的标签，比如 < header >、< article >、< footer >。

（3）一个替代 Flash 的新 < canvas >标签

对于 Web 用户来说，Flash 要花很长时间加载和运行视频，用新的 < canvas >标签生成视频的技术已经成熟。但 <canvas >标签并不能提供所有的 Flash 具有的功能，需要逐步完善。

（4）新的 < header >和 < footer >标签

HTML5 的设计是要更好地描绘网站的结构，出现了 < header >和 < footer >等新标签，在开发网站时，不再需要用 < div >标签来标注网页的这些部分。

（5）新的 < section >和 < article >标签

跟 < header >和 < footer >标签类似，HTML5 中引入的新的 < section >和 < article > 标签可以让开发人员更好地标注页面上的这些区域。除了让代码更有组织外，也能改善 SEO 效果，能让搜索引擎更容易地分析页面。

（6）新的 < menu >和 < figure >标签

新的 < menu >标签可以被用作普通的菜单，也可以用在工具条和右键菜单上。新的 < figure >标签是一种更专业的管理页面上文字和图像的方式。

（7）新的 < audio >和 < video >标签

新的 < audio >和 < video >标签是 HTML5 中增加的最有用的两个标签，它们是用来嵌入音频和视频文件的。除此之外，还有一些新的多媒体的标签和属性，例如 < track >，它是用来提供跟踪视频的文字信息的。有了这些标签，HTML5 使 Web2. 0 特征变得越来越友好。

（8）全新的表单设计

新的 < form >和 < forminput >标签对原有的表单元素进行全新的修改。

（9）不再使用 < b >和 < font >标签

可以通过 CSS 来做更好的处理。

（10）不再使用 < frame >、< center >、< big >标签

这里介绍的只是 HTML5 和 HTML 之间的少部分新的规范。新的修改还在不断地增加，

需要经常查看 w3. org 的 HTML 和 HTML5 之间的不同，这些新标签和新属性在将来会有很大的改变。

9. 支持 HTML5 的浏览器

（1） IE

早在 2010 年拉斯维加斯市举行的 MIXIO 技术大会上，微软就已经宣布，其推出的 IE9 浏览器开始支持 CSS3、SVG 和 HTML5 等互联网浏览标准了。

（2） Chrome

Google 对 HTML5 全栈开发的支持是很早的。在 2010 年 2 月，Google Gears 的项目经理就宣布将放弃 Gears 浏览器对插件项目的支持，重点开发 HTML5 全栈开发项目。Google 认为，Gears 将面临的问题主要是应用于 HTML5 的许多创新都非常相似，并且 Google 对于 HTML5全栈开发项目的发展一直是积极的。

（3） Firefox

2010 年 7 月，Mozilla 基金会推出了 Firefox4 浏览器的早期测试版。在该版本中，对 Firefox 浏览器进行了大幅改进，包括新的 HTML5 语法分析器、更多 HTML5 形式的控制等。从官方文档来看，Firefox4 对 HTML5 全栈开发是完全级别的支持，包括在线视频、在线音频等多种应用都已在该版中实现。

（4） Safari

苹果公司对于 HTML5 全栈开发的技术支持也是领先的，早在 2010 年 6 月，苹果公司发布 Safari5 时，就宣布了 Safari5 完美支持 HTML5 制作新技术，包括 HTML5 视频、HTML5 地理位置、HTML5 切片元素、HTML5 的可拖动属性、HTML5 的形式验证等。

（5） Opera

2010 年 5 月 5 日，号称“CSS 之父”的 Opera 软件公司首席技术官 Hakon Wium Lie 先生认为，HTML5 与 CSS3 将是全球互联网发展的未来趋势，Opera10. 5 开始支持 HTML5，Web 的未来属于 HTML5。

知识准备二　HTML 的常用标签介绍（1）

1. HTML 的常用标签

以下列出了常用的几种功能的标签，未涉及的标签在后面项目中会逐步接触。标签旁有 H5 图标的为新增的标签。

（1） 基础标签（图 2. 1. 5）

（2） 格式标签（图 2. 1. 6 和图 2. 1. 7）

（3） 图像标签（图 2. 1. 8）

（4） 链接标签（图 2. 1. 9）

（5） 表格标签（图 2. 1. 10）

标签	描述
<!DOCTYPE>	定义文档类型。
<html>	定义 HTML 文档。
<title>	定义文档的标题。
<body>	定义文档的主体。
<h1> to <h6>	定义 HTML 标题。
<p>	定义段落。
 	定义简单的折行。
<hr>	定义水平线。
<!--...-->	定义注释。

图 2.1.5　基础标签

标签	描述
<acronym>	定义只取首字母的缩写。
<abbr>	定义缩写。
<address>	定义文档作者或拥有者的联系信息。
<b>	定义粗体文本。
<bdi> 5	定义文本的文本方向，使其脱离其周围文本的方向设置。
<bdo>	定义文字方向。
<big>	定义大号文本。
<blockquote>	定义长的引用。
<center>	不赞成使用。定义居中文本。
<cite>	定义引用(citation)。
<code>	定义计算机代码文本。
<del>	定义被删除文本。
<dfn>	定义定义项目。
<em>	定义强调文本。

图 2.1.6　格式标签（1）

<font>	不赞成使用。定义文本的字体、尺寸和颜色
<i>	定义斜体文本。
<ins>	定义被插入文本。
<kbd>	定义键盘文本。
<mark>	定义有记号的文本。
<meter>	定义预定义范围内的度量。
<pre>	定义预格式文本。
<progress>	定义任何类型的任务的进度。
<q>	定义短的引用。
<rp>	定义若浏览器不支持 ruby 元素显示的内容。
<rt>	定义 ruby 注释的解释。
<ruby>	定义 ruby 注释。
<s>	不赞成使用。定义加删除线的文本。
<samp>	定义计算机代码样本。
<small>	定义小号文本。
<strike>	不赞成使用。定义加删除线文本。
<strong>	定义语气更为强烈的强调文本。
<sup>	定义上标文本。
<sub>	定义下标文本。
<time>	定义日期/时间。
<tt>	定义打字机文本。
<u>	不赞成使用。定义下划线文本。
<var>	定义文本的变量部分。
<wbr>	定义可能的换行符。

图 2.1.7　格式标签（2）

标签	描述
<img>	定义图像。
<map>	定义图像映射。
<area>	定义图像地图内部的区域。
<canvas>	定义图形。
<figcaption>	定义 figure 元素的标题。
<figure>	定义媒介内容的分组，以及它们的标题。

图 2.1.8　图像标签

标签	描述
<a>	定义锚。
<link>	定义文档与外部资源的关系。
<nav>	定义导航链接。

图 2. 1. 9　链接标签

标签	描述
<table>	定义表格
<caption>	定义表格标题。
<th>	定义表格中的表头单元格。
<tr>	定义表格中的行。
<td>	定义表格中的单元。
<thead>	定义表格中的表头内容。
<tbody>	定义表格中的主体内容。
<tfoot>	定义表格中的表注内容（脚注）。
<col>	定义表格中一个或多个列的属性值。
<colgroup>	定义表格中供格式化的列组。

图 2. 1. 10　表格标签

2. 几种常用标签介绍

（1） <body>标签

<body>标签表明是 HTML 文档的主体部分。在<body>与</body>之间，通常都会有很多其他标签；这些标签和标签属性构成 HTML 文档的主体部分。

小贴士

<body>标签中的背景颜色（bgcolor）、背景（background）和文本（text）等属性在最新的 HTML 标准（HTML4 和 XHTML）中已不赞成使用。在 W3C 的推荐标准中已删除这些属性，建议使用 CSS 样式来定义属性。

（2）注释<!--... -->标签

例：

```
<!--这是一段注释。注释不会在浏览器中显示。-->
```

所有浏览器都支持注释标签。注释标签用于在源代码中插入注释。注释不会显示在浏览器中。可使用注释对代码进行解释，有助于在以后的时间对代码进行编辑，尤其是当编写了大量代码时。

（3） <p>标签（paragraph 的首字母）

<p>标签定义段落。当浏览器遇到<p>标签时，通常会在相邻的段落之间插入一些垂直的间距，如图 2. 1. 11 所示。

编辑您的代码：

```
<html>
<body>
<p>这是第一个段落。</p>
<p>这是第二个段落。</p>
</body>
</html>
```

查看结果:

这是第一个段落。

这是第二个段落。

图 2. 1. 11　<p>标签例图

（4）
标签（break row 的缩写）

可插入一个简单的换行符，简单地开始新的一行。
标签是空标签，没有结束标签，不能写成
</br>。在 XHTML 中，把结束标签放在开始标签中，也就是
。在不产生一个新段落的情况下进行换行（新行）时，使用
标签，如图 2. 1. 12 所示。

编辑您的代码：

```
<html>
<body>
<p>床前明月光，<br />
疑是地上霜。<br />
举头望明月，<br />
低头思故乡。
</p>
</body>
</html>
```

查看结果:

床前明月光，
疑是地上霜。
举头望明月，
低头思故乡。

图 2. 1. 12　
标签例图

小贴士

究竟是使用
还是使用
？有时会发现
与
呈现的网页效果相似。但在 XHTML、XML 及未来的 HTML 版本中，不允许使用没有结束标签（闭合标签）的 HTML 元素。即使
在所有浏览器中的显示都没有问题，使用
是更长远的保障。

（5）标题标签<h1>～<h6>

标题（Heading）是通过<h1>～<h6>等标签进行定义的。<h1>定义最大的标题。<h6>定义最小的标题。不要仅仅为了产生粗体或大号的文本而使用标题，搜索引擎使用标题为网页的结构和内容编制索引。用户可以通过标题来快速浏览所需的网页，所以用标题来呈现文档结构是很重要的。

例如，六个不同的 HTML 标题：

```
<h1>这是标题 1</h1>
<h2>这是标题 2</h2>
<h3>这是标题 3</h3>
<h4>这是标题 4</h4>
```

```
<h5>这是标题 5</h5>
<h6>这是标题 6</h6>
```

效果如图 2.1.13 所示。

这是标题1

这是标题2

这是标题3

这是标题4

这是标题5

这是标题6

图 2.1.13　标题 1 ~ 6 预览效果

（6） <hr>水平线

<hr/>标签在 HTML 页面中创建水平线，可用于分隔内容。在 HTML 中，<hr>标签没有结束标签，<hr>必须被正确地关闭，写成<hr/>。

如图 2.1.14 所示，水平线默认状态下宽度为 100%。

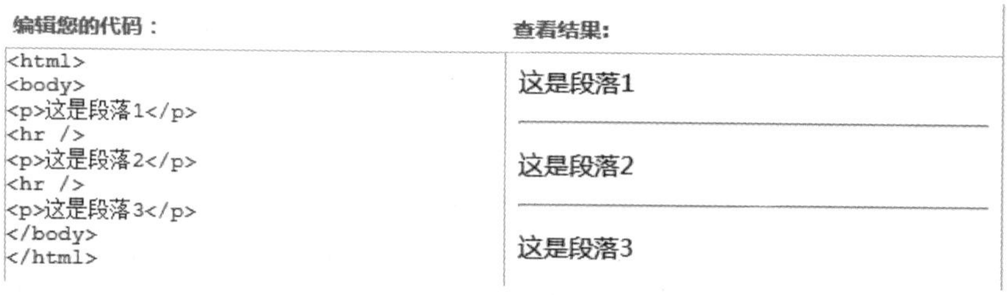

编辑您的代码：	查看结果:
<html> <body> <p>这是段落1</p> <hr /> <p>这是段落2</p> <hr /> <p>这是段落3</p> </body> </html>	这是段落1 这是段落2 这是段落3

图 2.1.14　<hr>标签例图

（7） <strong>和<em>标签

通常用标签<strong>替换加粗标签<b>，用标签<em>替换斜体标签<i>。<strong>或者<em>意味着要呈现的文本是重要的，要突出显示。<em>把文本定义为强调的内容。<strong>把文本定义为语气更强的强调的内容。

各标签效果对比如图 2.1.15 所示。

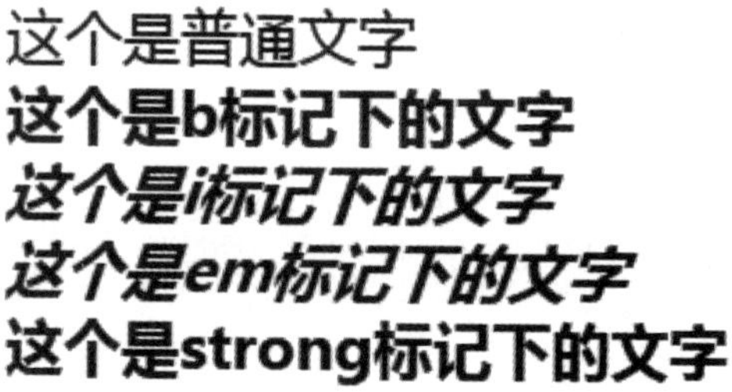

这个是普通文字
这个是b标记下的文字
这个是i标记下的文字
这个是em标记下的文字
这个是strong标记下的文字

图 2.1.15　各标签效果对比

(8) <img>标签

在 HTML 中，图像由<img>标签定义。<img>是空标签，只包含属性，并且没有闭合标签。

<img>标签有两个必需的属性：src 属性和 alt 属性。

①src 属性指“source”，要在页面上显示图像，需要使用源属性（src）。源属性的值是图像的 URL 地址，可以是本地图片或者远程图片。

②alt 属性用来为图像定义一串预备的可替换的文本，替换文本属性的值是用户定义的。

例如：<img src="taihu.jpg" alt="太湖"/>

如所需图片 taihu. jpg 丢失，则网页效果如图 2. 1. 16 所示。

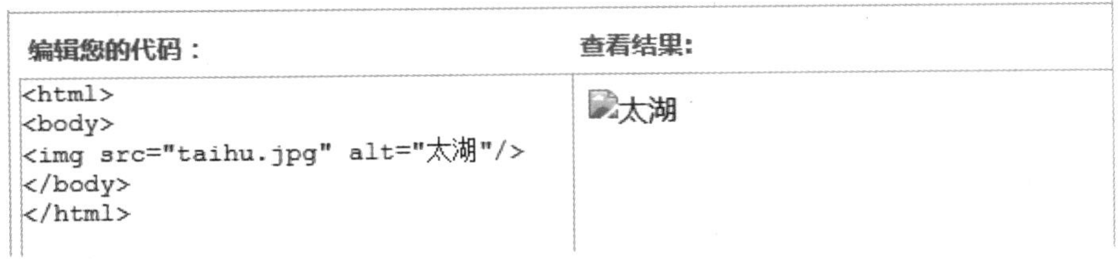

图 2. 1. 16　图片丢失后网页的效果

（四）任务实施

步骤一　新建站点

①在 D 盘根目录下，新建文件夹“TaiLake”，作为网站的站点文件夹。

②在站点文件夹 TaiLake 下，新建文件夹 files，用于存放网站中的分页；新建文件夹 images，用于存放网站中所用到的图像文件；新建文件夹 others，用于存放音频、视频等多媒体文件。

③将素材文件夹中的图片“timg. jpg”复制到 images 文件夹中，将“tailake. mp3”复制到 others 文件夹中，为制作第一张网页做好充分的准备，如图 2. 1. 17 所示。

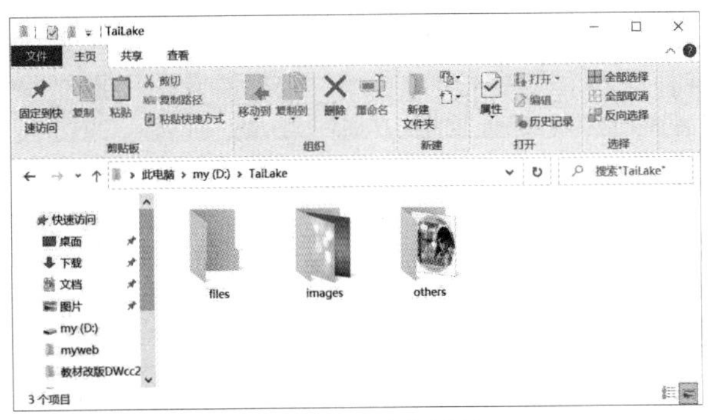

图 2. 1. 17　站点目录

④在站点根目录下，新建记事本文件 index. txt，更改其扩展名为. html，将记事本文件转换成网页文件，如图 2. 1. 18 所示。

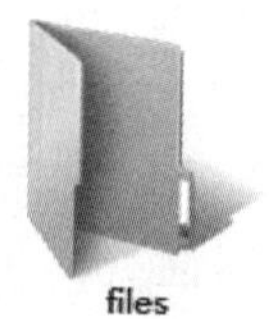

图 2. 1. 18　新建 index. html 网页文件

小贴士

由于本项目的学习目标是熟记 HTML 的基本结构和常用标签，因此选用记事本来编辑代码。但在后续项目中涉及网页代码编辑、网页设计制作等，为了使网页编辑快速高效、代码完整规范，需使用 Dreamweaver 软件进行 HTML 代码编辑和开发，尽量不直接使用记事本编辑 HTML 代码。

步骤二　编辑 HTML 代码

①在 index. html 文件上单击右键，选择以“记事本方式”打开文件，在记事本中输入 HTML 的基本结构代码，如图 2. 1. 19 所示。

扫码查看
彩图效果

图 2. 1. 19　在记事本中输入 HTML 的基本结构

小贴士

此处可以利用 Dreamweaver 中新建空白网页的效果进行比较，以加深对 HTML 文档基本结构的认识，如图 2.1.20 所示。也可利用浏览器浏览已有的 HTML 网页文件，在网页的空白处单击右键，查看网页“源文件”，进一步深入了解 HTML 文档的基本结构。

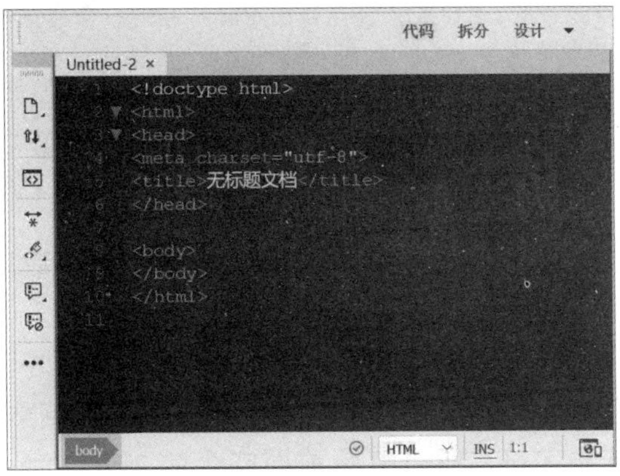

图 2.1.20　Dreamweaver 中的 HTML 文档结构

②确定网页的标题，将标题改为“太湖美”，保存记事本文件，在站点文件夹中双击网页文件“index.html”，在浏览器中预览网页标题的变化效果，如图 2.1.21 所示。

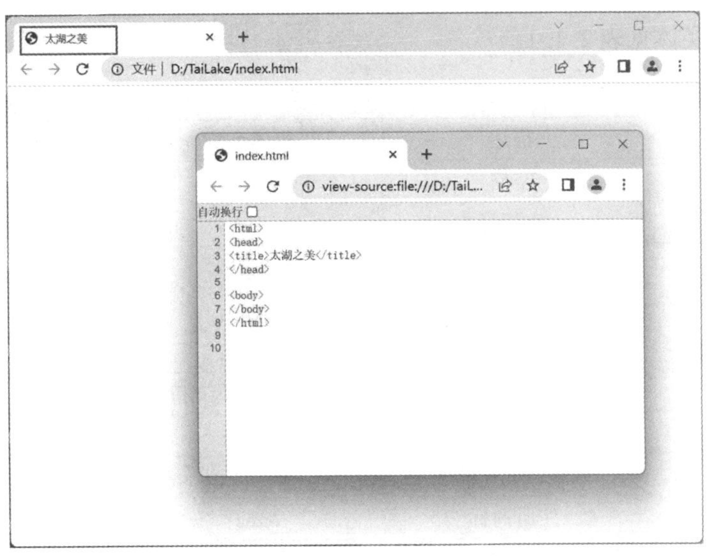

图 2.1.21　修改标题，预览效果

扫码查看
彩图效果

③在网页主体部分 <body>… </body> 中，输入页面内容的标题文本“太湖之美”和正文文本。有关文本在素材文件夹中。代码如下所示：

```
<body>
<p>太湖之美</p>
<p>    《太湖美》创作于1978年,当时正是中共大力探讨真理问题、实行改革开放的年代。这首歌曲回顾了太湖边的革命传统,表现了太湖两岸人民进行农业生产的生机勃勃的朝气。由于歌曲创作于打破思想束缚及个人崇拜的年代里,因此《太湖美》明显表现了新时代人们的个性、情感。任何优秀的歌曲都会留有时代的印迹。《太湖美》本身的特点,使许多人认为它是江南小调式的民歌,其实这是个人创作的艺术歌曲。《太湖美》积极吸取了江南城镇小调的特色,用传统音乐的形式来表现太湖边丰盛的自然资源以及悠久的革命传统,是传统文化与当代题材结合的一个完美例证。这也说明传统音乐是新音乐创作的土壤。《太湖美》的旋律优美、婉转、明丽、清澈、流畅,具有典型的水乡特色,它以抒情的曲调展现出太湖的万顷碧波、烟雾茫然的景象,表现了对太湖优美的自然景观的赞美和对未来的期望;同时它还表现了太湖岸边的人民对领导革命的中国共产党的尊敬和感恩以及对祖国的热爱。同样完美地将人民对祖国、家乡及生活的热爱结合在一起。</p>
</body>
```

小贴士

HTML 中使用字符实体“ ”表示1个空格字符（英文的1个空格字符），但1个中文汉字占2个英文字符，所以每段前面空余的2个汉字必须用4个“ ”标签。

在 HTML 中，某些字符是预留的。例如，在 HTML 中不能使用小于号（<）和大于号（>），这是因为浏览器会误认为它们是标签。如希望正确地显示预留字符，必须在 HTML 源代码中使用字符实体（character entities）。如果需显示小于号（<），必须这样写：<或<。

常用的字符实体见表 2.1.1。

表 2.1.1　常用的字符实体

显示结果	描述	实体名称	实体编号
	空格		
<	小于号	<	<
>	大于号	>	>
&	和号	&	&
"	引号	"	"
'	撇号	'(IE 不支持)	'
§	小节	§	§
©	版权(copyright)	©	©
®	注册商标	®	®
™	商标	™	™
×	乘号	×	×
÷	除号	÷	÷

④保存记事本文件。双击打开 index. html 文件，在浏览器中预览效果，在网页空白处单击右键，选择快捷菜单中的“查看源文件”，也可查看网页的 HTML 代码，如图 2. 1. 22 所示。

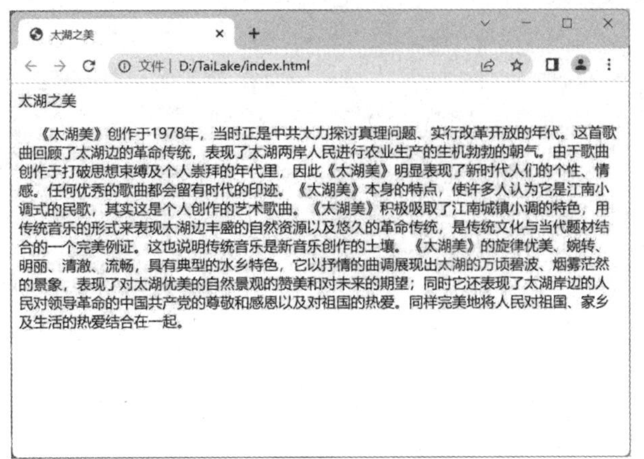

扫码查看
彩图效果

图 2. 1. 22　网页 index 预览效果（1）

步骤三　简单美化网页

①在记事本中编辑和完善“index. html”的代码，设置网页的背景色，保存文本，在浏览器中预览效果，修改代码如下：

```
<body style = "background - color:#9ACDE9" >
```

②在记事本中编辑和完善“index. html”的代码，设置标题段落的文字样式和正文段落的文字效果，这里通过设置内联样式来改变文字效果。

标题段落文字样式：段落居中显示、文本颜色为白色，大小为 24 像素，字体为黑体，代码如下：

```
<p style = "text - align:center;color:#FFFFFF;font - size:24px;font - family:
'黑体';" >太湖之美 </p >
```

正文段落文字样式：段落文字左对齐，字体为仿宋，行间距为 180%，代码如下：

```
<p style = "text - align:left;font - family:仿宋;font - size:16px;line - height:
180%" >…… </p >
```

③利用标签 <strong>… </strong>设置正文段落文字突出显示，强调文字的重要性，如图 2. 1. 23 所示。

④保存记事本文件，在浏览器中预览网页效果，如图 2. 1. 24 所示。

⑤对网页进一步美化，在正文段落文字的下方插入站点 images 中的图片“timg. jpg”，并居中显示，代码如下：

```
<p style = "text - align:center" >
<img src = "images/timg.jpg" alt = "太湖美景图" />
</p >
```

⑥保存并在浏览器中预览效果，如图 2. 1. 25 所示。

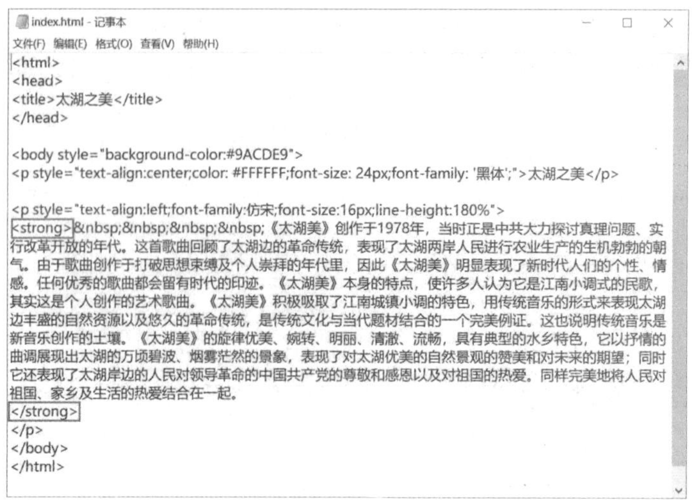

```
<html>
<head>
<title>太湖之美</title>
</head>

<body style="background-color:#9ACDE9">
<p style="text-align:center;color: #FFFFFF;font-size: 24px;font-family: '黑体';">太湖之美</p>

<p style="text-align:left;font-family:仿宋;font-size:16px;line-height:180%">
<strong>    《太湖美》创作于1978年，当时正是中共大力探讨真理问题、实行改革开放的年代。这首歌曲回顾了太湖边的革命传统，表现了太湖两岸人民进行农业生产的生机勃勃的朝气。由于歌曲创作于打破思想束缚及个人崇拜的年代里，因此《太湖美》明显表现了新时代人们的个性、情感。任何优秀的歌曲都会留有时代的印迹。《太湖美》本身的特点，使许多人认为它是江南小调式的民歌，其实这是个人创作的艺术歌曲。《太湖美》积极吸取了江南城镇小调的特色，用传统音乐的形式来表现太湖边丰盛的自然资源以及悠久的革命传统，是传统文化与当代题材结合的一个完美例证。这也说明传统音乐是新音乐创作的土壤。《太湖美》的旋律优美、婉转、明丽、清澈、流畅，具有典型的水乡特色，它以抒情的曲调展现出太湖的万顷碧波、烟雾茫然的景象，表现了对太湖优美的自然景观的赞美和对未来的期望；同时它还表现了太湖岸边的人民对领导革命的中国共产党的尊敬和感恩以及对祖国的热爱。同样完美地将人民对祖国、家乡及生活的热爱结合在一起。
</strong>
</p>
</body>
</html>
```

图 2.1.23　使用标签 <strong>

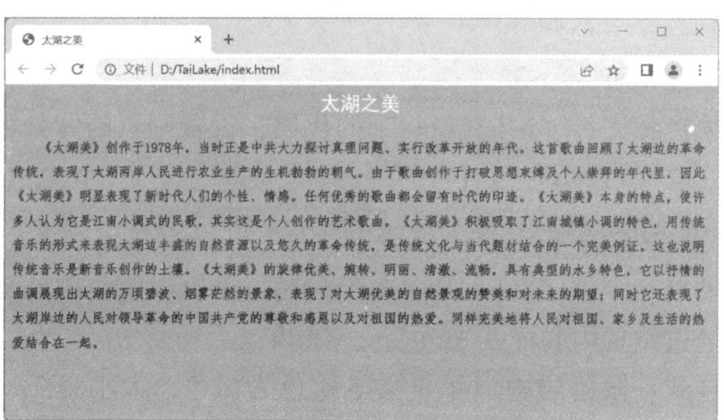

图 2.1.24　网页 index 预览效果（2）

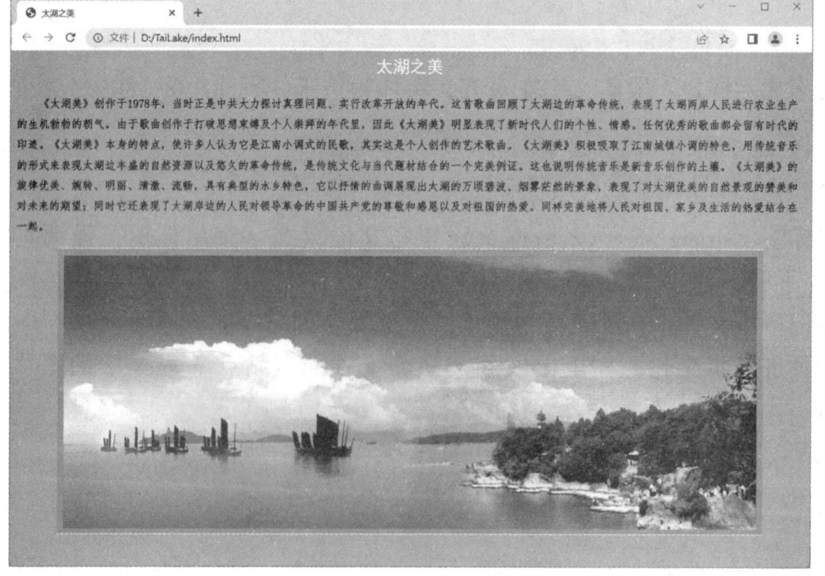

图 2.1.25　网页 index 预览效果（3）

（五）任务评价

序号	一级指标	分值	得分	备注
1	HTML 文件结构	20		
2	<html>标签及属性	10		
3	<head>、<body>标签及属性	20		
4	<title>、<p>、<strong>、<img>等常用标签及属性	30		
5	能够利用 HTML 语言制作简单网页	20		
合计		100		

（六）思考练习

1. 下列说法错误的是（　　）。

A. 表示上标

B. <em> </em>表示下划线

C. <s> </s>表示删除线

D. <strike> </strike>表示删除线

2. <strong> </strong>表示（　　）。

A. 斜体　　B. 粗体　　C. 下划线　　D. 强调

3. 换行符的 HTML 代码是（　　）。

A. <hr>　　B.

C. <tr>　　D. <hr> </hr>

4. HTML 中标注标题的是（　　）。

A. <Hn> </Hn>　　B. <PRE> <PRE>

C. <p>　　D.

5. HTML 语言的基本结构是怎样的？

6. HTML 的常用标签有哪些？

（七）任务拓展

通过 w3school 网站深入学习和探究 HTML 的相关知识，尤其关注 HTML5 的变化，以及提前预习 CSS 样式的内容。

网址：http://www.w3school.com.cn/html。

任务二　编辑代码、丰富页面

（一）任务描述

在了解 HTML 的基本概念、基本格式的基础上，进一步编辑代码，美化和丰富页面。将任务分解成以下 3 个步骤，效果如图 2. 2. 1 所示。

①制作导航栏。

②丰富网站内容。

③实现超链接。

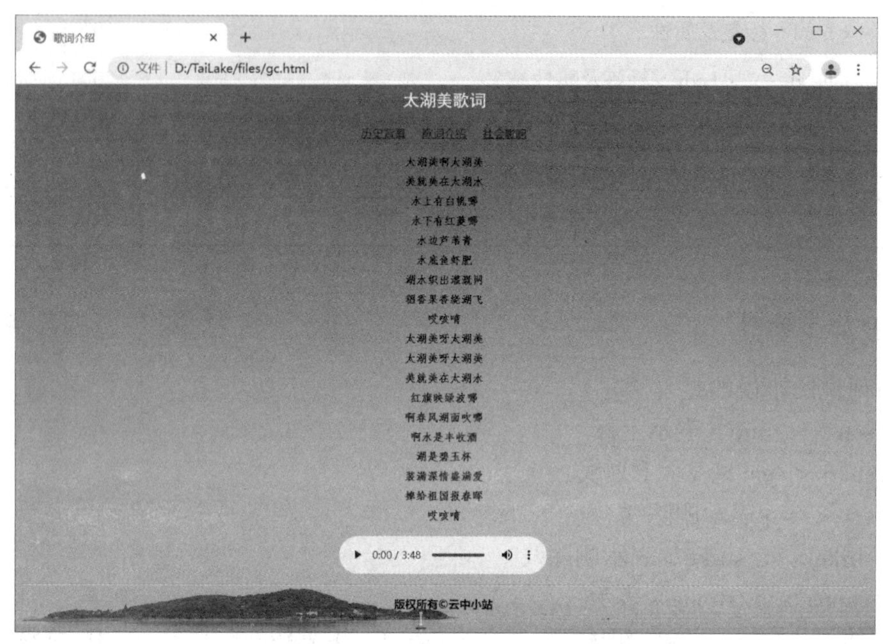

扫码查看彩图效果

图 2. 2. 1　分页歌词介绍效果图

（二）任务目标

通过任务操作，熟记 HTML 中常用的标签及属性，熟练编辑代码，能灵活设计和编辑简单的页面。

（三）知识准备

知识准备　HTML 的常用标签介绍（2）

1. 超链接标签 <a>

<a>标签定义超链接，用于从一张页面链接到另一张页面。超链接可以是一个字、一个词，或者一组词，也可以是一幅图像，可以单击这些内容来跳转到新的文档或者当前文档中的某个部分。当把鼠标指针移动到网页中的某个链接上时，箭头会变为一只小手。

<a>元素最重要的属性是 href 属性，它指示链接的目标。

例：

```
<a href="url">链接文本</a>
```

```
<a href="http://www.sina.com/">访问新浪网</a>
```

```
<a href="mailto:hzhang@163.com">指向 E-mail 地址的超级链接</a>
```

```
<a href="#">设置空链接</a>
```

在所有浏览器中，链接的默认外观是：

①未被访问的链接带有下划线并且是蓝色的。

②已被访问的链接带有下划线并且是紫色的。

③活动链接带有下划线并且是红色的。

小贴士

被链接页面通常显示在当前浏览器窗口中，除非规定了另一个目标（target 属性）。在 W3C 的推荐标准中，建议使用 CSS 来设置链接的样式。

2. 样式标签 <style>

<style> 标签用于为 HTML 文档定义样式信息。在 style 中，可以规定在浏览器中如何呈现 HTML 文档。type 属性是必需的，定义 style 元素的内容。唯一可能的值是"text/css"。style 元素位于 head 部分中。实例效果图如 2.2.2 所示。

图 2.2.2　内部样式 style 实例图

例：

```
<html>
<head>
<style type="text/css">
h1 {color:red}
p {color:blue}
</style>
</head>
<body>
<h1>标题 1</h1>
```

```
<p>这是一个段落</p>
</body>
</html>
```

3. 音频标签<audio>

<audio>标签定义声音，比如音乐或其他音频流。<audio>标签定义声音，比如音乐或其他音频流。可以在开始标签和结束标签之间放置文本内容，这样不支持的浏览器就可以显示出不支持该标签的信息。实例效果如图 2. 2. 3 所示。

例：

```
<audio src="../others/tailake.mp3"autoplay controls loop>你的浏览器不支持 audio 标签</audio>
```

图 2. 2. 3　音频播放器效果图

常用属性见表 2. 2. 1。

表 2. 2. 1　常用属性

属性	值	描述
autoplay	autoplay	音频在就绪后马上播放
controls	controls	向用户显示控件，比如播放按钮
loop	loop	每当音频结束时，重新开始播放，即循环播放

（四）任务实施

步骤一　制作导航栏

①以“记事本方式”打开 index. html，为网页设置导航栏，代码如下所示：

```
<p style="text-align:center">历史背景    歌词介绍    社会影响</p>
```

在记事本中代码输入的位置如图 2. 2. 4 所示。

②保存记事本文件，在浏览器中预览网页的效果，如图 2. 2. 5 所示。

步骤二　丰富网站内容

①在 files 文件夹中新建记事本文件，文件名设为 gc. html，制作网站的“歌词介绍”分页，如图 2. 2. 6 所示。

②在 gc. html 文件上单击右键，以记事本方式打开，编辑代码，设置网页的标题为“歌词介绍”，网页背景图片为 bg. jpg。代码如下所示：

index.html - 记事本

文件(F) 编辑(E) 格式(O) 查看(V) 帮助(H)

```
</head>

<body style="background-color:#9ACDE9">
<p style="text-align:center;color: #FFFFFF;font-size: 24px;font-family: '黑体';">太湖之美</p>

<p style="text-align:center">
历史背景    歌词介绍    社会影响
</p>

<p style="text-align:left;font-family:仿宋;font-size:16px;line-height:180%">
<strong>    《太湖美》创作于1978年，当时正是中共大力探讨真理问题、实行
改革开放的年代。这首歌曲回顾了太湖边的革命传统，表现了太湖两岸人民进行农业生产的生机勃勃的朝气。
由于歌曲创作于打破思想束缚及个人崇拜的年代里，因此《太湖美》明显表现了新时代人们的个性、情感。任
何优秀的歌曲都会留有时代的印迹。《太湖美》本身的特点，使许多人认为它是江南小调式的民歌，其实这是
个人创作的艺术歌曲。《太湖美》积极吸取了江南城镇小调的特色，用传统音乐的形式来表现太湖边丰盛的自
然资源以及悠久的革命传统，是传统文化与当代题材结合的一个完美例证。这也说明传统音乐是新音乐创作的
土壤。《太湖美》的旋律优美、婉转、明丽、清澈、流畅，具有典型的水乡特色，它以抒情的曲调展现出太湖
的万顷碧波、烟雾茫然的景象，表现了对太湖优美的自然景观的赞美和对未来的期望；同时它还表现了太湖岸
边的人民对领导革命的中国共产党的尊敬和感恩以及对祖国的热爱。同样完美地将人民对祖国、家乡及生活的
热爱结合在一起。
</strong>
</p>
<p style="text-align:center"><img src="images/timg.jpg" alt="太湖美景图"/></p>
</body>
</html>
```

图 2.2.4　代码结构图

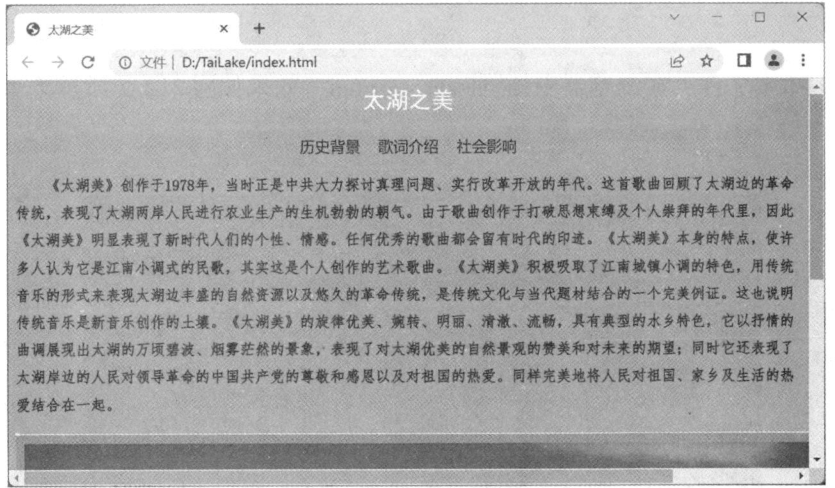

图 2.2.5　网页 index 效果图

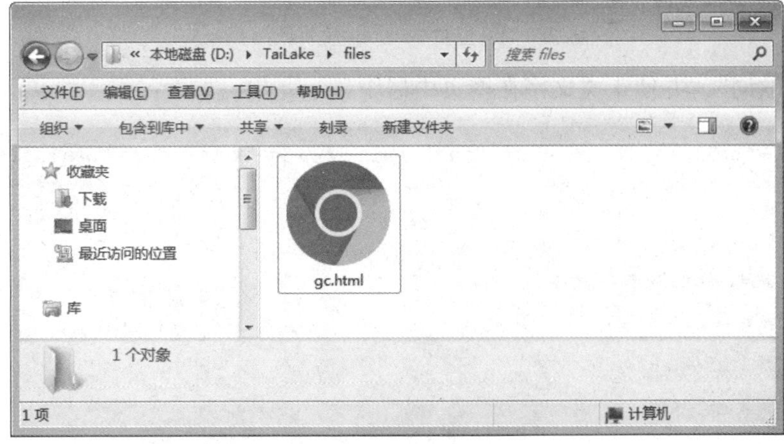

图 2.2.6　新建分页 gc. html

```
<html>
<head>
<title>歌词介绍</title>
</head>
<body style="background:url(../images/bg.jpg)">
</body>
</html>
```

③添加标题文本“太湖美歌词”，以及与 index. html 中相同的导航栏，并设置标题文本的样式，代码如下所示：

```
<p style="text-align:center;color:#FFFFFF;font-size:24px;font-family:'黑体';">太湖美歌词</p>
<p style="text-align:center">历史背景    歌词介绍    社会影响
</p>
```

④保存记事本文件，在浏览器中预览网页 gc. html，效果如图 2. 2. 7 所示。

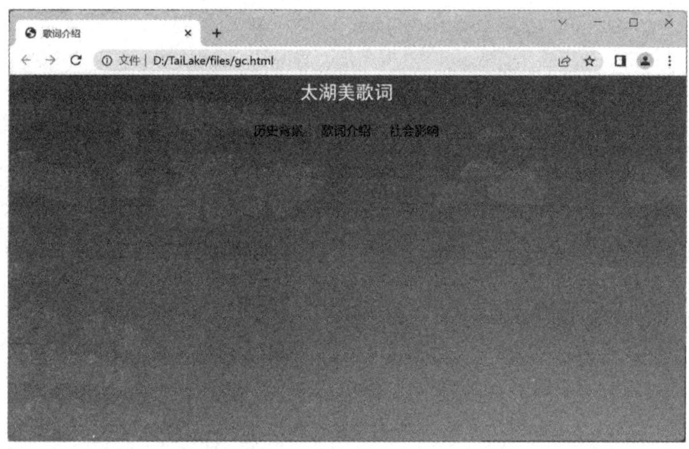

图 2. 2. 7　分页 gc. html 效果图（1）

⑤添加“歌词”，并使正文文字在网页中居中显示。代码如下：

```
<p style="text-align:center;font-family:仿宋;font-size:16px;line-height:180%">
<strong>
太湖美啊太湖美<br/>
美就美在太湖水<br/>
水上有白帆哪<br/>
水下有红菱哪<br/>
水边芦苇青<br/>
```

```
水底鱼虾肥<br/>
湖水织出灌溉网<br/>
稻香果香绕湖飞<br/>
哎咳唷<br/>
太湖美呀太湖美<br/>
太湖美呀太湖美<br/>
美就美在太湖水<br/>
红旗映绿波哪<br/>
啊春风湖面吹哪<br/>
啊水是丰收酒<br/>
湖是碧玉杯<br/>
装满深情盛满爱<br/>
捧给祖国报春晖<br/>
哎咳唷<br/>
</strong>
</p>
```

⑥保存记事本文件，在浏览器中预览网页的效果，如图 2.2.8 所示。

扫码查看
彩图效果

图 2.2.8　分页 gc. html 效果图（2）

⑦在“歌词”的下方新增一行，插入音频，播放“tailake. mp3”音频，并显示音频播放控件，设置自动播放，循环播放。代码如下：

```
<audio src = "../others/tailake.mp3 " autoplay controls loop >你的浏览器不支持
audio标签
</audio >
```

⑧保存记事本文件，在浏览器中预览网页的效果。

⑨在播放器下方插入水平线 <hr>。

⑩在水平下方再插入文本及© 字符，“版权所有© 云中小站”，代码如下：

```
<p style = "text - align:center " > <strong >版权所有 &copy;云中小站 </strong > </p >
```

预览效果如图 2. 2. 9 所示。

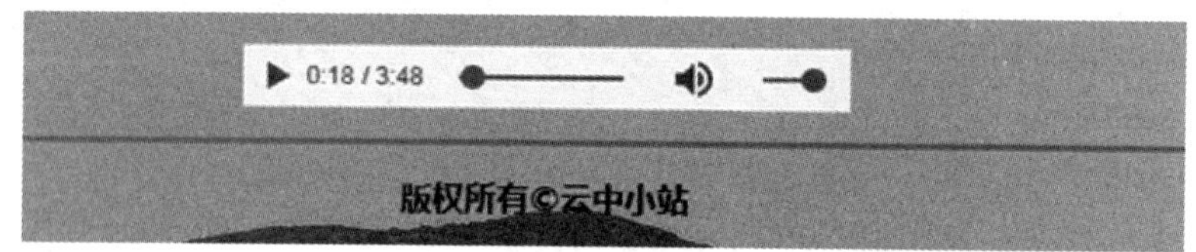

图 2. 2. 9　gc. html 底部效果图

⑪保存记事本文件 gc. html，预览网页效果。

步骤三　实现超链接

①单击右键，以记事本的方式打开 index. html。添加超链接代码，文本“历史背景”即链接本页 index. html。由于“社会影响”页面未完成，因此“社会影响”用“#”设置空链接，停留在当前页面。文本“歌词介绍”设置站内链接，链接到分页 gc. html，代码如下：

```
<a href = "index.html" >历史背景 </a >    
<a href = "files/gc.html" >歌词介绍 </a >    
<a href = "#" >社会影响 </a >
```

②保存对记事本文件的修改，双击打开网页文件 index，在浏览器中预览效果。单击导航栏中的“歌词介绍”即可跳转到分页“gc. html”。

③单击右键，以记事本的方式打开 gc. html，添加超链接的方法同“index. html”中的设置，代码如下。保存记事本文件，在浏览器中预览效果。单击导航栏中的“历史背景”可以跳转到主页“index. html”。

```
<a href = "../index.html" >历史背景 </a >    
<a href = "gc.html" >歌词介绍 </a >    
<a href = "#" >社会影响 </a >
```

④在预览器中预览网页超链接效果，检查超链接设置。网页 index 效果如图 2. 2. 10 所示。

扫码查看彩图效果

图 2. 2. 10　网页 index. html 效果图

小贴士

文件路径就是文件在电脑（服务器）中的位置，表示文件路径的方式有两种：相对路径和绝对路径，书写形式如图 2. 2. 11 所示。

路径标识：

标识符号	说明
/	路径标识
.	当前目录
..	上一层目录

“.”和“..”常与“/”结合使用表示各个路径层次：

路径	说明
./	当前路径，可省略
/	网站根目录，为绝对路径
../	上一层目录，可重复使用，如../../，表示上上层目录

图 2. 2. 11　文件路径说明

（五）任务评价

序号	一级指标	分值	得分	备注
1	网站分页的制作	20		
2	标签 <a>、<img>、<hr>、<audio> 等的运用	40		
3	超级链接的设置	20		
4	网页整体设计	20		
合计		100		

（六）思考练习

1. 链接 <a> 基本语法是（　　）。

A. <a goto = "URL" >… </a>　　B. <a herf = "URL" >… </a>

C. <a link = "URL" >… </a>　　D. <a href = "URL" >… </a>

2. <a href = "#bn" >… </a>，表示（　　）。

A. 跳转到"bn"页面　　B. 跳转到页面的"bn"锚点

C. 超链接的属性是"bn"　　D. 超链接的对象是"bn"

3. 表示新开一个窗口的超链接代码是（　　）。

A. <a href = URL target = _new >… </a>

B. <a href = URL target = _self >… </a>

C. <a href = URL target = _blank >… </a>

D. <a href = URL target = _parent >… </a>

4. <a href = "hello. html#top" >… </a> 表示（　　）。

A. 跳转到"hello. html"页面的顶部

B. 跳转到"hello. html"页面的"top"锚点

C. 跳转到"hello. html"页面的底部

D. 跳转到"hello. html"页面的文字"top"所在链接

5. <hr noshade> 表示（　　）。

A. 水平线没有阴影　　B. 水平线没有边框

C. 页面边界没有阴影　　D. 水平线不显示

6. 下列说法正确的是（　　）。

A. <p> 和
 的区别是 <p> 插入了一个空行

B. <p> 和
 的区别是 <p> 不是换行符，而
 是

C. <p> 和
 的区别是 <p> 后面不能加入文字

D. <p> 和
 的区别是
 后面不能加入文字

7. <img alt = #> 表示（　　）。

A. 图像的地址

B. 图像的排列方式

C. 在浏览器尚未完全读入图像时，在图像位置显示的文字

D. 在浏览器尚未完全读入图像时，在图像上方显示的文字

8. 创建最小的标题的文本标签是（　　）。

A. <pre> </pre>

B. <h1> </h1>

C. <h6> </h6>

D. <b> </b>

9. 在 HTML 中，如何在超级链接中指向 E－mail 地址？

10. 在 HTML 中，如何实现图像的超级链接？

（七）任务拓展

①自己设计并完成网站“太湖之美”“社会影响”分页，完成网站内各网页的链接。

②合理规划网站结构目录，创建网站“我的家乡”。

步骤提示：

①确定站点目录结构。

②建立站点。

③创建至少两张网页。

项目三

创建网站“姑苏美食”（样式入门）

一、项目简介

文本和图像作为网页制作中最基本的构成元素，在任何一个网页中都是必不可少的，它们可以用最直接的方式向浏览者传达有效信息。表格作为网页布局的“元老”，在 DIV + CSS 布局网页的时代仍然是网页制作不可或缺的一类元素，用它可以有序地组织数据，让信息显示更加清晰。超链接作为网页之间联系的纽带，是网站中使用频率较高的一类元素。如何应用 CSS 样式将这些元素以一种更合理、更美观、更便捷的方式进行排版设计，是本项目的主要学习内容。

二、项目目标

本项目以“姑苏美食”网站开发为例，介绍 CSS、文本、图像、表格、超链接和多媒体在网页中的综合应用。要求理解 CSS 元素的属性并掌握基本的样式设置和调用方法，掌握在网页中插入文本、编辑文本的方法，掌握在网页中插入图像、编辑图像的方法，掌握在网页中插入表格、编辑表格的方法，了解超链接的作用并能够设置不同类型的超链接，了解多媒体的概念和基本属性并能够在网页中插入多媒体。

通过本项目的学习，了解苏州美食这一传统文化，培养严谨的工作态度及审美情趣。

三、工作任务

根据“姑苏美食”网站设计与制作的要求，基于工作过程，以任务驱动的方式，应用文本、图像、多媒体等信息充实网站，通过 CSS 样式美化网站，并利用超链接为网站中的网页建立连接的桥梁。

①编辑文本和图像。

②创建超级链接。

任务一　编辑文本和图像

（一）任务描述

通过以下两个步骤的操作实践来掌握在网页中编辑文本和图像的方法，初步完成“姑苏美食”网站首页的制作。网页效果如图 3.1.1 所示。

1. 创建首页

2. 编辑首页（图 3.1.1）

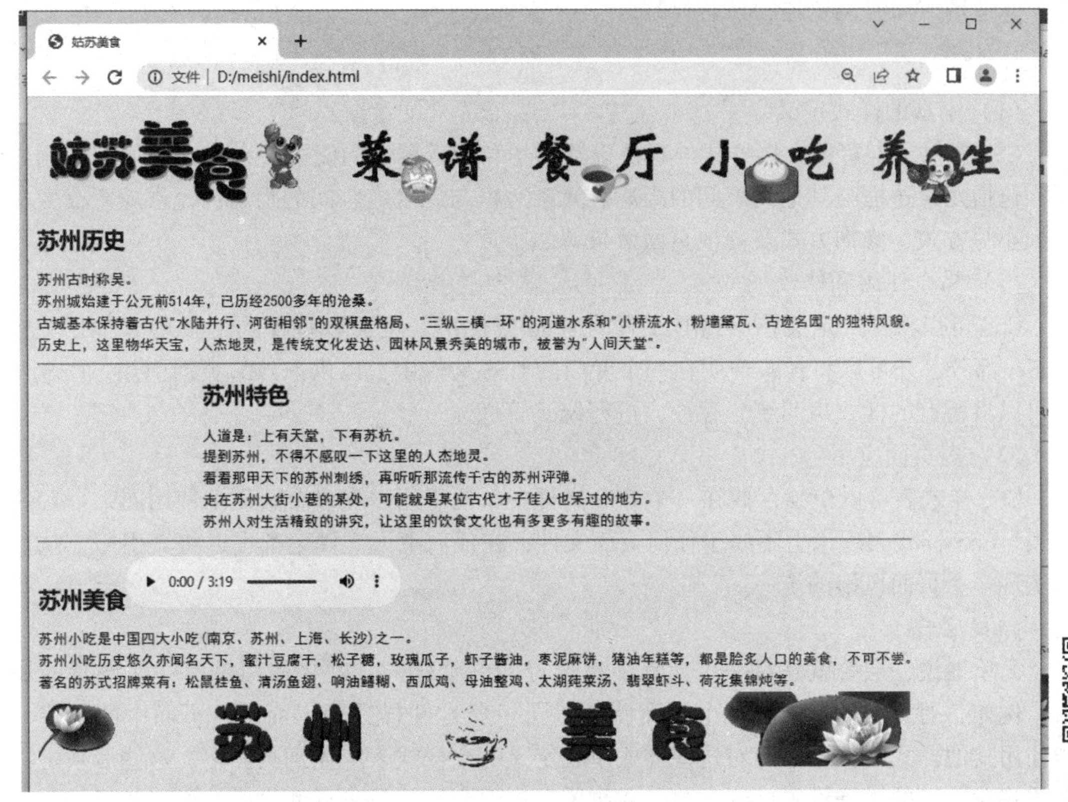

图 3.1.1　“姑苏美食”网站首页效果图

扫码查看
彩图效果

（二）任务目标

按照网站需求分析，建立站点文件夹，并在 Dreamweaver 2021 中建立站点，设计制作首页文件，以及掌握在首页中插入文本和图像，并设置文本、图像格式的方法。

（三）知识准备

知识准备一　CSS 样式

1. 定义

CSS 样式全称为 Cascading Style Sheets，中文翻译为“层叠样式表”。它是一种用来表现 HTML 或 XML 等文件样式的计算机语言。

2. 功能

CSS 样式能够对网页中元素位置的排版进行像素级精确控制，支持几乎所有的字体字号样式，拥有对网页对象和模型样式编辑的能力，主要的功能如下：

①只需修正一个 CSS 文件，便可同时更新众多的网页版面外观及格式。

②可以使 HTML 的文件内码更精简。

③可以更精确地控制网页版面的文字、背景、字形等。

④适用于所有浏览器，兼容性好。

3. 特色

（1）丰富的样式定义

CSS 提供了丰富的文档样式外观及设置文本和背景属性的能力；允许为任何元素创建边框，包括元素边框与其他元素间的距离、元素边框与元素内容间的距离；允许随意改变文本的大小写方式、修饰方式及其他页面效果等。

（2）易于使用和修改

CSS 可以将样式定义在 HTML 元素的 style 属性中，也可以将样式定义在 HTML 文档的 header 部分，还可以将样式声明在一个专门的 CSS 文件中，以供 HTML 页面引用。CSS 样式表可以将所有的样式声明统一存放，进行统一管理。

（3）多页面应用

CSS 样式表可以单独存放在一个 CSS 文件中，便于用户在多个页面中使用同一个 CSS 样式表。CSS 样式表理论上不属于任何页面文件，在任何页面文件中都可以将其引用，从而可以实现多个页面风格的统一。

（4）层叠

简单地说，层叠就是对一个元素多次设置同一个样式，并将使用最后一次设置的属性值。例如，对一个站点中的多个页面使用了同一套 CSS 样式表，而某些页面中的某些元素想使用其他样式，就可以针对这些样式单独定义一个样式表应用到页面中。这些后来定义的样式将对前面的样式设置进行重写，在浏览器中看到的将是最后面设置的样式效果。

（5）页面压缩

在使用 HTML 定义页面效果的网站中，往往需要大量或重复的表格和 font 元素形成各种规格的文字样式，这样做的后果就是会产生大量的 HTML 标签，从而使页面文件的大小增加。而将样式的声明单独放到 CSS 样式表中，可以大大减小页面的体积，这样在加载页面时，使用的时间也会大大减少。另外，CSS 样式表的复用进一步缩减了页面的体积，减少下载的时间。

4. 基本语法

作为网页的一种标准化语言，CSS 有着严格的书写规范和格式。

（1）基本组成

一条完整的 CSS 样式语句包括 selector（选择器）、property（属性）和 value（属性值）。

```
selector{property:value;}
```

其中，selector（选择器）的作用是为网页中的标签提供一个标识，以供其调用；property（属性）的作用是定义网页标签的具体类型；value（属性值）的作用是规定属性所接受的具体参数。

如果要为一个选择器定义多个属性，那么这些属性之间应该以分号隔开：

```
selector{property1:value1; property2:value2; property3:value3;}
```

（2）书写规范

1）属性值的定义

属性值的语法由各个属性单独规定。在任何情况下，值的构成包含标识符、字符串、数字、长度、百分比、URI、颜色、角度、时间和频率等。

属性值中可以出现任何字符，不过括号、方括号、花括号、单引号和双引号必须成对出现，而不在字符串中的分号必须转义。其中，括号、方括号和花括号可以嵌套使用。

如果属性值为一个数字，则必须为这个数字安排一个具体的单位，除非该数字是由百分比组成的比例，或者数字为0。

2）注释的定义

注释以字符“/＊”开始，并以字符“＊/”结束。它们可以在符号之间的任何位置出现，它们之间的内容对渲染没有任何影响。但是注释不能嵌套。例如，下面的代码是不允许的：

```
<style type="text/css">
    /*这是/*红色*/的字体样式*/
    .red{color:red;}
</style>
```

3）字符和大小写

CSS与VBScript不同，其对大小写十分敏感。除了一些字符串式的属性值以外，CSS中的属性和属性值必须小写。

4）关键字

在CSS中，关键字是以标识符的形式出现的，不可以放置在引号之间。比如，要设置字体颜色为绿色，正确的语句为{color: green;}，而不是{color:"green";}。

5. 种类

CSS样式按照位置可以分为三类：内联样式表、内嵌样式表和外部样式表。

（1）内联样式表（Inline Style Sheet）

指在某个HTML内指定该标签内容的样式。由于要将表现和内容混杂在一起，内联样式会损失掉样式表的许多优势。所以内联样式表虽然控制精确，但是可重用性差，冗余多。

例：

```
<p style="font-size:12px; color:red;" >我是内联样式测试文字</p>
```

以上这段代码就是内联样式的一个典型，在段落标签<p>内用<style>标签来指定当前段落的字体大小和颜色。

（2）内嵌样式表（Internal Style Sheet）

指在HTML文件的head标签内声明样式，仅供该网页使用。当单个文档需要特殊的样式时，就应该使用内部样式表。

例：

```
<head>
   <style type="text/css">
   h1 {color:red;}
   p{color:gray;}
  </style>
</head>
<body>
   <h1>h1 级别的标题:红色</h1>
   <p>这是一个段落:灰色</p>
</body>
```

以上这段代码是一个简单的内嵌样式，在<head>头部用<style>标签对标题和段落指定了文本颜色，就可以实现对该页面所有的h1标题和段落都统一应用指定的CSS样式。

（3）外部样式表（External Style Sheet）

指在HTML文件的head标签中，使用link引用一个单独的CSS文件，实现HTML文件中样式的定义。当样式需要应用于很多页面时，外部样式表将是理想的选择。

例：

```
<head>
  <link rel="stylesheet" type="text/css" href="css/baseStyle.css">
</head>
<body>
  <h1>h1 级别的标题:红色</h1>
  <p>这是一个段落:灰色</p>
</body>
```

以上这段代码在<head>头部用link标签链接了一个CSS文件，文件存放在CSS文件夹中，文件名称为“baseStyle. css”。

CSS样式文件“baseStyle. css”：

```
h1 {color:red;}
p {color:gray;}
```

以上这段代码是在文件“baseStyle. css”中指定了h1标题和段落的文本颜色。

虽然第一段代码没有在页面中直接指定标题和段落的文本颜色，但是因为链接了指定h1标题和段落文本颜色的CSS文件“baseStyle. css”，可以实现将这个页面中的h1标题和段落设置成对应的文本颜色。

同样，若有其他页面也需要对h1标题和段落指定相同的文本颜色，只需直接在文件头部链接此CSS文件即可。

6. 选择器

选择器是CSS代码的对外接口。网页浏览器就是根据CSS代码的选择器，实现和XHT-

ML 代码的匹配，然后读取 CSS 代码的属性、属性值，将其应用到网页文档中的。

CSS 选择器的名称只允许包括字母、数字及下划线。其中，不能将数字放在选择器名称的第一位，也不允许选择器使用与 XHTML 标签重复的名称，以免出现混乱。

在 CSS 的语法规则中，主要包括 4 种选择器，即标签选择器、类选择器、ID 选择器和伪类选择器。

（1）标签选择器

一个完整的 HTML 页面是由很多不同的标签组成的，而标签选择器则用于定义标签的 CSS 样式。

例如，要将网页中所有的段落文本大小设置为 12 px、颜色为#090（绿色），则只需在网页的 head 头部对段落 p 标签的样式声明如下：

```
<style type="text/css">
p{font-size:12px;color:090;}
</style>
```

若是在后期维护中，想要改变整个网页中段落 p 标签的文本颜色，只需要修改 color 属性就可以了。

使用标签选择器定义某个标签的样式之后，在整个网页文档中，所有该类型的标签都会自动应用这一样式。CSS 在原则上不允许对同一标签的同一个属性进行重复定义。不过在实际操作中，将以最后一次定义的属性值为准。

（2）类选择器

在使用 CSS 定义网页样式时，经常需要对某一些不同的标签进行定义，使它们都呈现相同的样式。此时，就可以使用类选择器。

类选择器可以把不同的网页标签归为一类，为其定义相同的样式，从而简化 CSS 代码。

在创建类选择器时，需要在类选择器的名称前加上类符号“.”。而在调用类的样式时，则需要为 HTML 标签添加 class 属性，并将类选择器的名称作为 class 属性的值。

例如，要将网页中的无序列表（ul）和段落（p）的文本颜色都设置成红色。如果使用标签选择器，需要编写两条代码：

```
<style type="text/css">
ul {color:#ff0000;}
p {color:#ff0000;}
</style>
```

而使用类选择器，就可以将上述两条代码合并为一条代码：

```
<style type="text/css">
.redtext {color:#ff0000;}
</style>
```

最后只需要在 body 部分对应的标签处应用类选择器的样式就可以了：

```
<p class="redtext">段落文本为红色</p>
<ul class="redtext">
  <li>列表文本为红色</li>
</ul>
```

与标签选择器相比，类选择器有更大的灵活性。使用类选择器，用户可以指定某一个范围内的标签应用样式。

与类选择器相比，标签选择器操作更简单，定义也更加方便。在使用标签选择器时，用户不需要为网页文档中的标签添加任何属性即可应用样式。

（3）ID 选择器

ID 选择器可以为标有特定 ID 的 HTML 元素指定特定的样式。根据元素 ID 来选择元素，具有唯一性，这意味着同一 ID 在同一文档页面中只能出现一次。例如，在网页中已经将一个元素的 ID 取值为“red”，那么在同一页面就不能再将其他元素 ID 取名为“red”了。

在创建 ID 选择器时，需要为选择器名称使用 ID 符号“#”。在页面中调用 ID 选择器时，需要使用其 ID 属性。

例如，通过 ID 选择器分别定义两个段落的文本颜色为红色和绿色。

```
#red{color:red;}
#green{color:green;}
```

下面的 HTML 代码中，ID 属性为 red 的 p 元素显示为红色，而 id 属性为 green 的 p 元素显示为绿色。

```
<p id="red">这个段落是红色。</p>
<p id="green">这个段落是绿色。</p>
```

由于布局标签所使用的样式通常不会重复，因此以使用 ID 选择器为主；而内容标签所使用的样式通常会重复多次，因此以使用类选择器为主。

（4）伪类选择器

有时候还会需要用到文档以外的其他条件来应用元素的样式，比如鼠标悬停等。这时候就需要用到伪类了。

与普通的选择器不同，伪类选择器通常不能应用于某个可见的标签，只能应用于一些特殊标签的状态。其中，最常见的伪选择器就是伪类选择器。

在定义伪类选择器之前，必须首先声明定义的是哪一类网页元素，将这类网页元素的选择器写在伪类选择器之前，中间用冒号“:”隔开。

例如，设置网页中超链接三种状态的颜色：

```
a:link{color:#999999;}
a:visited{color:#FFFF00;}
a:hover{color:#006600;}
a:active{color:#CC6600;}
```

a:link 表示超链接的初始状态；a:visited 表示超链接访问后的状态；a:hover 表示鼠标移动到超链接处的状态；a:active 表示鼠标单击时的状态。

与其他类型的选择器不同，伪类选择器对大小写不敏感。在网页设计中，经常将伪类选择器与其他选择器区分，而将伪类选择器大写。

知识准备二 字体属性

1. font - family

font - family 为字体类型属性，设置当前的文本应用哪种字体，常用的字体有 Simsun、Arial、Verdana、Helvetica、Sans - serif 等。

2. font - size

font - size 为字体大小属性，取值方式有 4 种，分别是绝对大小、相对大小、长度值和百分比。

（1）绝对大小

即使用关键字来设置字体大小，默认值是 mudium 关键字。可以设置的关键字有 xx - small、x - small、small、medium、large、x - large、xx - large，按照从左至右顺序，字体越来越大。

（2）相对大小

相对于字体大小索引表中的字体大小和父元素的字体大小，仅有两个关键字可用：larger 和 smaller。

（3）长度值

指定一个绝对的字体大小，不允许负值。常用的单位为 px、em、pt，其属性值与功能描述见表 3.1.1。

表 3.1.1 字体长度的属性值与功能描述

属性值	功能描述
px	相对长度单位，像素（Pixel）
em	相对长度单位，相对于当前对象内文本的字体尺寸
pt	点（Point），绝对长度单位，是印刷行业常用单位，等于 1/72 in①

（4）百分比值

指定一个相对于父元素字体大小的绝对字体大小，使用百分比值表示。

3. font - style

font - style 为字体风格属性，设置字体是否斜体的属性，一共有三个值：normal、italic、oblique。其属性值与功能描述见表 3.1.2。

① 1 in = 2.54 cm。

表 3.1.2　字体风格的属性值与功能描述

属性值	功能描述
normal	默认值，为浏览器显示的一个标准字体样式
italic	斜体的字体样式
oblique	倾斜的字体样式

4. font - weight

font - weigh 为字体粗细属性，设置当前文字是否加粗，基本属性有 normal、bold、bolder 和 lighter。其属性值与功能描述见表 3.1.3。

表 3.1.3　字体粗细的属性值与功能描述

属性值	功能描述
normal	默认值，为当前标准粗细的字符
bold	定义粗体字符
bolder	定义更粗的字符
lighter	定义更细的字符

5. font - variant

font - variant 为字体变量属性，只针对英文字母，对汉字没有效果。它定义字体以小型号大写字母显示，小型号大写字母可以理解为小个子的大写字母，它虽然是大写字母，但它的文字大小却和小写字母是相同的，比直接输入的大写字母要小。基本属性有 normal 和 small - caps，其属性值与功能描述见表 3.1.4。

表 3.1.4　字体变量的属性值与功能描述

属性值	功能描述
normal	默认值，显示的正常字体
small - caps	大写字母小型号显示

6. font

font 为字体复合属性，可以在一个声明中设置字体的所有属性。书写顺序分别是 font - style、font - variant、font - weight、font - size、font - family。如果哪项属性为默认值，可以把它省略不写，系统会自动解析其为默认值。

7. color

color 为字体颜色属性，字体的颜色属于 CSS 文本属性中的内容，它不像字体属性那样需要在 color 前加上 font，只需要 color 就可以定义字体的颜色。

8. text - shadow

text - shadow 为字体的阴影属性，设置文本的基本阴影效果，基本属性有 h - shadow、

v - shadow、blur 和 color。其属性值与功能描述见表 3. 1. 5。

表 3. 1. 5　字体阴影的属性值与功能描述

属性值	功能描述
h - shadow	水平阴影的位置，允许负值
v - shadow	垂直阴影的位置，允许负值
blur	阴影模糊的半径，可选项
color	阴影的颜色，可选项

P{text - shadow:2px 2px 3px blue;}，表示文本的阴影向右、向下各移动 2 像素，阴影的模糊距离为 3 像素，阴影的颜色为蓝色。

字体综合实例：

```
<head>
  <style type="text/css">
  .t1{
      font-family:"华文行楷";
      font-size:30px;
      font-weight:bolder;
    }
  .t2{
      font-family:隶书;
      font-size:50px;
      font-style:italic;
      font-weight:lighter;
    }
  .t3{
    font-family:"宋体";
    font-size:larger;
    font-style:oblique;
    }
  .t4{
    font-family:"宋体";
    font-style:oblique;
    }
  .t5{
    font-family:"宋体";
    font-style:oblique;
    font-size:smaller;
    }
```

```
    .t6{
        font-family:"Times New Roman";
        font-size:smaller;
        font-weight:lighter;
        font-variant:small-caps;
        }
  </style>
</head>
<body>
    <p class="t1">30 加粗号华文行楷,网页设计与制作</p>
    <p class="t2">50 号较细斜体隶书,网页设计与制作</p>
    <p class="t3">较大号倾斜宋体,网页设计与制作</p>
    <p class="t4">正常大小倾斜宋体,网页设计与制作</p>
    <p class="t5">较小号倾斜宋体,网页设计与制作</p>
    <p>AB<span class="t6">CDE</span>FG,大写字母小型号显示</p>
</body>
```

效果如图 3.1.2 所示。

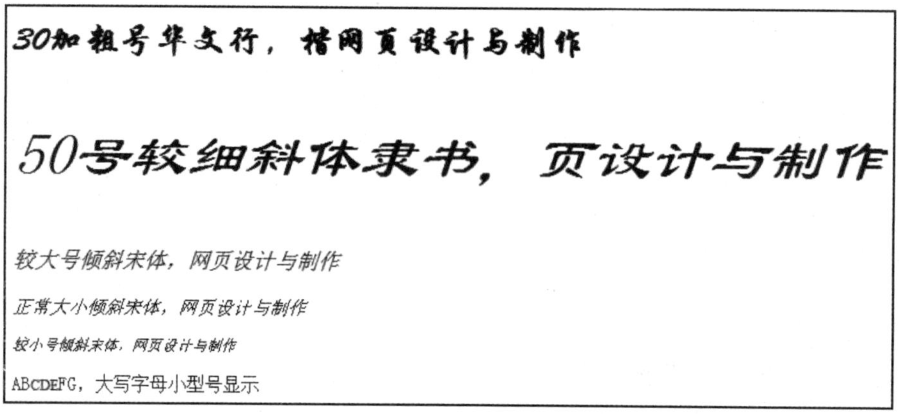

30加粗号华文行，楷网页设计与制作

50号较细斜体隶书，页设计与制作

较大号倾斜宋体，网页设计与制作

正常大小倾斜宋体，网页设计与制作

较小号倾斜宋体，网页设计与制作

ABCDEFG，大写字母小型号显示

图 3.1.2　字体属性综合实例效果图

知识准备三　文本属性

1. word-spacing

word-spacing 属性为单词之间的间距，默认值为 0，可以为负值。如 {word-spacing: 30px;}，定义单词间的字符间距为 30 像素。中文无效。

2. letter-spacing

letter-spacing 属性为文本字符间的间距，默认值为 0，可为负值。如 {letter-spacing: -0.5em}，定义字符间的距离为 -0.5 em。

3. text - decoration

text - decoration 为设置文本的修饰效果，基本属性有 none、underline、overline、line - through 和 blink。其属性值与功能描述见表 3. 1. 6。

表 3. 1. 6　文本修饰的属性值与功能描述

属性值	功能描述
none	默认值，没有任何文本修饰线
underline	在文本下方有下划线
overline	在文本上方有上划线
line - through	文本中间有删除线
blink	设置文本为闪烁效果

4. text - align

text - align 为设置文本的水平对齐方式，如果 direction 属性是 ltr，则默认值是 left；如果 direction 属性是 ltr，则为 right。基本属性有 start、end、left、right、center 和 justify。其属性值与功能描述见表 3. 1. 7。

表 3. 1. 7　文本对齐方式的属性值与功能描述

属性值	功能描述
start	与行 box 的起始边缘位置对齐
end	与行 box 的结束边缘位置对齐
left	左对齐
right	右对齐
center	中间对齐
justify	两端对齐

5. text - indent

text - indent 为设置段落的首行缩进值，可为负值。如 p{text - indent:1cm}，表示设置段落首行缩进 1 cm。一般单位采用 2 em，首行缩进两个字。

6. lint - height

lint - height 为设置每行文本间的距离，即行高，不允许为负值。line - height 与 font - size 的计算值之差（在 CSS 中称为“行间距”）分为两半，分别加到一个文本行内容的顶部和底部。基本属性有 normal、number、length 和% 。其属性值与功能描述见表 3. 1. 8。

一般单位也采用 em，类似于 Word 的行距。

表 3.1.8　文本行间距的属性值与功能描述

属性值	功能描述
normal	为默认值，即设置合理的行间距
number	设置数字，此数字会与当前的字体尺寸相乘来设置行间距，如 line - height:2
length	设置固定的行间距，如 line - height:30px
%	基于当前字体尺寸的百分比行间距，如 line - height:200%

文本综合实例：

```
<head>
   <style type="text/css">
     .a{
      word-spacing:20px;
      text-decoration:line-through;
      }
    .b{
      word-spacing:-5px;
     text-decoration:overline;
      }
    .c{
      letter-spacing:20px;
      text-decoration:underline;
      }
   </style>
</head>
<body>
     <p style="text-align:center"><span class="a">You are welcome! <br>单词间距为20像素,加删除线,居中对齐! </span></p>
     <p style="text-indent:2em"><span class="b">You are welcome! <br>单词间距为负5像素,加上划线,首行缩进2EM! </span></p>
     <p style="text-align:right; line-height:50px"><span class="c">You are welcome! <br>字符间距为20像素,加下划线,右对齐,行高为50像素! </span></p>
</body>
```

效果如图 3.1.3 所示。

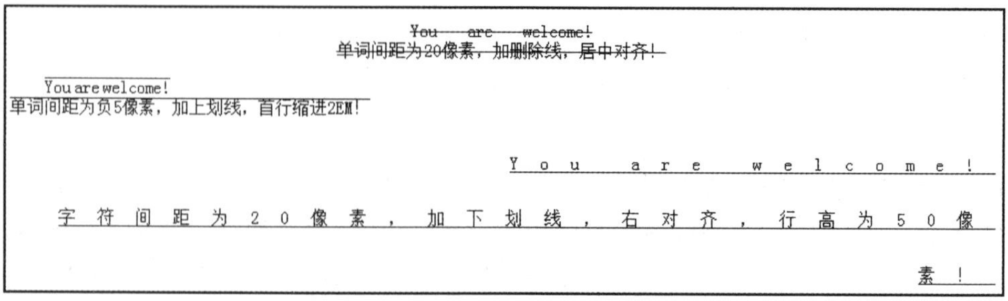

You are welcome!
单词间距为20像素，加删除线，居中对齐!

You are welcome!
单词间距为负5像素，加上划线，首行缩进2EM!

Y o u　a r e　w e l c o m e !

字 符 间 距 为 2 0 像 素 ， 加 下 划 线 ， 右 对 齐 ， 行 高 为 5 0 像

素 !

图 3.1.3　文本属性综合实例效果图

（四）任务实施

步骤一　创建首页

1. 创建站点

①在D盘建立站点目录“meishi”及其子目录images和other两个文件夹，将素材文件夹中提供的图片文件复制到images文件夹中，将所有的文本资料都复制到other文件夹中，为后期建立网页文件做好前期准备工作，如图3.1.4所示。

图3.1.4　新建站点目录

②打开Dreamweaver 2021，并打开“站点”→“管理站点”，在弹出的窗口中选择右下角的“新建站点”按钮。设置站点名称为“美食”，设置本地站点文件夹为D盘的meishi文件夹；在“高级设置”的“本地信息”中设置默认图像文件夹为D盘“meishi”文件夹中的子文件夹“images”，最后单击“完成”按钮，就可以完成新建站点的操作。具体的操作过程如图3.1.5～图3.1.7所示。

图3.1.5　管理站点

2. 新建网页文件

在“文件”面板中，右键单击“站点”，选择“新建文件”命令，就可以看到在站点中新建了一个网页文件，默认名称为“untitled. html”；将此网页名称重命名为“index. html”，此网页文件即为网站的首页，也称为主页，如图3.1.8所示。

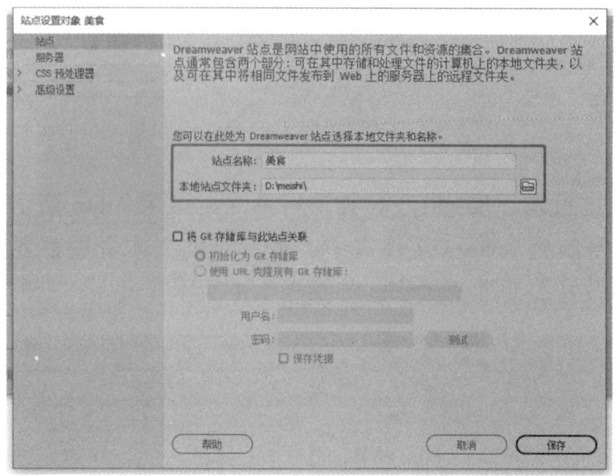

图 3. 1. 6　设置站点文件夹和名称

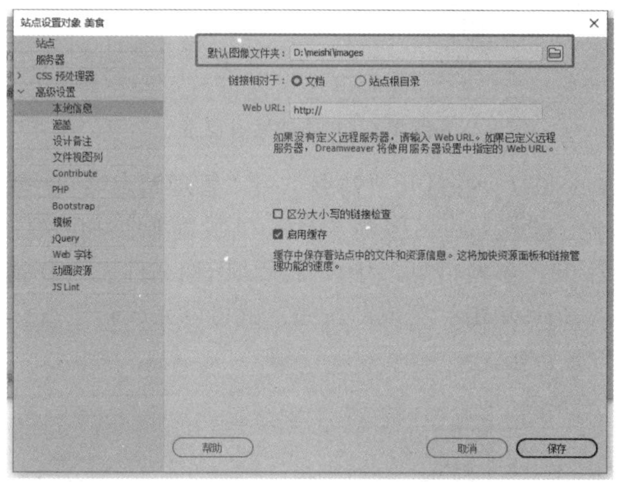

图 3. 1. 7　设置默认图像文件夹

3. 修改编辑模式

双击打开 index. html 文件，将视图模式修改为“设计”视图，便于初学者设计网页，如图 3. 1. 9 所示。

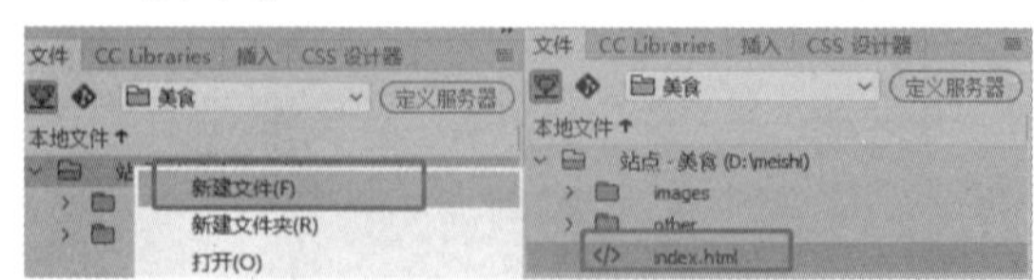

图 3. 1. 8　新建网页

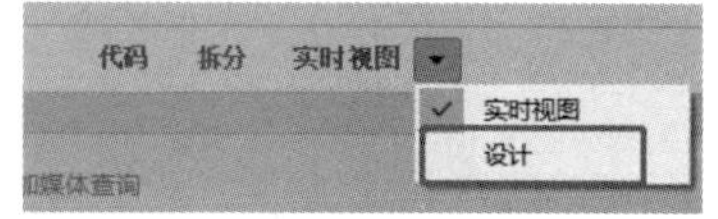

图 3. 1. 9　修改视图模式

在“窗口”菜单中勾选“属性”子菜单，打开“属性”面板，如图 3. 1. 10 所示。

图 3. 1. 10　“属性”面板

4. 修改网页标题

在“属性”面板中将“文档标题”修改为“姑苏美食”。可以看到代码中的 < title > 标签中的内容也随之改变为“姑苏美食”，如图 3. 1. 11 所示。

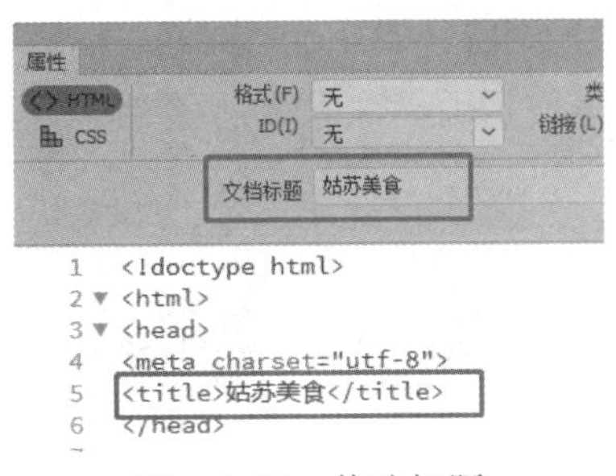

图 3. 1. 11　修改标题

5. 设置背景属性

选择“属性”面板中的“页面属性”，打开“页面属性”对话框；在此对话框中“设置外观（CSS）”中的背景颜色为“#DBF1E5”，左边距为 10 px，上边距为 10 px，如图 3. 1. 12 所示。

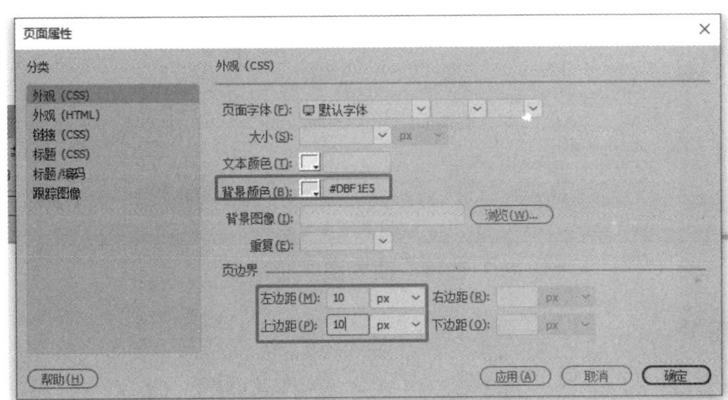

图 3. 1. 12　设置页面属性

页面预览效果如图 3. 1. 13 所示。

图 3. 1. 13　页面预览效果

步骤二　编辑首页

1. 插入首页 LOGO 图片

在设计视图下选择“插入”→“图像”命令，如图 3. 1. 14 所示，在打开的对话框中选择站点“images”文件夹中的“shouye”图片。

图 3. 1. 14　插入图像对话框

2. 插入栏目图片

在首页 LOGO 图片的右侧，选择“插入”→“图像”命令，依次插入“caipu. gif”“canting. gif”“xiaochi. gif”和“yangsheng. gif”，效果如图 3. 1. 15 所示。

图 3. 1. 15　插入图片后的首页效果

3. 调整图片间距

在右侧插入了四张栏目图片之后，会发现图片之间太紧密，显得比较拥挤。那么怎么解决这个问题呢？很简单，只要增加图片之间的间距，就可以让网页显示更加协调。

将光标定位在首页 LOGO 图片的右侧，将输入法切换到全角模式，在键盘上敲两次空格键，就能够在第一张图片和第二张图片之间增加两个空格的距离；用同样的方式在后面四张图片之间各增加两个空格的距离。调整图片之间距离后的首页效果如图 3. 1. 16 所示。

图 3.1.16　调整图片之间距离后的首页效果

小贴士

在 Dreamweaver 的设计界面中，默认为只能输入一个空格，那么如何输入多个空格呢？方法一：将输入法默认的半角状态切换到全角之后输入空格；方法二：单击“插入”菜单“HTML”下的“不换行空格”；方法三：按 Ctrl + Shift + Space 组合键；方法四：在代码视图中，输入“ ”也可实现空格输入；方法五：在“编辑”→“首选项”→“常规”属性面板勾选“允许多个连续的空格”。

4. 粘贴文本

将文本素材中的文件“首页介绍. txt”中的内容复制到第二个段落，效果如图 3. 1. 17 所示。直接复制的文本内容，在网页中显示的格式没有统一，段落也不清晰，因此，需要对这些文本进行编辑，让它们在网页中能够合理地布局、清晰地显示。

扫码查看彩图效果

图 3. 1. 17　段落合并前设计视图

5. 段落换行

从网页预览效果可以发现，三段文字在宽度上撑满了整个页面，显示效果不佳。为了让文本与图片都统一在左侧显示，需要将一段较长的文字转换成几行较短的文字。

方法一：在输入每个句号之后，按键盘上的 Shift + Enter 组合键，就可以将句号之后的文字另起一行。

方法二：在代码视图中，找到句号所在位置，在句号后面输入换行符标签“
”。

小贴士

br 代表 break row，故
 标签表示插入一个换行符，在页面中显示强制换行。在 HTML 中，
 标签没有结束标签；在 XHTML 中，
 标签必须被正确地关闭，比如这样：
。p 代表 paragraph，故 <p> 标签表示段落的开始符号，</p> 表示段落的结束符号，段落中的内容在 <p> 和 </p> 之间。

将长段文字进行换行之后，效果如图 3. 1. 18 所示。

6. 修改小标题的字体格式

打开“窗口”→“CSS 设计器”，在“选择器”左侧单击“+”号，输入标签选择器“h1”。取消勾选“属性”区域中的“显示集”，并选择文本属性 T 。在文本属性处选择 h1 的字体属性“font－family”，属性值为“设置字体系列”。选择最下方的“管理字体”命令，在打开的对话框中选择“自定义字体堆栈”选项卡，在右下方的“可用字体”列表中选择“微软雅黑”，单击“添加”按钮，如图 3.1.19 所示，单击“完成”按钮后返回。选择属性“font－family”为“微软雅黑”，字体大小“font－size”为“24px”。如图 3.1.20 所示。

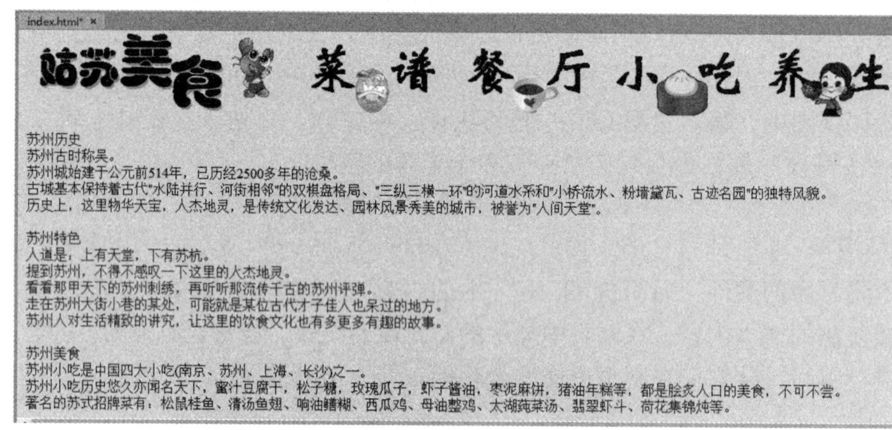

图 3.1.18　段落换行之后的网页效果

扫码查看
彩图效果

扫码查看
彩图效果

图 3.1.19　添加字体

图 3.1.20　设置字体大小

```
h1 {
    font-family: "微软雅黑";
    font-size: 24px;
}
```

在“设计”视图中选中文字“苏州历史”，在“属性”面板的“格式”选项中，选择“标题 1”，如图 3.1.21 所示，就能够将设置的“h1”标签选择器的 CSS 样式应用到“苏州历史”文本中。用同样的方式将其他两个小标题“苏州特色”和“苏州美食”都通过设置格式为“标题 1”的方式应用 CSS 样式“h1”。

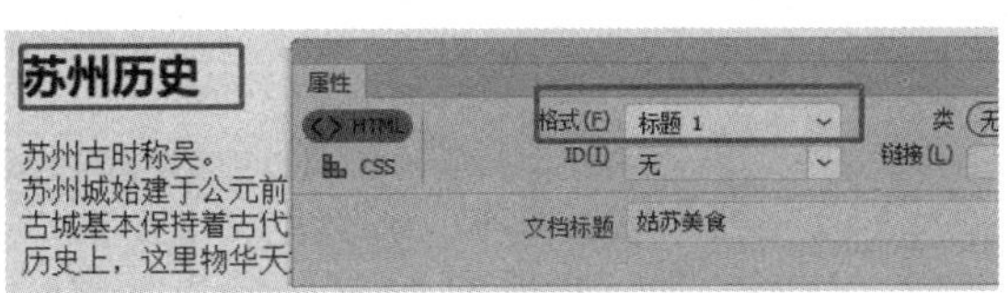

图 3.1.21　应用 CSS 样式

7. 设置段落文本格式

在“CSS 设计器”中创建名称为“.p-16black”的类选择器，在属性面板中设置文本样式为：“font-family”为黑体、“font-size”为 16 px、“text-align”为 left、“line-height”为 22 px。即设置文本的字体样式为黑体、大小为 16 像素、左对齐、行高为 22 像素，如图 3.1.22 所示。

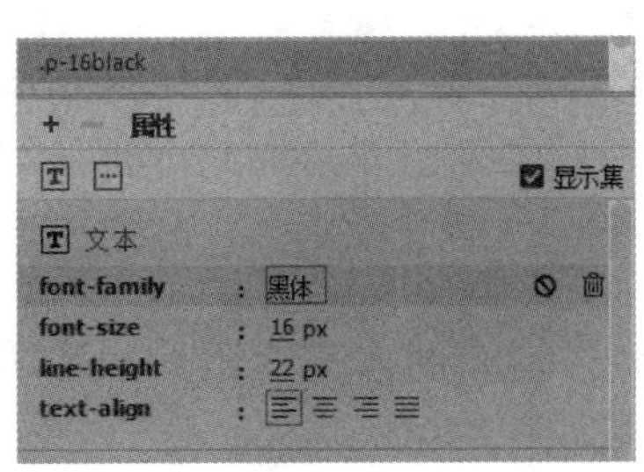

扫码查看
彩图效果

图 3.1.22　“.p-16black”选择器的属性设置

```
.p-16black {
    font-family: "黑体";
    font-size: 16px;
    text-align: left;
    line-height: 22px;
}
```

在“设计”视图中选中“苏州历史”下方的四行正文，在“属性”面板中选择“类”为“p－16black”，即将创建的“. p－16black”选择器的文本样式应用到这四行文字，如图 3. 1. 23 所示。

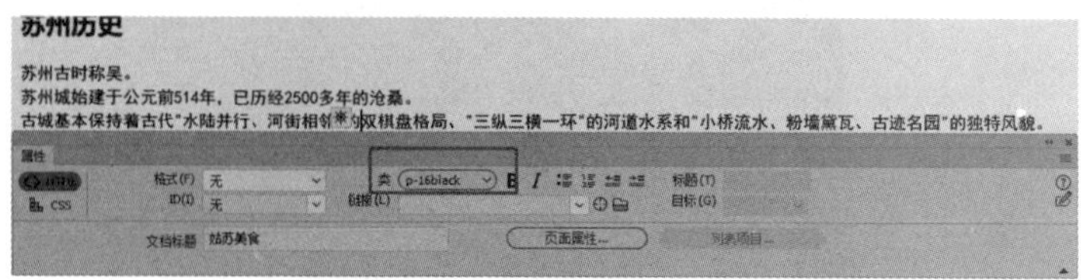

图 3. 1. 23　应用类选择器“. p－16black”

用同样的方式将其余两个小标题下方对应的正文也应用类选择器“. p－16black”。网页的预览效果如图 3. 1. 24 所示。

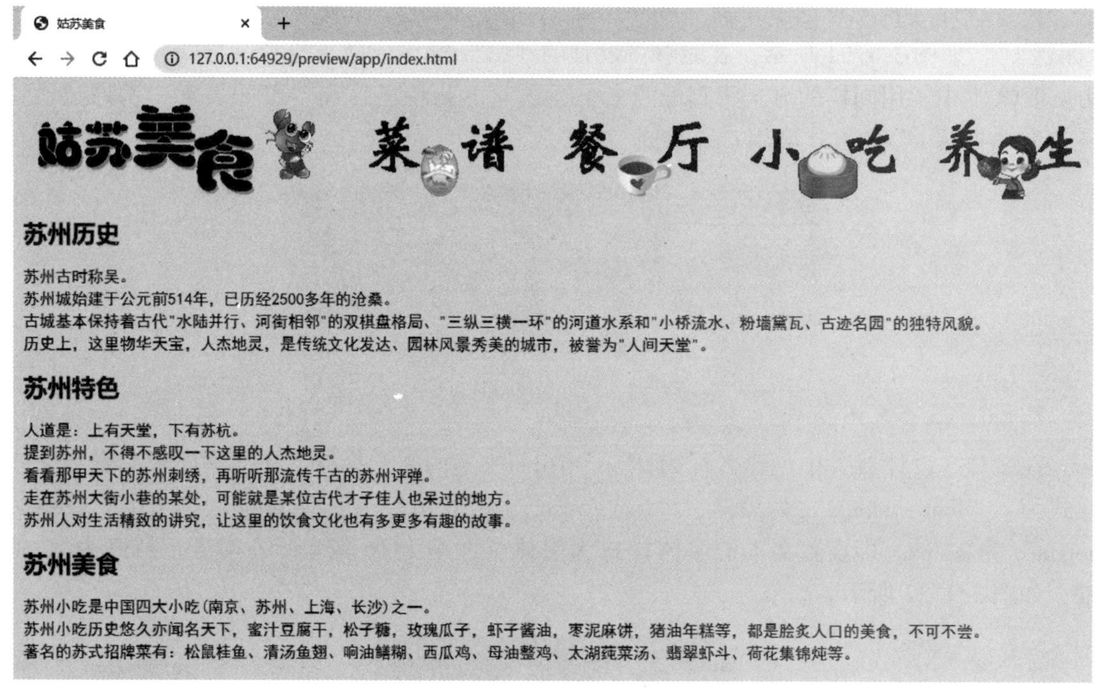

图 3. 1. 24　应用类选择器后的网页效果

8. 插入水平线

将光标定位在第一段“被誉为‘人间天堂’。”后，选择“插入”→“HTML”→“水平线”。

选中插入的水平线，在“属性”面板中设置水平线的宽为 950 像素，高为 2 像素，对齐方式为左对齐，并勾选“阴影”属性，如图 3. 1. 25 所示。

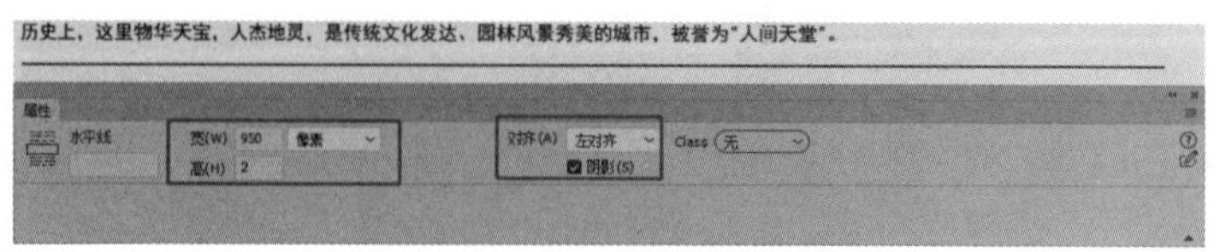

图 3. 1. 25　设置水平线的属性

在第二段“更多有趣的故事。”后插入一条水平线，设置相同的水平线属性。

在“CSS 设计器”中创建名称为“hr”的标签选择器，在“属性”面板中设置边框的“color”属性值为“#F1CF1E”，即将页面中的水平线颜色设置为黄色，如图 3. 1. 26 所示。

```
hr {
      border-color: #F1CF1E;
   }
```

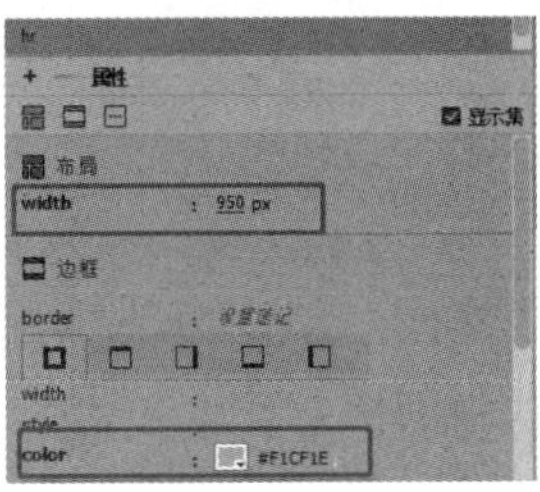

图 3. 1. 26　设置标签 hr 的 color 属性的属性值

插入水平线之后的页面效果如图 3. 1. 27 所示。

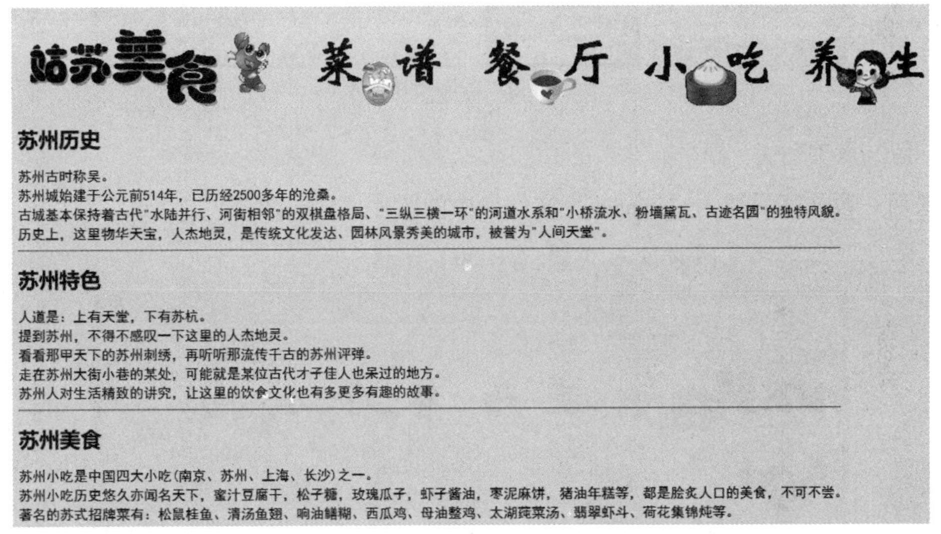

图 3. 1. 27　插入水平线后的效果

9. 插入并优化插图

在第二个小标题“苏州特色”左侧，插入“images”文件夹中的图片“chatu. jpg”。

10. 调整插图大小与位置

（1）调整位置

在“CSS 设计器”中创建名称为“. img1”的类选择器，在属性面板中设置布局的 float 属性值为“left”，如图 3. 1. 28 所示。

```
.img1 {float:left;}
```

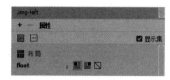

图 3. 1. 28　设置 CSS 样式中 float 属性的属性值

小贴士

float 为定义元素朝哪个方向浮动的属性。有三个属性值：left，元素向左浮动；right，元素向右浮动；none，默认值。

选中图片，在“属性”面板中选择“类”下拉菜单中的“img – left”，即将创建的“. img – left”类选择器的样式应用到当前图片中。

（2）调整大小

选中图片“chatu. gif”，在“属性”面板中将原本的宽、高 400 × 362 修改成 180 × 163，如图 3. 1. 29 所示。

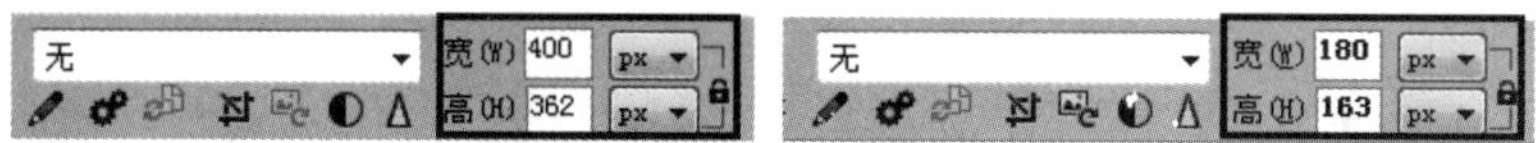

图 3. 1. 29　修改图片大小

11. 插入底部图片

在最后一段文字后插入“images”文件夹中的图片“foot. gif”。

12. 保存网页，预览网页效果（图 3. 1. 30）

图 3. 1. 30　首页效果图

（五）任务评价

序号	一级指标	分值	得分	备注
1	站点的建设	15		
2	网页属性的设置	15		
3	插入并编辑图片	20		
4	插入并编辑文本	20		
5	插入并编辑水平线	10		
6	最终的网页预览效果	10		
7	CSS 样式的设置与应用	10		
合计		100		

（六）思考练习

1. <style>#inner{color:red} </style>属于____________________类型的样式表。

2. CSS 的全称是____________________。

3. <style>标记包含在____________________标签中。

4. 当浏览器不支持图像时，图像<IMG>标记的（　　）属性的文本内容可以替代说明图像。

A. align　　B. height　　C. alt　　D. border

5. 若要以标题 2、居中、红色显示“我的网站”，以下用法中，正确的是（　　）。

A. <h2 align="center"><color color="#ff0000">我的网站</h2></color>

B. <h2 style="text-align:center;color:#FF0000;">我的网站</h2>

C. <h2 style="align:center;color:#FF0000;">我的网站</h2>

D. <h2 align="center"><font color="#ff0000">我的网站</font></h2>

6. 用于设置表格背景颜色的属性是（　　）。

A. <background>　　B. <bgcolor>

C. <BorderColor>　　D. <backgroundColor>

7. 以下关于 FONT 标记符的说法中，错误的是（　　）。

A. 可以使用 color 属性指定文字颜色

B. 可以使用 size 属性指定文字大小（也就是字号）

C. 指定字号时，可以使用 1~7 的数字

D. 语句<FONT size="+2">中,2 号字</FONT>将使文字以 2 号字显示

8. 以下说法中，正确的是（　　）。

A. P 标记符与 BR 标记符的作用一样　　B. 多个 P 标记符可以产生多个空行

C. 多个 BR 标记符可以产生多个空行　　D. P 标记符的结束标记符通常不可以省略

9. 要控制水平线的粗细，应使用属性（　　）。

A. color　　B. width　　C. size　　D. height

10. 在 CSS 的文本属性中，文本修饰的取值 text－decoration：overline 表示（　　）。

A. 不用修饰　　B. 下划线

C. 上划线　　D. 横线从字中间穿过

11. 下面不属于 CSS 插入形式的是（　　）。

A. 索引式　　B. 内联式　　C. 嵌入式　　D. 外部式

12. 简述 CSS 样式表在网站设计中的作用。

（七）任务拓展

在首页的基础上，根据首页中的三个栏目“苏州历史”“苏州特色”和“苏州美食”分别创建三个网页。用图文混排的方式详细介绍苏州的历史、苏州的特色和苏州的美食。

在设计制作过程中，要求思考：

①如何将网页中的文字以无格式的文本进行粘贴？

②能否将一段文字分割成几种文字效果来显示？

任务二　创建超级链接

（一）任务描述

通过以下三个步骤的操作实践掌握超链接在网站中的应用，完成“菜谱”网页及锚记链接的创建，同时，完成“小吃”网页中图像热点链接的制作，最后通过超链接实现“姑苏美食”网站各个页面之间的互访。网页效果如图 3.2.1 和图 3.2.2 所示。

图 3.2.1　“菜谱”网页

扫码查看
彩图效果

①为“菜谱”网页创建锚记链接。

②为“小吃”网页创建图像热点链接。

③创建网站页面之间的链接。

（二）任务目标

按照“菜谱”网页的需求分析，设计制作菜谱网页，并在网页中用锚记链接的方式实现页面内互相访问的效果；按照“小吃”网页的需求分析，设计制作小吃网页，并在网页中用图像热点链接的方式实现以地图形式寻找姑苏美食的效果；掌握各类超链接在网页设计中的应用。

扫码查看
彩图效果

图 3.2.2　“小吃”网页

（三）知识准备

知识准备一　超链接的样式

a:link 为超级链接的初始状态。

a:hover 为把鼠标放上去时悬停的状态。

a:active 为鼠标单击时的状态。

a:visited 为访问过链接后的状态。

知识准备二　超链接的类型

1. 按照链接路径分类

按照链接路径的不同，网页中超链接一般分为以下 3 种类型：内部链接、外部链接和锚点链接。

（1）内部链接

内部链接是在一个单独的站点内，通过内部链接来指向并访问属于该站点内的网页。图 3. 2. 3 所示为某学校网站首页上的部分链接，每个链接指向的都是该站点内的子网页，而不是其他站点上的网页，因此这些链接都为“内部链接”。

图 3. 2. 3　内部链接

（2）外部链接

外部链接是从一个单独的站点上，通过外部链接来指向并访问不属于该站点上的网页。图 3. 2. 4 所示为某学校网站的“友情链接”栏目，图片上设置的链接指向的都是其他站点，而不是该学校网站的子网页，因此这些图片上的链接都为“外部链接”。

图 3. 2. 4　外部链接

（3）锚点链接

锚点链接常常用于那些内容庞大烦琐的网页，通过单击命名锚点，不仅能指向文档，还能指向页面里的特定段落，更能当作“精准链接”的便利工具，让链接对象接近焦点。在需要指定到页面的特定部分时，锚点链接是最佳的方法。

2. 按照超链接分类

按照超链接的地址，网页超链接还可以分为绝对 URL 超链接和相对 URL 超链接。

URL 为英文 Uniform Resource Locator 的简写，即统一资源定位符。它是对可以从互联网上得到的资源的位置和访问方法的一种简洁的表示，是互联网上标准资源的地址。互联网上的每个文件都有唯一的 URL，它包含的信息指出文件的位置及浏览器应该怎么处理它。

①绝对 URL（absolute URL）超链接为显示文件的完整路径，这意味着绝对 URL 本身所在的位置与被引用的实际文件的位置无关。其表示形式通常如下：

```
协议://主机名[/[路径/]资源文件名]
```

②相对 URL（relative URL）链接以包含 URL 本身的文件夹的位置为参考点，描述目标文件夹的位置。如果目标文件与当前页面（也就是包含 URL 的页面）在同一个目录，那么这个文件的相对 URL 仅仅是文件名和扩展名；如果目标文件在当前目录的子目录中，那么

它的相对 URL 是子目录名，后面是斜杠，然后是目标文件的文件名和扩展名。

例如，在 D 盘建立了一个“网页制作”文件夹，此文件夹中有一个“index. html”网页和“home. html”，若“home. html”要访问“index. htm”，绝对路径和相对路径的表示方式如下：

绝对路径表示方法：

```
<a href="e:/网页制作/index.html">绝对链接</a>
```

相对路径表示方法：

```
<a href=" index.html">相对链接</a>
```

知识准备三　列表标签

在网页中，列表可以起到提纲挈领的作用。列表主要分为两种类型：一种为有序列表（由 ol 标签定义），用数字或者字母等顺序排列项目；一种为无序列表（由 ul 标签定义），用■、□、○、●等符号来记录项目。

列表的主要标签见表 3. 2. 1。

表 3. 2. 1　列表的主要标签

标记	描述
<ul>	无序列表
<ol>	有序列表
<dir>	目录列表
<dl>	定义列表
<menu>	菜单列表
<dt>、<dd>	定义列表的标签
<li>	列表项目的标签

1. 有序列表 <ol>

默认情况下，有序列表使用数字序号作为列表的符号。图 3. 2. 5 所示为一个有序列表的网页效果。

```
<ol>
  <li>南京市</li>
  <li>苏州市</li>
  <li>无锡市</li>
</ol>
```

2. 无序列表 <ul>

默认情况下，无序列表使用实心圆点作为列表的符号。图 3. 2. 6 所示为一个无序列表的网页效果。

```
<ul>
  <li>南京市</li>
  <li>苏州市</li>
  <li>无锡市</li>
</ul>
```

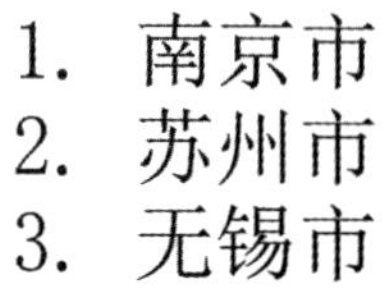

1. 南京市
2. 苏州市
3. 无锡市

图 3.2.5　有序列表效果图

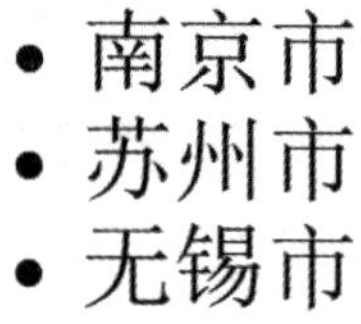

- 南京市
- 苏州市
- 无锡市

图 3.2.6　无序列表效果

知识准备四　列表属性

1. list－style－type

list－style－type 属性用于设置列表项标志的类型。常见属性值有 disc、circle、square、decimal、lower－roman、upper－roman、lower－alpha、upper－alpha 等。其属性值与功能描述见表 3.2.2。

表 3.2.2　列表项标志类型的属性值与功能描述

属性值	功能描述
disc	为默认值，标记是实心圆
circle	标记是空心圆
square	标记是实心方块
decimal	标记是数字
lower－roman	小写罗马数字，i、ii、iii、iv、v 等
upper－roman	大写罗马数字，Ⅰ、Ⅱ、Ⅲ、Ⅳ、Ⅴ等
lower－alpha	小写英文字母，The marker is lower－alpha，a、b、c、d、e 等
upper－alpha	大写英文字母，The marker is upper－alpha，A、B、C、D、E 等

例如：

```
<head>
    <style type="text/css">
      ul.circle {list-style-type:circle;}
      ul.square {list-style-type:square;}
      ol.upper-roman {list-style-type:upper-roman;}
      ol.lower-alpha {list-style-type:lower-alpha;}
    </style>
```

```
</head>
<body>
    <p>空心圆标记:</p>
    <ul class="circle">
      <li>Coffee</li>
      <li>Tea</li          <li>Coca Cola</li>
    </ul>
    <p>实心方块标记:</p>
    <ul class="square">
      <li>Coffee</li>
      <li>Tea</li>
      <li>Coca Cola</li>
    </ul>
    <p>大写罗马数字标记:</p>
    <ol class="upper-roman">
      <li>Coffee</li>
      <li>Tea</li>
      <li>Coca Cola</li>
    </ol>
    <p>小写英文字母标记:</p>
    <ol class="lower-alpha">
      <li>Coffee</li>
      <li>Tea</li>
      <li>Coca Cola</li>
    </ol>
</body>
```

效果如图 3. 2. 7 所示。

空心圆标记:

- ◦ Coffee
- ◦ Tea
- ◦ Coca Cola

实心方块标记:

- ▪ Coffee
- ▪ Tea
- ▪ Coca Cola

大写罗马数字标记:

I. Coffee
II. Tea
III. Coca Cola

小写英文字母标记:

a. Coffee
b. Tea
c. Coca Cola

图 3. 2. 7　列表样式效果图

2. list – style – image

list – style – image 属性用于将图像设置为列表项标志。常见属性有：url，图像的路径；none，无图形被显示。

例如：

```
<head>
   <style type="text/css">
    ul
    {list-style-image:url('images/list.gif');}
   </style>
</head>
<body>
   <p>将图像作为列表符号显示</p>
   <ul>
     <li>咖啡</li>
     <li>茶</li>
     <li>可口可乐</li>
   </ul>
</body>
```

效果如图 3.2.8 所示。

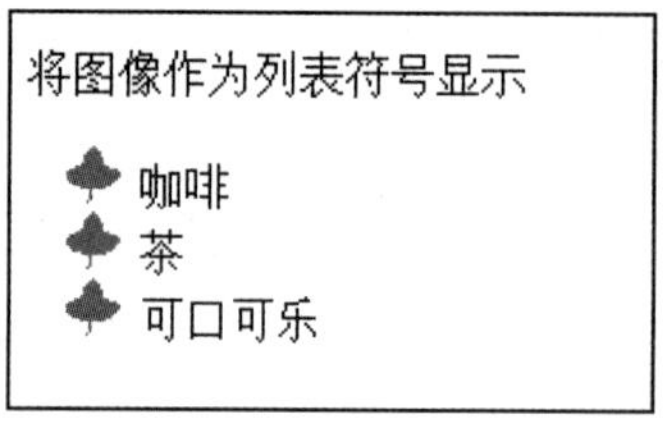

将图像作为列表符号显示

- 咖啡
- 茶
- 可口可乐

图 3.2.8　图像列表效果图

3. list – style – position

list – style – position 属性用于设置列表中列表项标志的位置，常见属性有 inside 和 outside。其属性值与功能描述见表 3.2.3。

表 3.2.3　列表项标志位置的属性值与功能描述

属性值	功能描述
inside	表示列表项目标记放置在文本以内，并且环绕文本根据标记对齐
outside	表示保持标记位于文本的左侧，列表项目标记放置在文本以外，并且环绕文本不根据标记对齐

例如：

```
<head>
  <style type="text/css">
    ul.inside{list-style-position:inside;}
    ul.outside{list-style-position:outside;}
  </style>
```

```
</head>
<body>
  <p>该列表的 list-style-position 的值是 "inside":</p>
  <ul class="inside">
    <li>Earl Grey Tea - 一种黑颜色的茶</li>
    <li>Jasmine Tea - 一种神奇的"全功能"茶</li>
    <li>Honeybush Tea - 一种令人愉快的果味茶</li>
</ul>
<p>该列表的 list-style-position 的值是 "outside":</p>
  <ul class="outside">
    <li>Earl Grey Tea - 一种黑颜色的茶</li>
    <li>Jasmine Tea - 一种神奇的"全功能"茶</li>
    <li>Honeybush Tea - 一种令人愉快的果味茶</li>
  </ul>
</body>
```

效果如图 3.2.9 所示。

该列表的 list-style-position 的值是 "inside"：

- Earl Grey Tea - 一种黑颜色的茶
- Jasmine Tea - 一种神奇的“全功能”茶
- Honeybush Tea - 一种令人愉快的果味茶

该列表的 list-style-position 的值是 "outside"：

- Earl Grey Tea - 一种黑颜色的茶
- Jasmine Tea - 一种神奇的“全功能”茶
- Honeybush Tea - 一种令人愉快的果味茶

图 3.2.9　列表项标志位置效果图

4. list - style

list - style 属性为复合属性，用于把所有列表的属性设置于一个声明中。

定义实例：li {list - style:url(arr. gif) square inside}

列表首先尝试将符号设置为图形 arr. gif，如果图形不能呈现，则使用 square 呈现符号，并且列表符号位于内部。

（四）任务实施

步骤一　为“菜谱”网页创建锚记链接

1. 新建“菜谱”网页

在站点文件夹中选择网页“index. html”，按 Ctrl + C 组合键复制网页，再按 Ctrl + V 组合键粘贴网页。将粘贴后生成网页的“index – 拷贝[2]. html”重命名为“caipu. html”，并将网页标题修改为“菜谱网页”。

将网页中除上方五张图片以外的内容删除，仅留下五张栏目的图片。

2. 插入表格

选择“插入”→“Table”选项，在图片“yangsheng. gif”下一行插入一个 4 行 5 列、宽度为 940 px、边框粗细为 0 px、单元格边距为 5 px、单元格间距为 0 px、标题为“苏州特色美食菜谱 ”的表格。

3. 填充并编辑表格

打开“other”文件夹中的“菜谱”文本文件，复制前三行文字并粘贴到表格对应的单元格中，并在表格属性面板中设置表格的 align 为“左对齐”。

在 CSS 设计器中创建标签选择器“caption”，设置“caption”的文本属性“font－family”为“微软雅黑”、“font－weight”为“bolder”、“font－size”为“24 px”、“line－height”为“40 px”。即将表格标题的字体设置为微软雅黑、大小为 24 像素、加粗 bolder、行高为 40 像素。

```
caption {
font-family: "微软雅黑";
font-weight: bolder;
font-size: 24px;
line-height: 40px;
}
```

在 CSS 设计器中创建类选择器“. pcaption”，设置“. pcaption”的文本属性“font－family”为“楷体”、“font－size”为“18 px”，并将表格中前三行的文本都应用类选择器“pcaption”的样式。

```
.pcaption {
font-family: "楷体";
font-size: 18px;
}
```

填充并设置表格文本样式之后的效果如图 3. 2. 10 所示。

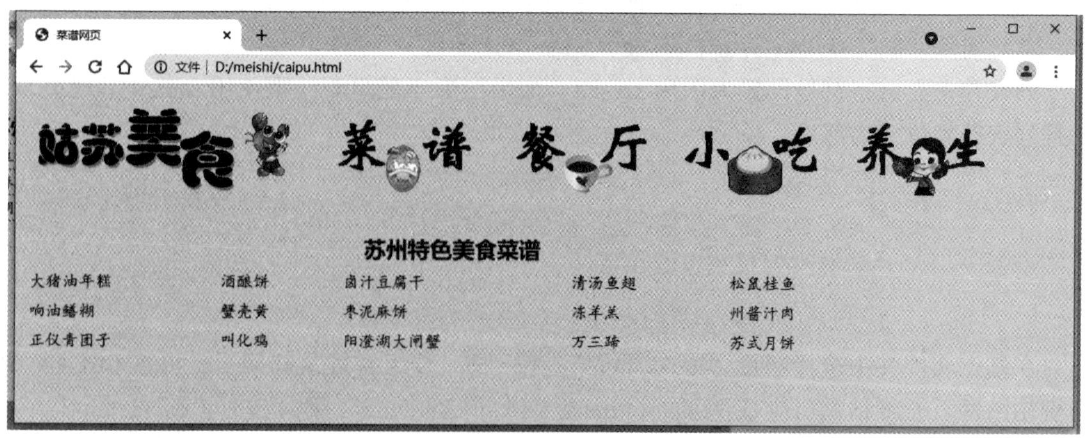

图 3. 2. 10　填充表格效果

4. 设置单元格格式

选中表格中的所有单元格，在“属性”面板中设置单元格的宽度为 20%（让 5 列平均分布）、水平“居中对齐”、垂直“居中”，如图 3.2.11 所示。

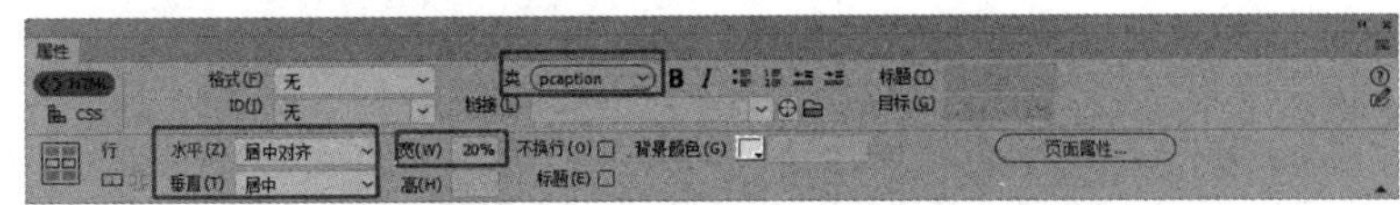

图 3.2.11　设置单元格格式

5. 粘贴并编辑文本

选中表格最后一行，将最后一行 5 个单元格合并成一个单元格，并设置单元格对齐方式为水平“左对齐”、垂直“顶端”对齐。

打开“other”文件夹中的文本文件“菜谱.txt”，将从“大猪油年糕”开始的所有文字都复制粘贴到最后一个单元格。

在 CSS 设计器中创建类选择器“.ptd”，设置“.ptd”的文本属性“font - family”为“方正姚体”、“font - size”为“18 px”，并将表格中第四行的所有文本都应用类“ptd”的样式。

```
.ptd {
font - family: "方正姚体";
font - size: 18px;
}
```

在每个段落下方都插入一条水平线作为分隔符。在 CSS 设计器中创建标签选择器“hr”，设置“hr”的边框颜色 color 属性的属性值为“#F1B620”。

```
hr {
border - color: #F1B620;
}
```

网页效果如图 3.2.12 所示。

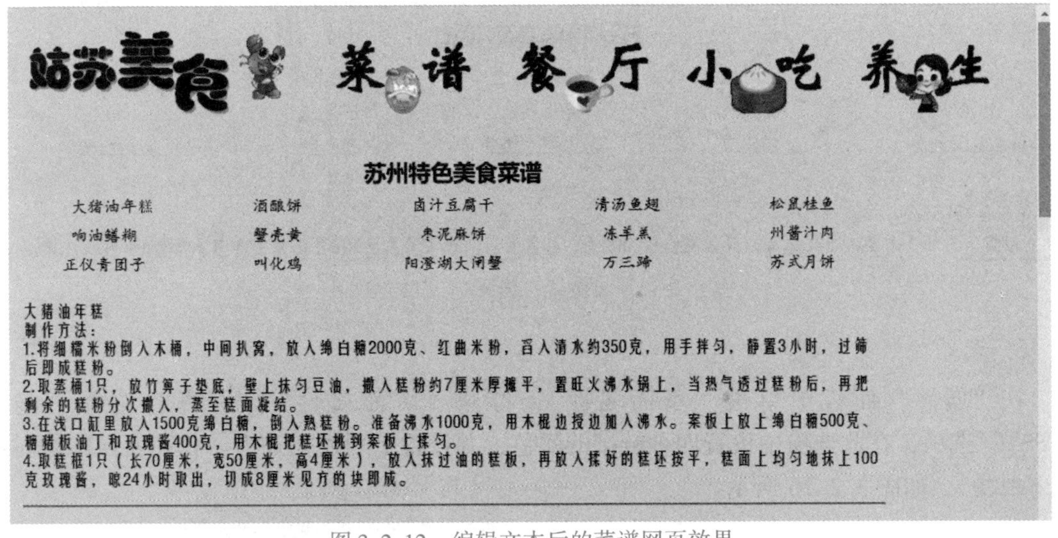

图 3.2.12　编辑文本后的菜谱网页效果

6. 创建锚点

在设计视图中选中“大猪油年糕”，在属性面板中，设置它的 ID 号为“C1”，如图 3. 2. 13 所示。用同样的方式给其他菜单段落的标题都设置 ID 号，按照 C1，C2，…，C15 的顺序来编号。

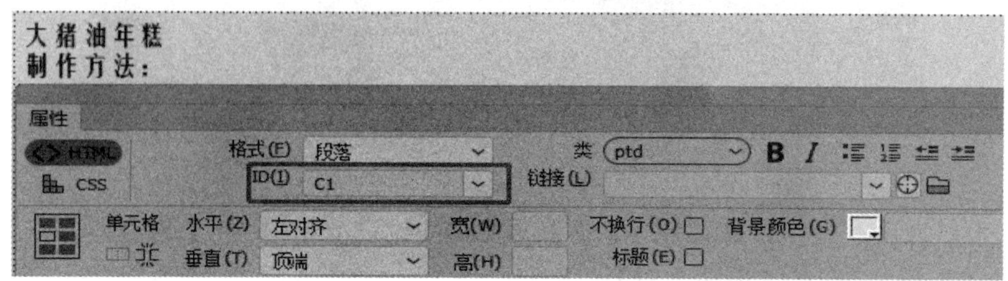

图 3. 2. 13　设置文本的 ID 号

7. 设置锚点链接

选中表格第一个单元格中的文本“大猪油年糕”，在“属性”面板中设置超链接为“#C1”，将表格中的文本“大猪油年糕”链接到 ID 为 C1 的锚点，如图 3. 2. 14 所示。

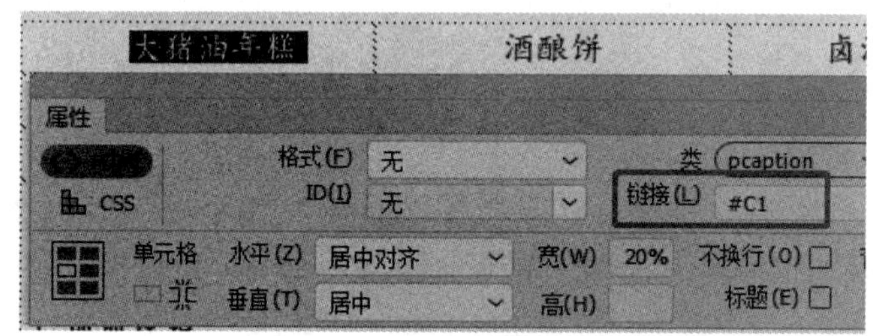

图 3. 2. 14　设置锚点链接

用同样的方式将表格中的其他文本都设置对应的锚点链接，设置链接后的表格显示效果如图 3. 2. 15 所示。

苏州特色美食菜谱

大猪油年糕	酒酿饼	卤汁豆腐干	清汤鱼翅	松鼠桂鱼
响油鳝糊	蟹壳黄	枣泥麻饼	冻羊羔	苏州酱汁肉
正仪青团子	叫化鸡	阳澄湖大闸蟹	万三蹄	苏式月饼

大猪油年糕
制作方法：
1.将细糯米粉倒入木桶，中间扒窝，放入绵白糖2000克、红曲米粉，舀入清水约350克，用手拌匀，静置3小时，过筛

图 3. 2. 15　设置锚点链接后的页面效果

8. 设置超链接样式

在“属性”面板中单击“页面属性”，打开“页面属性”对话框，选择“链接（CSS）”选项，在此选项中设置四种链接的颜色，并设置下划线样式为“仅在变换图像时显示下划线”，如图 3. 2. 16 所示。

图 3.2.16　设置超链接的 CSS 样式

```
a:link {
    color: #EC1B1E;
    text-decoration: none;
}
a:visited {
    text-decoration: none;
    color: #21CF6B;
}
a:hover {
    text-decoration: underline;
    color: #F19B1F;
}
a:active {
    text-decoration: none;
    color: #458FF3;
}
```

小贴士

在 CSS 定义中，a:hover 必须位于 a:link 和 a:visited 之后才能生效，a:active 必须位于 a:hover 之后才能生效。

9. 测试锚点链接

设置锚点链接效果之后，只需单击某一个链接，就能够直接访问到对应锚点所在的位置。如单击“叫花鸡”，网页内容直接跳转到“叫花鸡”所在段落，如图 3.2.17 所示。

步骤二　为“小吃”网页创建图像热点链接

1. 新建“小吃”网页

在“文件”选项卡中选择“caipu.html”网页，执行按 Ctrl + C 组合键复制网页，再按 Ctrl + V 组合键粘贴网页，将粘贴生成的文件“caipu – 拷贝 .html”重命名为“xiaochi.html”，并将网页标题修改为“小吃网页”。

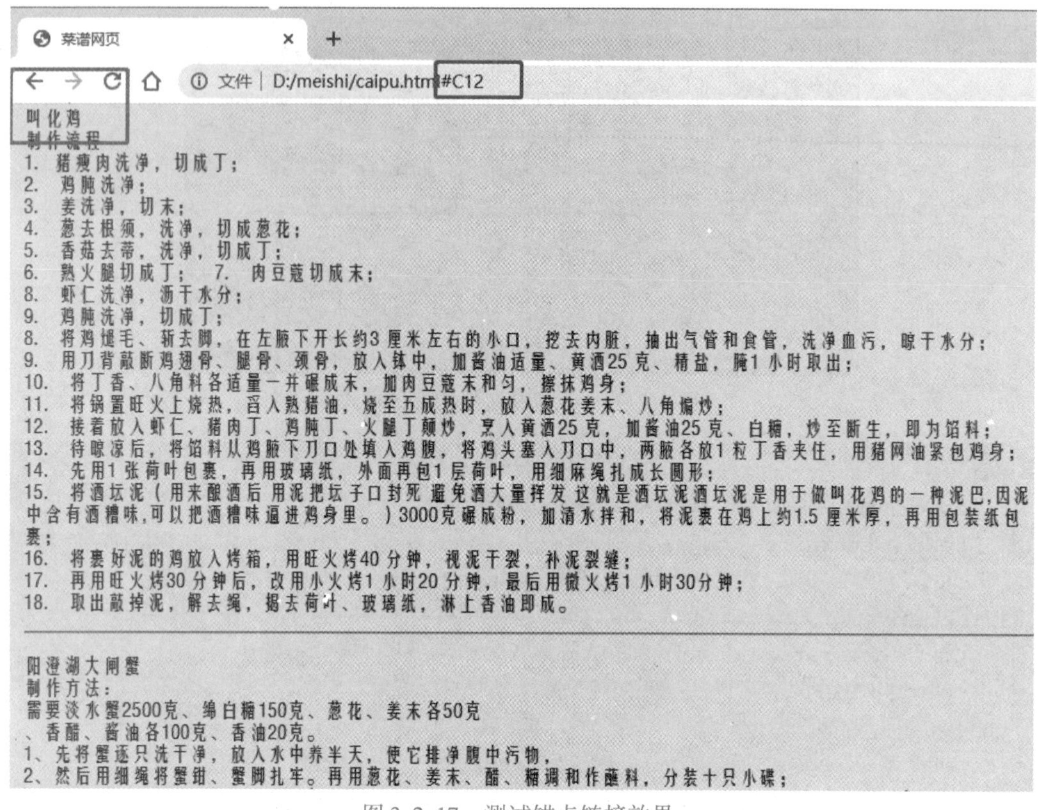

图 3.2.17　测试锚点链接效果

将网页中除上方 5 张图片以外的内容删除，仅留下 5 张栏目的图片。

2. 填充并编辑文本

打开“other”文件夹中的文件“小吃网页.txt”，将此文本文档中的内容复制到“养生”图片下方，并将文字内容分成如图 3.2.18 所示的几段文字。

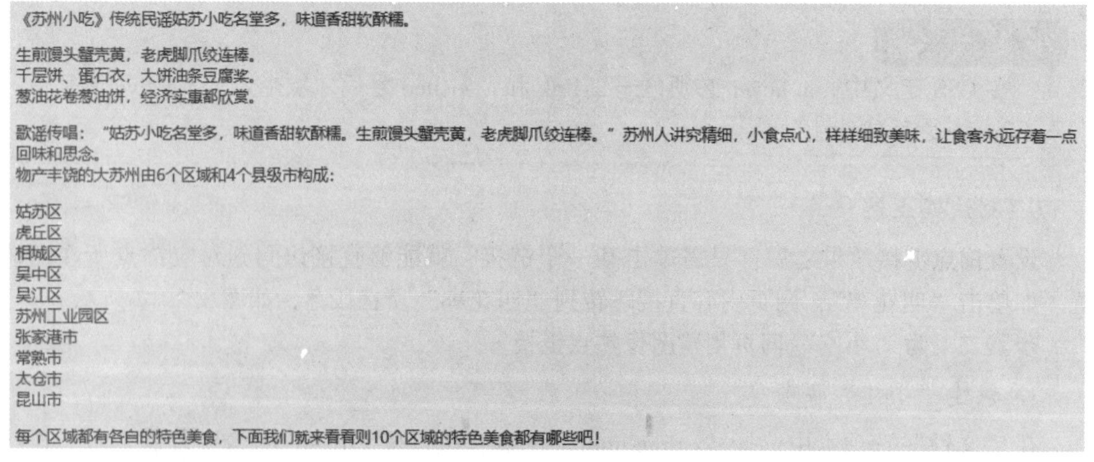

图 3.2.18　粘贴文本后的网页效果

在 CSS 设计器中创建类选择器样式“. pnr”，设置 pnr 的文本属性“font - family”为“方正姚体”、字体大小“font - size”为“18 px”、行高“line - height”为“22 px”。将页面中第一段、第二段、第四段文本都应用创建的类选择器样式 pnr。

```
.pnr {
font - family: "方正姚体";
font - size: 18px;
line - height: 22px;
}
```

3. 插入项目列表

删除第二段文字“姑苏区……昆山市”。在网页当前位置，选择“插入”→“项目列表”，在实心圆点后面输入文本“姑苏区”，之后按 Enter 键；在第二个项目列表后继续输入文本“虎丘区”，按照此操作方法输入“相城区”“吴中区”“吴江区”“苏州工业园区”“张家港市”“常熟市”“太仓市”和“昆山市”。

插入项目列表后的页面效果如图 3. 2. 19 所示。

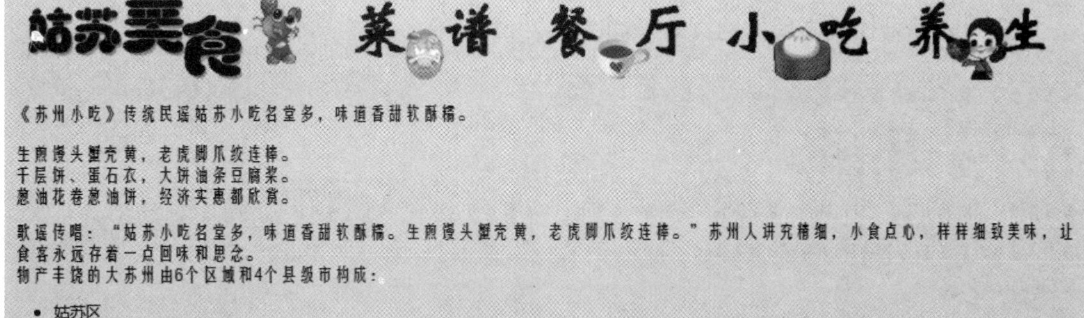

扫码查看
彩图效果

图 3. 2. 19　将一个段落设置为编号列表的网页效果

4. 设置列表样式

在 CSS 设计器中创建标签选择器“li”，设置 li 的文本样式“font - family”为“华文楷体”、字体大小“font - size”为“18 px”、行高“line - height”为“22 px”、列表样式“list - style - type”为空心圆“circle”、列表位置“list - style - position”为“inside”，如图 3. 2. 20 所示。

```
li {
    font-size: 18px;
    font-family: "华文楷体";
    line-height: 22px;
    list-style-type: circle;
    list-style-position: inside;
}
```

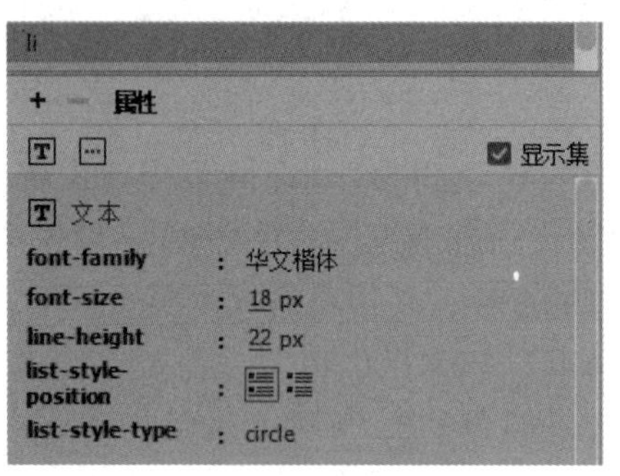

扫码查看
彩图效果

图 3.2.20　设置标签选择器“li”的属性

设置列表编号样式之后的网页效果如图 3.2.21 所示。

《苏州小吃》传统民谣姑苏小吃名堂多，味道香甜软酥糯。

生煎馒头蟹壳黄，老虎脚爪绞连棒。
千层饼、蛋石衣，大饼油条豆腐浆。
葱油花卷葱油饼，经济实惠都欣赏。

歌谣传唱：“姑苏小吃名堂多，味道香甜软酥糯。生煎馒头蟹壳黄，老虎脚爪绞连棒。”苏州人讲究精细，小食点心，样样细致美味，让食客永远存着一点回味和思念。
物产丰饶的大苏州由6个区域和4个县级市构成：

- 姑苏区
- 虎丘区
- 相城区
- 吴中区
- 吴江区
- 苏州工业园区
- 张家港市
- 常熟市
- 太仓市
- 昆山市

每个区域都有各自的特色美食，下面我们就来看看则10个区域的特色美食都有哪些吧！

图 3.2.21　设置列表编号样式之后的网页效果

5. 插入并编辑图片

在“歌谣传唱”文字前插入“images”文件夹中的图像“map.gif”，并将图像的大小修改成宽 350 px、高 360 px。

在 CSS 设计器中创建类选择器“.img－1”，设置“.img－1”的布局样式“float”属性的属性值为“left”。在“设计”视图中选择图片“map.gif”，在“属性”面板中应用创建的类 img－1，使得图片能够靠左显示，如图 3.2.22 所示。

```
.img-1{ float: left;}
```

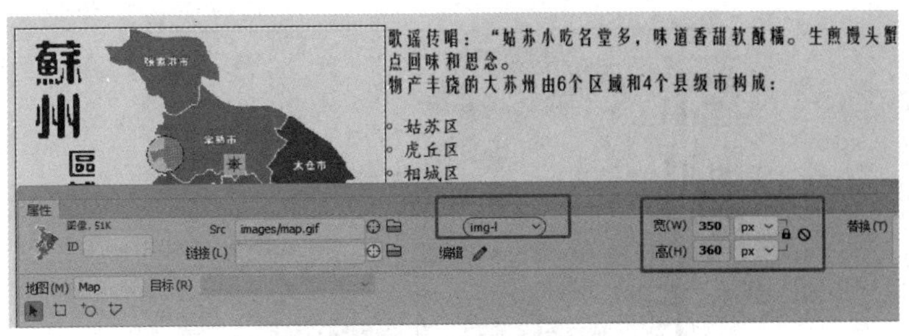

图 3.2.22 图像属性设置

6. 新建“昆山小吃”网页

在“文件”选项卡中选择“xiaochi. html”网页，单击鼠标右键，在弹出的菜单中选择“编辑”→“复制”命令，生成文件“xiaochi－拷贝 . html”，并将此网页重命名为“kunshan. html”。打开网页“kunshan. html”，将网页标题修改为“昆山小吃网页”，并将网页中除上方 5 张图片以外的内容都删除。

将“other”文件夹中“昆山小吃网页 . txt”文本文档中的三段内容复制到图片下方。

在页面“属性”对话框中，设置“外观（CSS）”的“页面字体”为“黑体”，大小为“16 px”。

```
body,td,th {font-family: "黑体"; font-size: 16px;}
```

7. 设置图像热点链接

在小吃网页中，选择图片“map. gif”，在如图 3.2.23 所示的“属性”面板中选择左下角的圆形热点工具，在图片的昆山市所在位置绘制一个圆形，如图 3.2.24 所示。

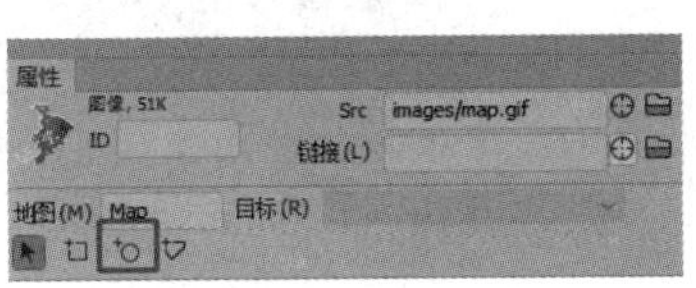

图 3.2.23 图形热点工具

扫码查看彩图效果

在“属性”面板中，打开“链接”属性右侧的文件夹按钮，在弹出的对话框中选择“kunshan. html”。

8. 测试图像热点链接

预览“xiaochi. html”，当光标移动到“昆山市”所在位置，光标图形变成手状，表示当前位置有超链接。单击鼠标左键，就能打开对应链接的网页，即“昆山小吃网页”，如图 3.2.25所示。

步骤三 创建网站页面之间的链接

1. 新建“yangsheng. html”网页

在“文件”选项卡中选择“xiaochi. html”网页，单击鼠标右键，在弹出的菜单中选择“编辑”→“复制”命令，生成文件“xiaochi 拷贝 . html”，并将此网页重命名为“yangsheng. html”。打开网页“yangsheng. html”，将网页标题修改为“养生网页”，并将网页中除上方 5 张图片以外的内容都删除。

图 3.2.24　绘制圆形热点

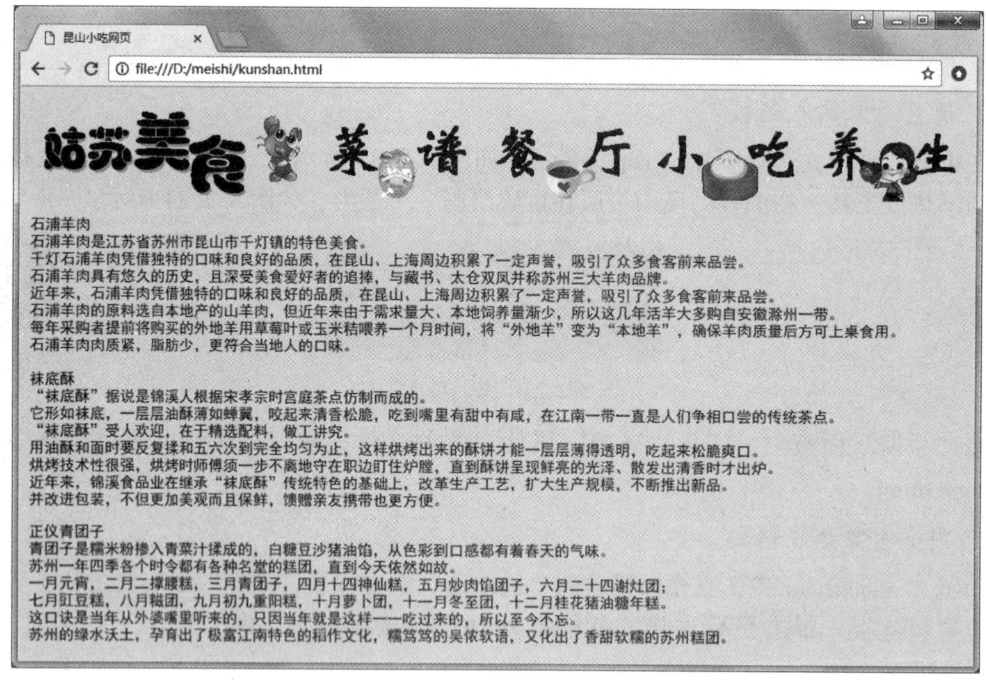

图 3.2.25　“昆山小吃网页”效果图

2. 为站点内的网页创建相互访问的链接

在此网页的 head 部分，选择“菜谱”图片，在“属性”面板中设置超链接文件为“caipu. html”；选择“餐厅”图片，在“属性”面板中设置超链接文件为“canting. html”；选择“小吃”图片，在“属性”面板中设置超链接文件为“xiaochi. html”；选择“养生”图片，在“属性”面板中设置超链接文件为“yangsheng. html”；选择左上角的“shouye.

gif”图片，在属性面板中设置超链接文件为“index. html”，如图 3. 2. 26 所示。

Src	images/养生. gif	Src	images/小吃. gif	Src	images/餐厅. gif
链接 (L)	yangsheng. html	链接 (L)	xiaochi. html	链接 (L)	canting. html

Src	images/菜谱. gif	Src	images/shouye. gif
链接 (L)	caipu. html	链接 (L)	index. html

图 3. 2. 26　设置图片的超链接

用同样的方式在“index. html”“caipu. html”“canting. html”和“xiaochi. html”这 4 个网页中进行超链接设置，让此站点中的所有网页能够相互访问。

想一想：

在给“养生网页”设置了超链接之后，有没有更加便捷的方式为其他 4 个网页设置相同的超链接？

（五）任务评价

序号	一级指标	分值	得分	备注
1	新建并填充菜谱网页	10		
2	新建并填充小吃网页	10		
3	新建并填充昆山网页	10		
4	新建养生网页	5		
5	设置菜谱网页的锚点链接	20		
6	设置小吃网页的图像热点链接	15		
7	设置站点之间所有网页之间的链接	20		
8	网页的最终预览效果	10		
合计		100		

（六）思考练习

1. 在默认情况下，浏览器内已选择的超链接文本颜色显示为________________，已访问的超链接颜色显示为________________。

2. 在 Dreamweaver 中，超链接中定义目标的属性为____________________，表示用户单击超链接时会弹出一个新的网页窗口。

3. 若要在页面中创建一个图形超链接，要显示的图形为 cic. jpg，所链接的地址为 http://training. tsinghua. edu. cn，以下用法中，正确的是（　　）。

A. <a href = "http://training. tsinghua. edu. cn" >cic. jpg </a >

B. <a href = "http://training. tsinghua. edu. cn" > <img src = "cic. jpg" > </a >

C. <img src = "cic. jpg" > <a href = "http://training. tsinghua. edu. cn" > </a >

D. <a href = "http://training. tsinghua. edu. cn" > <img src = "cic. jpg" >

4. 选中某文本或图片，在 Dreamweaver 的属性面板中的“链接”文本框中输入（　　）可以制作其空链接。

A. #　　B. @　　C. $　　D. &

5. 如果链接的对象是同一网页中的内容，可以使用（　　）。

A. 锚点链接　　B. 文本链接　　C. 外部链接　　D. 内部链接

6. 以下路径中，属于绝对路径的是（　　）。

A. http://www. souhu. com/index. htm　　B. address. htm

C. /xuesheng/chengji/mingci. htm　　D. staff/telephone. htm

7. 在创建图像热点链接时，不包括（　　）形状的图像热点。

A. 不规则曲线　　B. 多边形　　C. 矩形　　D. 椭圆形

8. 在图片中设置超链接的说法中，正确的是（　　）。

A. 图片上不能设置超链接

B. 一个图片上只能设置一个超链接

C. 鼠标移动到带超链接的图片上，仍然显示箭头形状

D. 一个图片上能设置多个超链接

9. 绝对路径、相对路径和基准地址的区别与联系是什么？

10. 链接网页的“目标”位置有几种？

（七）任务拓展

在网站首页中，给三个栏目“苏州历史”“苏州特色”和“苏州美食”分别创建超链接，链接到对应的网页。

在设计制作过程中，要求思考：

①如何将三个超链接的文字样式设置为同样的效果？

②如何将打开超链接的方式设置成新窗口模式？

项目四

创建网站“古诗文网”（页面布局）

一、项目简介

在上一个项目中，已经接触到 CSS 样式表的设置，本项目侧重介绍用 CSS + DIV 进行网页布局的一般流程和方法。

用 CSS + DIV 进行网页布局与样式设置是两个不同的思维过程，CSS 样式主要是实现各种具体效果，而网页布局更关注的是整个页面的呈现效果。

通过前面的学习，了解到 Dreamweaver 2021 支持 HTML5 语言。本项目中还将引入 HTML5中的新语义元素来定义 Web 页面的不同部分。

二、项目目标

本项目以“古诗文网”网站首页页面设计为例，初步掌握基于 HTML5 的 CSS + DIV 的页面布局方法。了解网页标准化的基本思想，理解 CSS 盒模型，学会使用 HTML5 中的新语义元素定义 Web 页面的不同部分，掌握 CSS + DIV 进行网页布局的一般流程和方法。

通过本项目的学习，初步建立网站建设的系统工程思维；了解网页标准化的基本思想；培养科学规范、团结协作的职业素养。

三、工作任务

根据“古诗文网”首页页面设计与制作的要求，基于工作过程，以任务驱动的方式，掌握基于 HTML5 的 CSS + DIV 的页面布局方法。

①构建网页结构。

②定义网页布局样式。

任务一　构建网页结构

（一）任务描述

通过创建“古诗文网”网站首页结构的操作实践来掌握基于 HTML5 构建网页结构的方法，网页效果如图 4.1.1 所示。

①建立站点。

②构建首页结构。

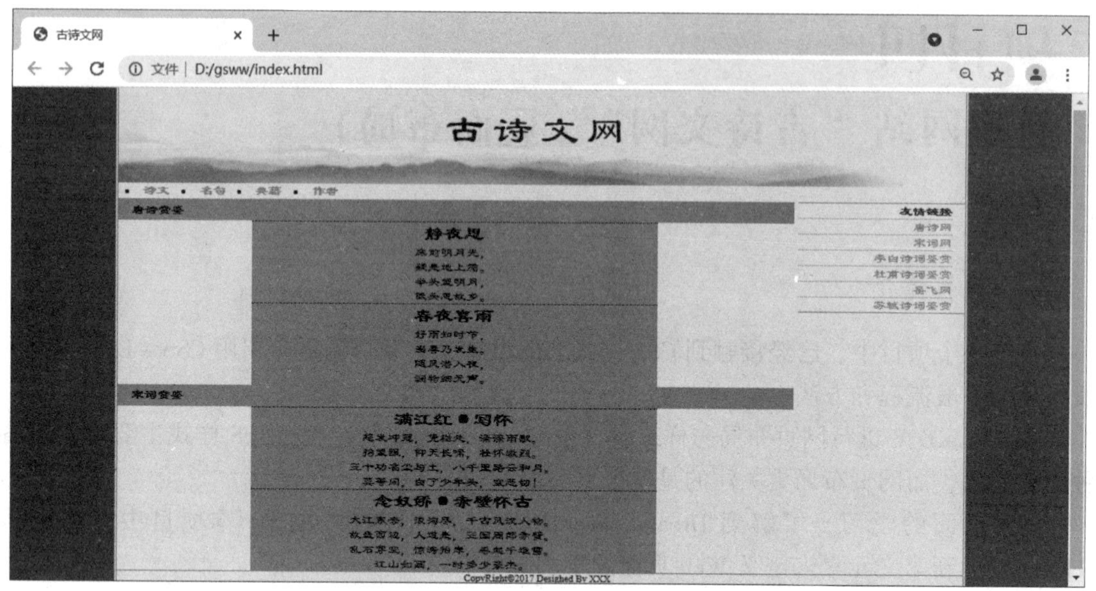

图 4.1.1 “古诗文网”网站首页效果图

（二）任务目标

扫码查看彩图效果

按照网站需求分析，建立站点文件夹，并在 Dreamweaver 2021 中设计制作网站首页页面结构。

（三）知识准备

知识准备一 了解 Web 标准化

随着 Web 2.0 时代的到来，越来越多的网站开始注重 Web 标准化。Web 标准不是一个标准，而是由一系列规范组成的。

网页主要由三部分组成：结构（Structure）、表现（Presentation）、行为（Behavior）。对应的标准也分三方面：结构化标准语言，主要包括 XHTML 和 XML；表现标准语言，主要包括 CSS；行为标准，主要包括对象模型（如 W3C DOM、ECMAScript 等）。这些标准大部分由 W3C 起草和发布，也有一些是其他标准组织制定的标准，比如 ECMA（European Computer Manufacturers Association）制定的 ECMAScript 标准。

其中内容层主要是纯文字和非背景的图片；结构层主要是 HTML 语言；表现层主要是 CSS 语言；行为层主要是 JavaScript 语言。

知识准备二 认识 DIV 和 DIV 布局

<div>(division) 标签定义 HTML 文档中的一个分隔区块或者一个区域部分。可以把 DIV 理解成一个容器，可以放置标题、段落、图片等任何 HTML 元素。

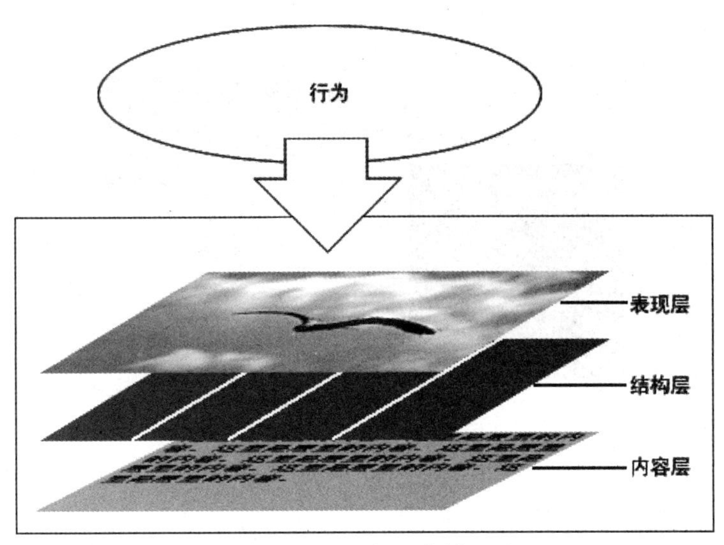

图 4.1.2 网页标准化模型图

DIV 布局是一种内容与形式分离的布局方式，符合 W3C 网页标准。用 DIV 设计页面结构，通过 CSS 对 <div> 控制实现美工，这样的网页布局方式就是通常所说的 CSS + DIV 布局。由于内容和形式是各自独立的，所以，网页改版时，只需要修改对应的 CSS 文件和图片，就能在不更改程序和结构代码的情况下完成所有的改版，这也正是 CSS + DIV 布局成为目前网页布局主要形式的原因。

【例 4.1】

```
<html>
<head>
<style type="text/css">
div{
     width:200px;
     height:200px;
     background-color:blue;
     }
</style>
</head>

<body>
<div></div>
</body>
</html>
```

按照以上代码就可设计制作一个宽 200 px 和高 200 px 的蓝色区块，在浏览器中的执行结果如图 4.1.3 所示。

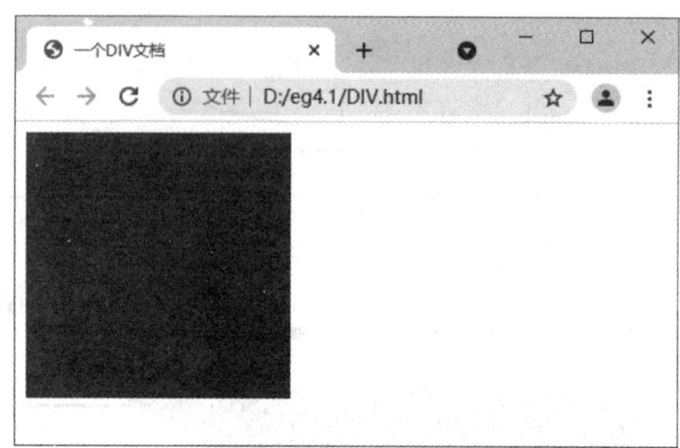

图 4.1.3　一个 DIV 文档

知识准备三　理解 CSS 盒模型

CSS 盒模型是学习 CSS 网页布局的基础。只有掌握了盒模型，才能够理解页面各个元素在网页排版中的位置和关系。所有 HTML 元素都可以看作一个盒子，占据一定的页面空间。盒模型是以方形为基础显示的，由内容（content）、内边距（padding）、边框（border）、外边距（margin）4 个部分组成，如图 4.1.4 所示。

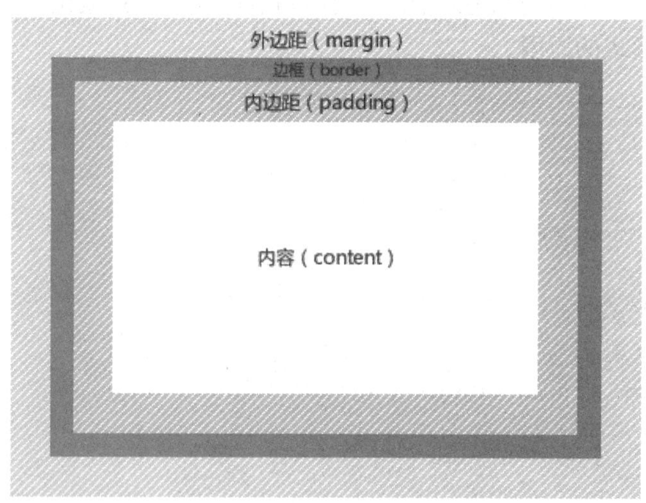

图 4.1.4　盒模型示意图

①border：边框。HTML 中任何一个元素都可以定义边框。Border 属性包含三个方面：border - style（样式）、border - color（颜色）和 border - width（宽度）。

②padding：内边距。内边距是 content 与 border 内边沿之间的距离。

③margin：外边距。外边距是 border 外边沿与相邻元素之间的距离。

④width（height）：宽度（高度），在 CSS 中通过属性 width（height）来定义元素的宽度（高度）。

特别值得注意的是，用 width（height）来定义的元素宽度（高度）指的是内容（content）的宽度（高度），而一个盒子的实际宽度（高度）= 内容 + 内边距 + 边框 + 外边距。这

一点在做页面宽度或高度的精确计算时尤其要注意。

【例 4.2】

```
<html>
<head>
<style type="text/css">
div{
      width:200px;
      height:200px;
      }
#div-dotted{
      border:blue dotted 10px;
      padding:30px;
      }
#div-line{
      border:blue double 10px;
      margin:30px;
      }
</style>
</head>

<body>
<div id="div-dotted">div1</div>
<div id="div-line">div2</div>
</body>
</html>
```

根据以上代码，这两个 DIV 的 width 和 height 都设置成 200 px，但是在浏览器上的执行结果如图 4.1.5 所示，差别很大，这就是 padding 和 margin 作用的结果。

想一想：

这两个 DIV 元素的实际宽度分别是多少呢？

DIV1 = (border 宽度 + padding) * 2 + width = (10 px + 30 px) * 2 + 200 px = 280 px

请读者自己算一算 DIV2 的宽度。

知识准备四　认识 HTML5 中结构化元素

通过研究 Web 页面发现，通过使用一些带语义的标签，可以加快浏览器解释页面中元素的速度，所以，在 HTML5 中，为了使文档的结构更加清晰、明确，追加了几个与页眉、页脚、导航、文章相关联的结构元素。图 4.1.6 所示是一种常见的 HTML5 文档结构。

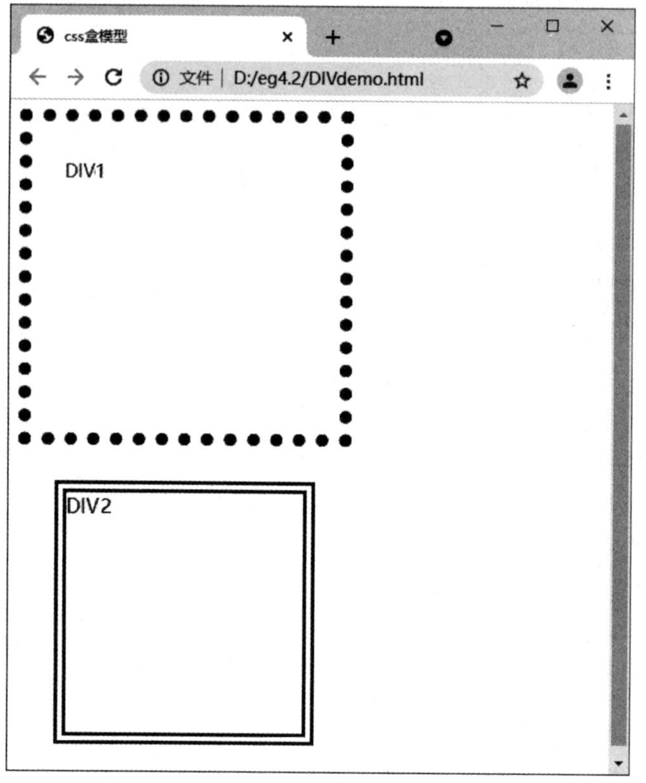

图 4. 1. 5　元素的高和宽

①header：定义页面头部区域。

②nav：定义页面导航区域。

③aside：定义页面侧边栏区域。

④article：定义一篇文章区域。

⑤section：定义页面区域的章节表述。

⑥footer：定义页面的底部。

在使用中，可以把以上每一个标签都理解成一个语义化的 DIV。

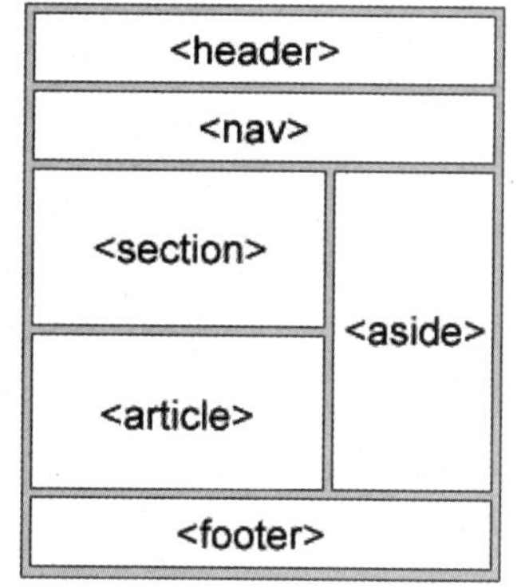

图 4. 1. 6　一种 HTML5 文档结构示意图

（四）任务实施

步骤一　创建站点和首页

①在 D 盘建立站点目录“gsww”及其子目录 images、files 和 other，将素材文件夹中提供的图片文件复制到 images 文件夹中，为后期建立网页文件做好前期准备工作，如图 4. 1. 7 和图 4. 1. 8 所示。

②打开 Dreamweaver 2021，新建站点，使用高级标签定义站点，站点名“gsww”，如图 4. 1. 9 所示。

③打开“文件”面板中，右键单击“站点”，新建网页文件，重命名为“index. html”，此网页文件为网站的首页，也称为主页，如图 4. 1. 10 所示。

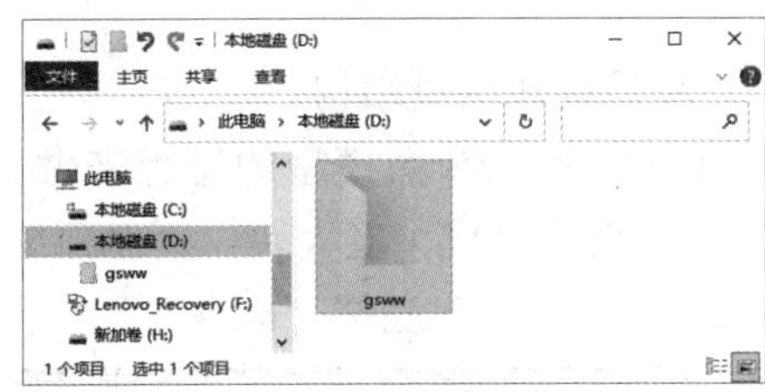

图 4.1.7　新建文件夹

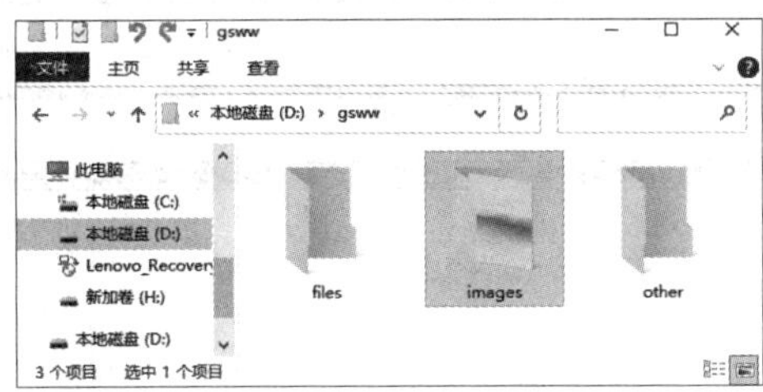

图 4.1.8　新建站点目录

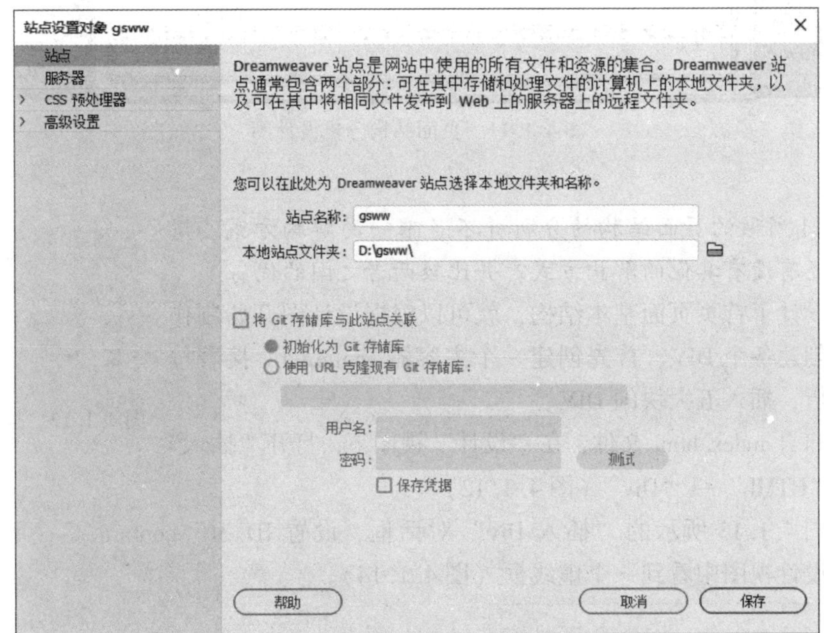

图 4.1.9　定义站点

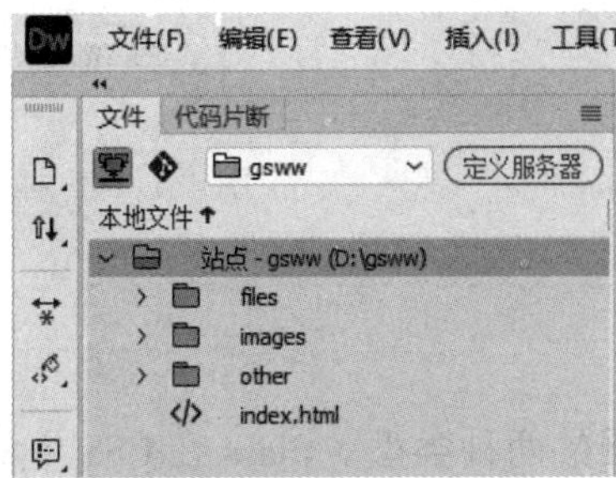

图 4.1.10　新建网页

步骤二　构建网页结构

使用 CSS + DIV 布局的第一步是构建网页结构。

①根据首页效果图（图 4. 1. 1）和 CSS 盒模型的思想来做页面结构分析，如图 4. 1. 11 所示。在整体的 container 框架中，页面分成了五大块：页面顶部（header）、导航栏（nav）、页面主体（main）、页面右栏（aside）、页面底部（footer）。

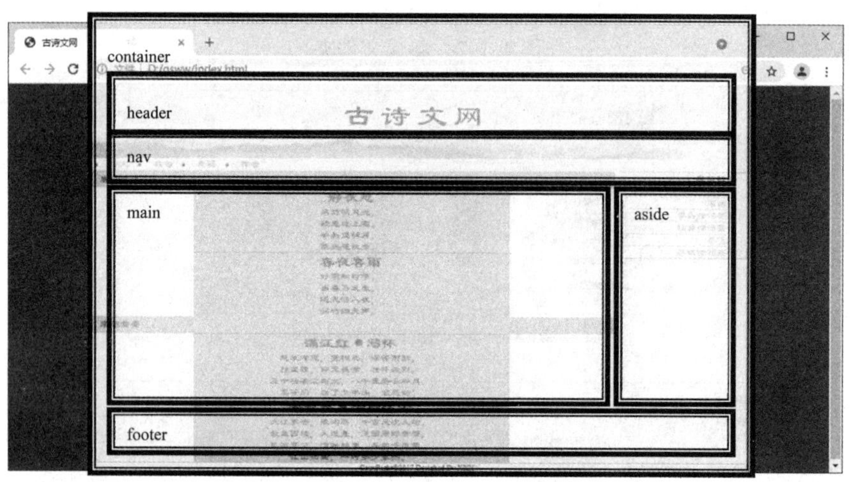

扫码查看彩图效果

图 4. 1. 11　页面结构分析设计图

想一想：

图 4. 1. 11 所做的页面结构的分析并不是唯一的解构方式。请读者思考，还有没有其他的解构方式？并比较两者之间的优劣。

②分析设计了首页页面基本结构，就可以根据设计图开始制作了，也就是创建各个 DIV。首先创建一个主容器 container，接着按照之前的分析，插入五大块的 DIV。

a. 双击打开 index. html 文件，在“设计”视图下，打开“插入”面板，选择“HTML”→“Div”（图 4. 1. 12）。

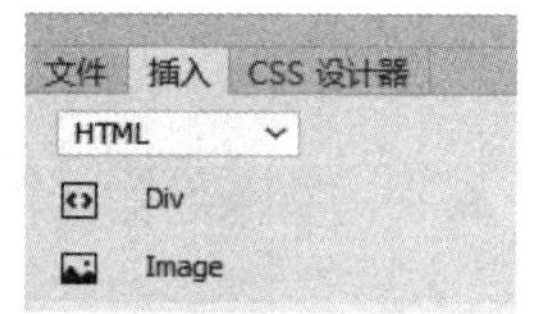

图 4. 1. 12　插入 Div 标签

弹出如图 4. 1. 13 所示的“插入 Div”对话框，设置 ID 为“container”。单击“确定”按钮后，在设计视图中看到一个虚线框（图 4. 1. 14）。

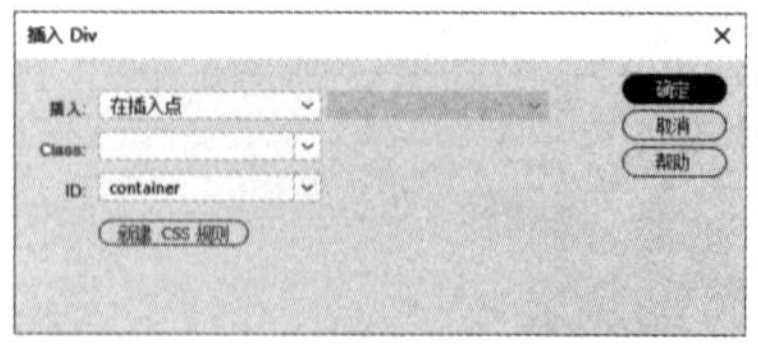

图 4. 1. 13　插入 Div#container

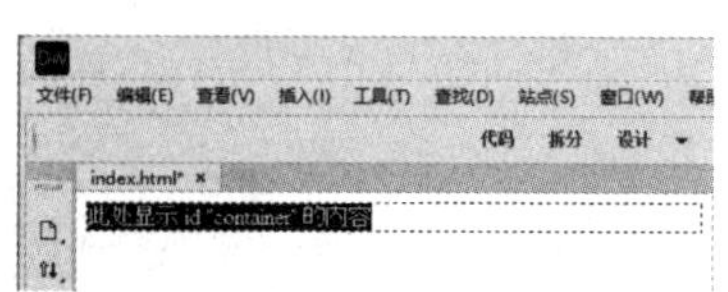

图 4. 1. 14　插入 Div#container 效果图

小贴士

Class 和 ID 是 CSS 选择器的两种类型。Class 在 CSS 中称为“类”，是可以被页面多次调用的；而 ID 选择器通常使用在不需要重复使用的对象上。

b. 删除虚线框中的文字“此处显示 id"container"的内容”，在 Div#container 中，在“插入”面板下，选择“HTML”→“Header”（图 4.1.15）。

同样弹出如图 4.1.16 所示的“插入 Header”对话框，设置 ID 为“web－header”。

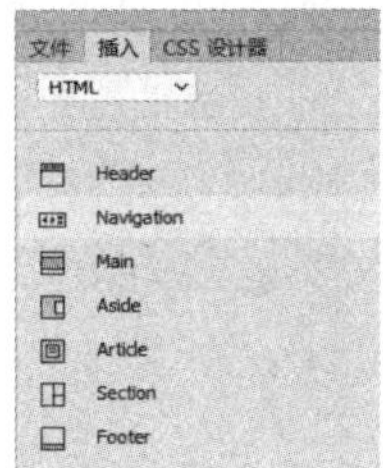

图 4.1.15　插入 HTML5 结构标签

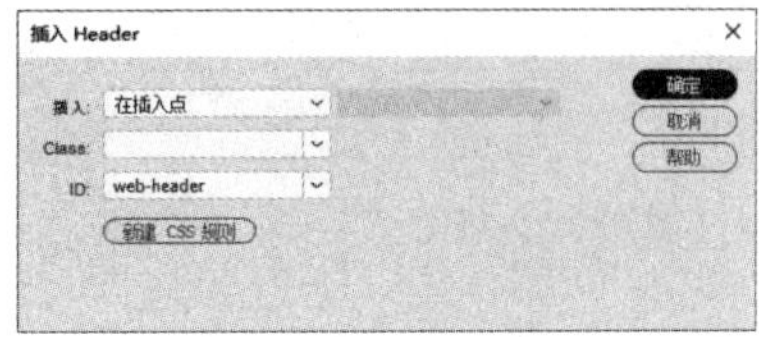

图 4.1.16　插入 Header

c. 依此类推，依次在 Div#container 中插入 nav、main、aside、footer 标签，其中，nav 设置为“web－nav”，footer 设置为“web－footer”，效果如图 4.1.17 所示。

此处显示 **id "web-header"** 的内容
此处显示 **id "web-nav"** 的内容
此处为新 **main** 标签的内容
此处为新 **aside** 标签的内容
此处显示 **id "web-footer"** 的内容

图 4.1.17　效果图

小贴士

如果使用标签选择器，就不用设置 Class 或 ID3。

查看代码如下：

```
<body>
<div id="container">
   <header>此处显示  id"web-header" 的内容</header>
   <nav id="web-nav">此处显示  id"web-nav" 的内容</nav>
   <main>此处为新 main 标签的内容</main>
   <aside>此处为新 aside 标签的内容</aside>
   <footer id="web-footer">此处显示  id"web-footer" 的内容</footer>
</div>
</body>
```

③保存主页。

（五）任务评价

序号	一级指标	分值	得分	备注
1	理解网页标准化、盒模型等概念	20		
2	创建站点和首页	10		

续表

序号	一级指标	分值	得分	备注
3	构建网页结构	50		
4	通过代码视图审核结构	20		
合计		100		

（六）思考练习

1. 根据 Web 标准化，网页主要由三部分组成：________、________、________。

2. 根据 CSS 盒模型理论，所有 HTML 元素都可以看作一个盒子，盒子是由________、________、________和________4 个部分组成的。

3. 使用 CSS + DIV 布局的第一步是构建网页结构，从操作来说，也就是________。

4. Border 属性包含三个方面：________、________、________。

5. margin 是指 border 外边沿与________之间的距离。

6. 下列属于 HTML5 新的结构元素标签的是（　　）。

A. Head　　B. Header

C. content　　D. border

7. Padding 是指 border 内边沿与（　　）之间的距离。

A. border 外边沿　　B. 相邻元素

C. content　　D. 另一条 border

8. HTML5 结构化元素标签中，标记导航类辅助内容的是（　　）。

A. section　　B. Header

C. article　　D. nav

9. 画出盒模型示意图，并且标明盒模型的各个部分。

10. 为什么说用 DIV + CSS 进行网页布局时，网页改版会变得很容易？

（七）任务拓展

在网站中增加“名句”分页。充分发挥自己的想象力，手绘网页效果图，并依据效果图设计搭建网页结构。

在设计制作过程中，要求：

①自学在代码视图下完成网页结构搭建，并比较在设计视图下完成这两种方式的优劣。

②通过网络资源平台，深入学习研究 HTML5 的结构元素的语义，总结 section 标签用在怎样的结构中。header 标签是不是只能用于网页标题？footer 标签是不是只能用于网页脚注？

任务二　定义网页布局样式

（一）任务描述

通过以下七个步骤的操作实践来掌握 DIV + CSS 布局的一般流程和方法，完成“古诗文网”首页的制作，效果如图 4.2.1 所示。

①定义网页基本属性。

②定义标题块样式。

③定义导航样式。

④布局 main、aside 和 footer。

⑤制作 main 部分。

⑥定义 aside 样式。

⑦定义脚注块样式。

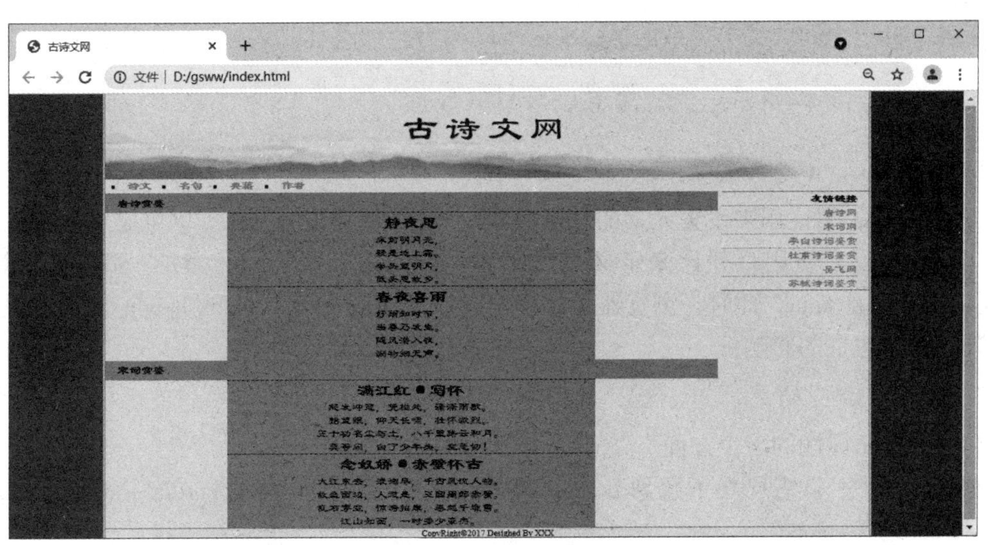

图 4.2.1　“古诗文网”网站首页效果图

（二）任务目标

扫码查看彩图效果

构建出网页的基本结构以后，就可以进行网页布局了。通过本任务掌握网页布局的一般流程和方法，熟悉网页布局中的常用 CSS 样式属性，初步掌握 float 属性的使用技巧。

（三）知识准备

知识准备一　了解 CSS 的继承性

根据任务一完成的网页结构，可以得到如图 4.2.2 所示的各个标记间的树形关系图。

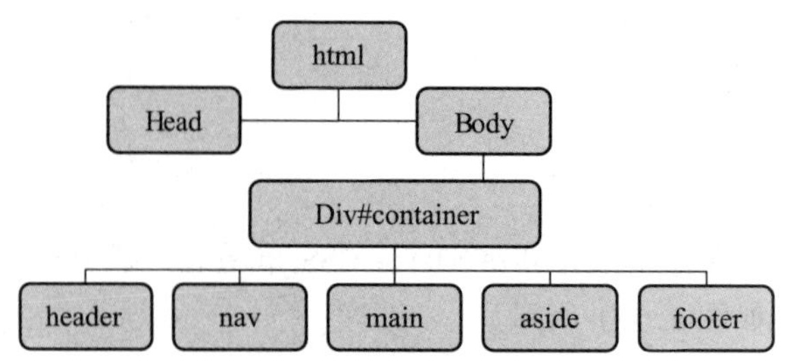

图 4.2.2　各个标记间的树形关系图

在这张树形关系图中，处于最上端的 <html> 标记称为“根”，是所有标记的源头，向下层层包含。在每一个分支中，称上层标记为其下层标记的“父”标记，相应地，下层标记称为上层标记的“子”标记。例如，<Div#container> 标记就是 <body> 标记的子标记，同时它又是 <header>、<nav>、<main> 等标记的父标记。

CSS 的继承指的就是子标记会继承父标记的所有样式风格，并可以在父标记样式风格的基础上修改，产生新的样式，而子标记的样式风格完全不影响父标记。所有的 CSS 语句都是基于各个标记之间的父子关系的。CSS 之所以称为“层叠样式表”，正是源于此。

知识准备二　熟悉网页布局中的常用 CSS 样式属性

1. width/height（宽度/高度）

width/height 属性用来设置元素的宽度/高度，可以使用 px、cm 等单位定义宽度，也可以使用百分比。当使用百分比来定义宽度时，它指的是相对于父元素的 width 来计算的。width 的默认值是 auto，此时，浏览器会计算出元素的实际宽度。width/height 属性不受内边距、外边距和边框的影响。

2. border（边框）

（1）border 属性的三个方面

在任务一中，读者已经了解到 border 属性包含三方面，分别是 border－style、border－width 和 border－color。

1）border－style：样式

border－style 的值和效果如图 4.2.3 所示。

2）border－width：宽度

border－width 为边框指定宽度，有两种方法：指定长度值，比如 2 px 或 0.1 em（单位为 px、pt、cm、em 等）；使用 3 个关键字之一，分别是 thick、medium（默认值）和 thin。

3）border－color：颜色

border－color 的设置方法与文字的 color 属性设置完全相同。

（2）border 设置方法

方法一：可以在一个属性中设置边框。

例如：

```
border: solid red 5px;
```

none: 默认无边框

dotted: dotted:定义一个点线边框

dashed: 定义一个虚线边框

solid: 定义实线边框

double: 定义两个边框。两个边框的宽度和 border-width 的值相同

groove: 定义3D沟槽边框。效果取决于边框的颜色值

ridge: 定义3D脊边框。效果取决于边框的颜色值

inset:定义一个3D的嵌入边框。效果取决于边框的颜色值

outset: 定义一个3D突出边框。效果取决于边框的颜色值

扫码查看彩图效果

图 4.2.3　border – style

方法二：可以用多个属性中设置边框。

例如：

```
border - style: solid;
border - color: red;
border - width: 5px;
```

以上两种 border 设置的效果一样。

（3）CSS 盒模型边框设置方法

CSS 盒模型是以方形为基础的，所以设置边框属性，还可以通过以下四个属性单独进行：border – top（顶）、border – bottom（底）、border – left（左）、border – right（右），属性 margin、padding 同样如此。

例如：

```
border - bottom: solid red 5px;   /* 只是设置了底边框样式 */
```

3. margin（外边距）

margin 属性可以有 1 ~ 4 个值。定义盒模型的外边距有多种方法，见以下实例：

例 1：margin：25px；

所有的 4 个边距都是 25px。

例 2：margin：25px 50px 75px 100px；

上边距为 25 px；

右边距为 50 px；

下边距为 75 px；

左边距为 100 px。

例 3：margin：25px 50px 75px；

上边距为 25 px；

左右边距为 50 px；

下边距为 75 px。

例 4：margin：25px 50px；

上下边距为 25 px；

左右边距为 50 px。

4. padding（内边距）

padding 的设置方法与 margin 的类似。

> **小贴士**
>
> border、padding 和 margin 属性是可选项，默认值是 0。

知识准备三　网页布局的基本形式

网页布局主要包括以下三种形式：

①自然布局：根据标签在网页中的排列顺序，从上到下进行解析和显示。

②浮动布局：用 float 属性实现的排版。

③定位布局：用 position 属性实现的排版。它用一种模拟图像定位的方法来解析网页，不再遵循标签在网页中的位置关系。

知识准备四　float 属性

完成任务一创建网页结构后形成的网页效果如图 4.2.4 所示。这样的布局就是自然布局，即根据标签在网页中的排列顺序从上至下呈现。对比期望呈现的网页布局（图 4.2.5），不难发现，主要问题在于如何实现 main 与 aside 的并列布局。

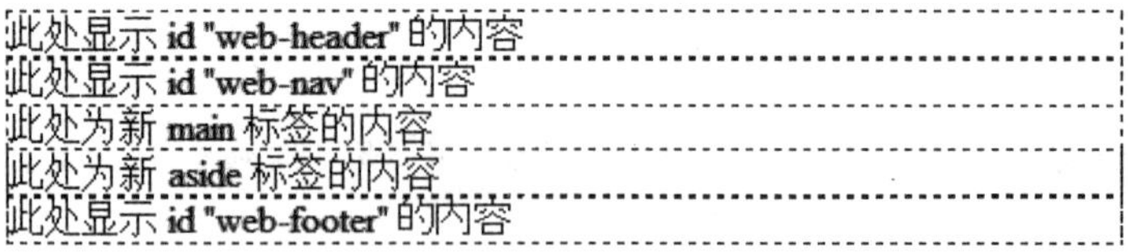

此处显示 id "web-header" 的内容

此处显示 id "web-nav" 的内容

此处为新 main 标签的内容

此处为新 aside 标签的内容

此处显示 id "web-footer" 的内容

图 4.2.4　任务一效果图

1. 网页排版主要通过 float 属性来实现

float 属性包含 3 个值：left（向左浮动）、right（向右浮动）和 none（禁止浮动）。

任务一中的例 4.2 中构建了两个 DIV，上下排布，在此基础上，对 <div> 标签设置属性 float:left，则实现了两个矩形框的并列居左排布，效果如图 4.2.6 所示。

图 4.2.5 期望的网页布局

【例 4.3】

```
<!doctype html>
<html>
<head>
<style type="text/css">
div{
        float:left;
        width:200px;
        height:200px;
        }
#div-dotted{
        border:blue dotted 10px;
        padding:30px;
        }
#div-line{
        border:blue double 10px;
        margin:30px;
        }
</style>
</head>

<body>
<div id="div-dotted">div1</div>
<div id="div-line">div2</div>
</body>
</html>
```

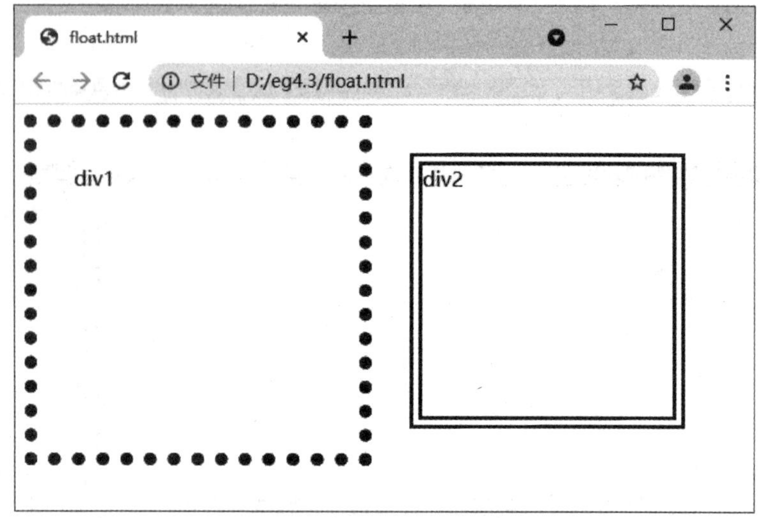

图 4.2.6　float 效果图

想一想：

在例 4.3 中，如果 float 属性设置为 right，效果是怎样的？

2. 清除浮动

float 属性虽然实现了自然布局没有办法呈现的多列布局的样式，但是，受 float 属性的影响，原本不打算浮动的对象可能也会受其影响出现各种布局问题。为此，CSS 又定义了 clear 属性，用来清除浮动。

clear 属性取值包括 left（清除左侧浮动）、right（清除右侧浮动）、both（左右两侧浮动都被清除）和 none（不清除浮动）。

需特别注意的是，所谓的清除，不是清除别的元素，而是清除自身。如果左右两侧存在浮动元素，则当前元素就把自己清除到下一行显示，而不是把前面的浮动元素清除，或者清除到上一行显示。

【例 4.4】

```
<html>
<head>
<meta charset="utf-8">
<style type="text/css">
div{
      float:left;
      width:200px;
      height:200px;
      }
#blue-div{
      background-color:blue;
      }
#red-div{
      background-color:red;
```

```
    }
#green - div{
    background - color:green;
    }
</style>
</head>
<body>
<div id = "blue - div" > </div>
<div id = "red - div" > </div>
<div id = "green - div" > </div>
</body>
</html>
```

例 4.4 形成的并列的三个 DIV 布局形式如图 4.2.7 所示。

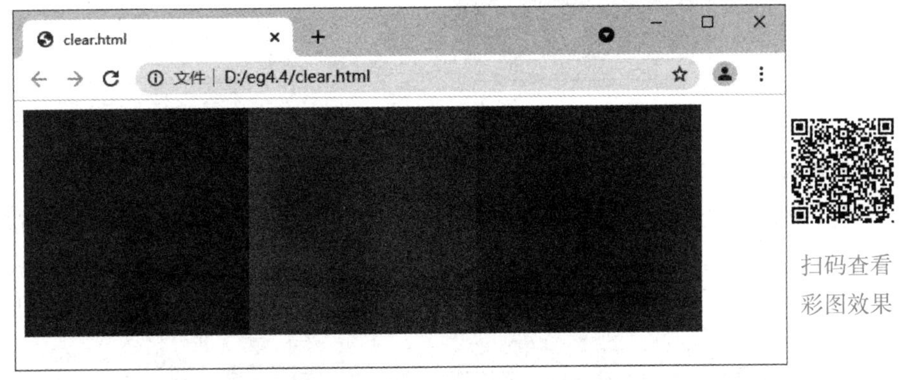

图 4.2.7 并列的三个 DIV 布局形式

如果不期望绿块浮动，则可以给#green - div 添加 clear 属性，代码如下所示：

```
#green - div{
    clear:left;
    background - color:green;
    }
```

效果如图 4.2.8 所示。

想一想：

例 4.4 中如果 clear 属性设置为 right，效果是怎样的？

（四）任务实施

步骤一 定义网页基本属性

完成任务一构建出“古诗文网”首页的基本结构以后，就可以开始定义 CSS 样式了。首先定义网页的基本属性。

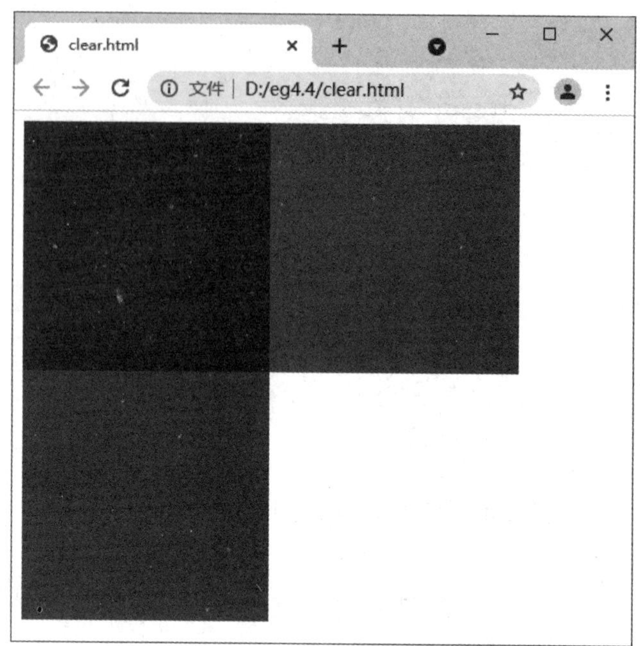

扫码查看
彩图效果

图 4. 2. 8　clear 效果图

1. 设置页面属性

设置页面属性（图 4. 2. 9 ~ 图 4. 2. 11），定义页面的背景颜色、文字及链接默认颜色等。效果如图 4. 2. 12 所示。

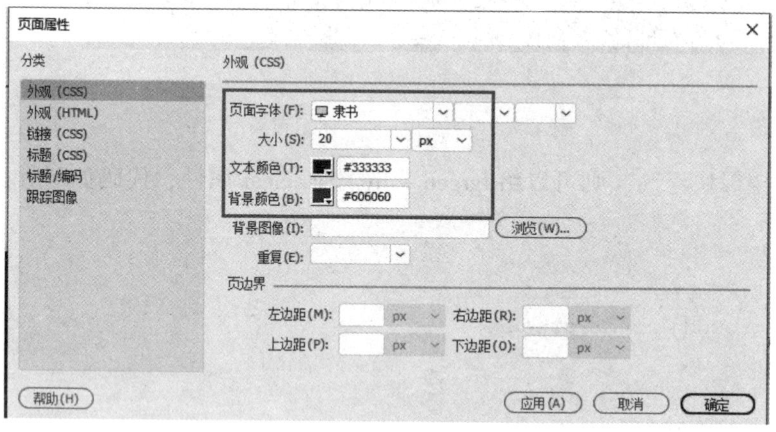

图 4. 2. 9　页面属性设置（1）

2. 定义 Div#container 样式

以下介绍三种操作方法完成样式定义。

方法一：通过“CSS 设计器”定义样式。

首先，为方便样式设计，选择菜单“查看”→“查看模式”→“设计”，则 Dreamweaver 2021 工作区布局调整为设计布局，显示效果如图 4. 2. 13 所示。

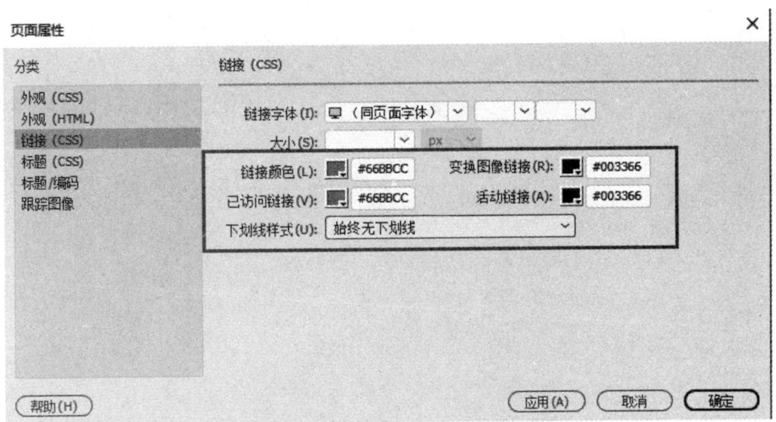

图 4.2.10　页面属性设置（2）

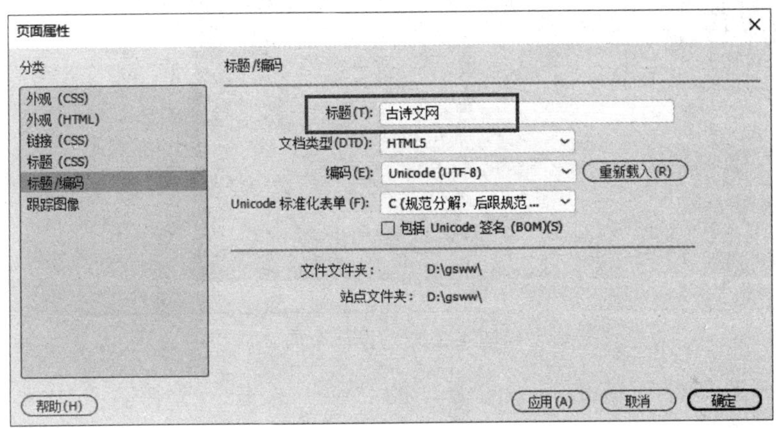

图 4.2.11　页面属性设置（3）

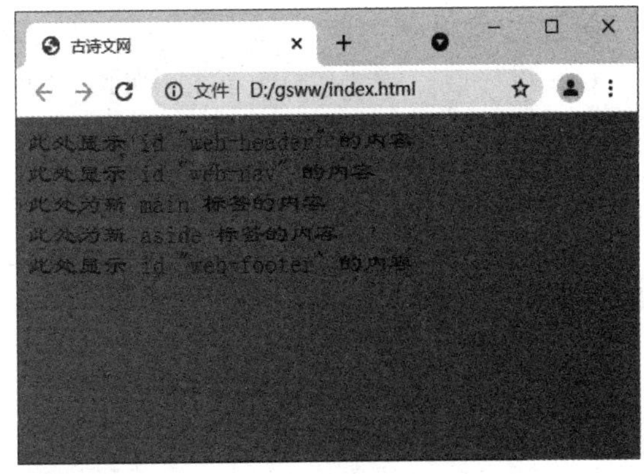

图 4.2.12　设置页面属性效果图

扫码查看
彩图效果

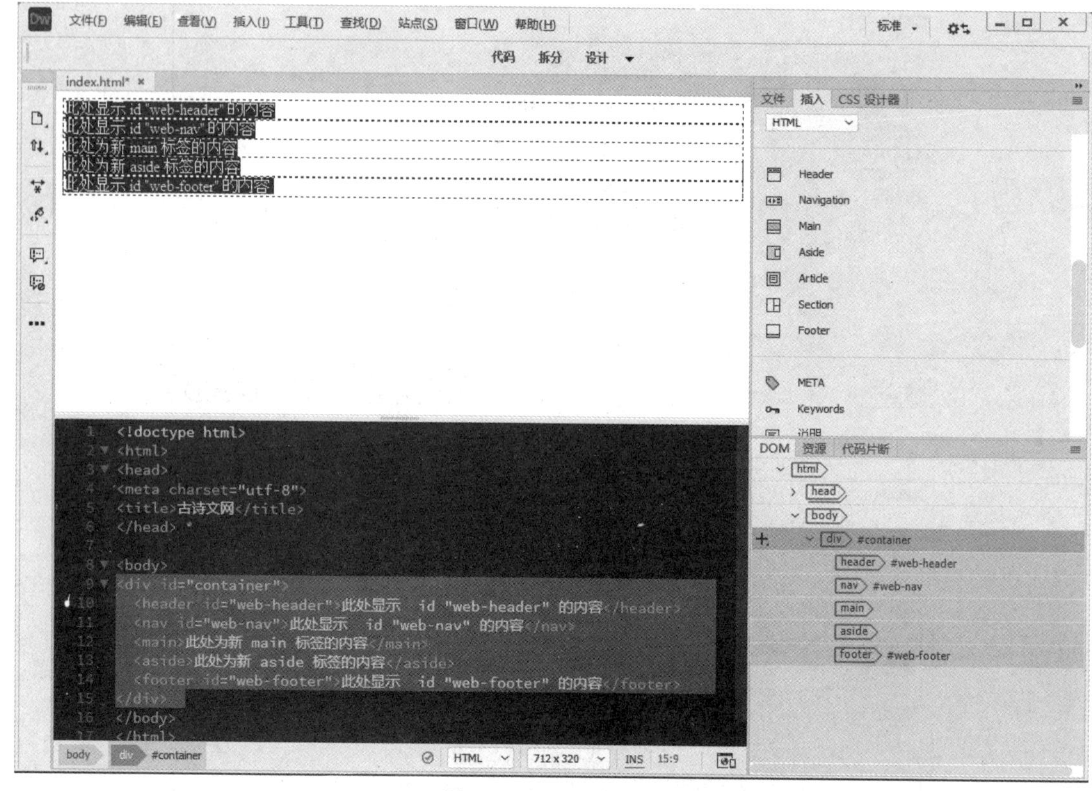

图 4.2.13　设计布局

单击“CSS 选择器”窗格中的“源”的“+”按钮，选择“在页面中定义”（图 4.2.14（a）），接着选中“DOM > div id = " container" ”（图 4.2.14（b）），单击“选择器”窗格中的“+”按钮，系统自动添加一个 CSS 选择器“#container”，如图 4.2.15 所示。然后在“CSS 设计器”的“属性”窗格（图 4.2.16）中设置相关属性值（图 4.2.17 ~ 图 4.2.22）。最后，不选中“CSS 设计器”的“属性”窗格中的“显示集”选项，则集中显示有关于 CSS 选择器“#container”所定义的所有属性集。网页效果如图 4.2.23 所示。

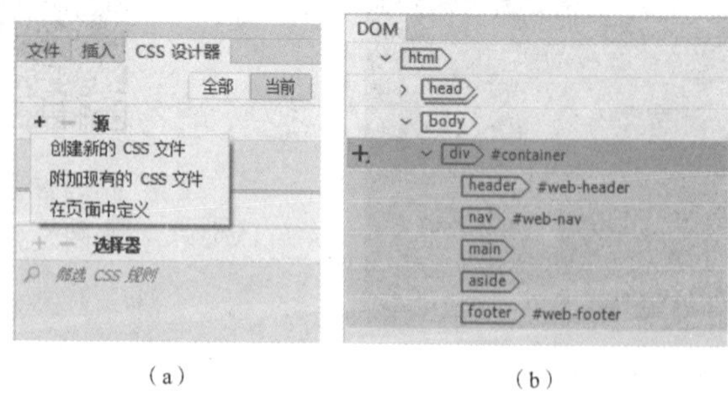

（a）　（b）

图 4.2.14　CSS 设计器的“DOM”窗格

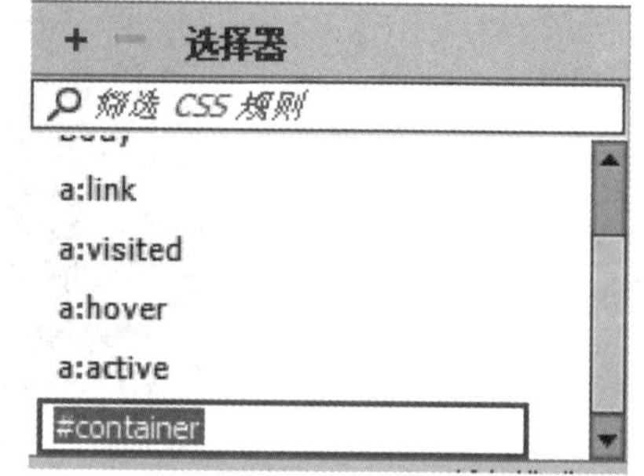

图 4.2.15　CSS 设计器的“选择器”窗格

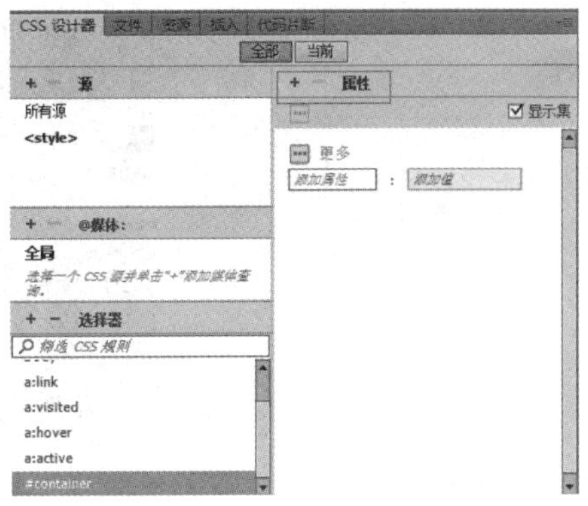

图 4. 2. 16 “CSS 设计器”的“属性”窗格

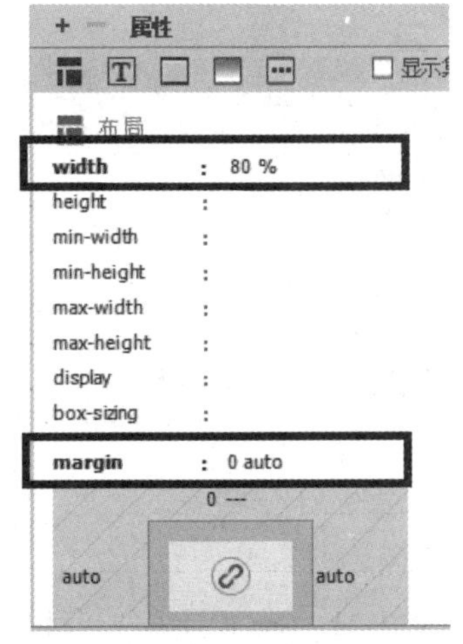

图 4. 2. 17 CSS 设计器的“属性”窗格设置（1）

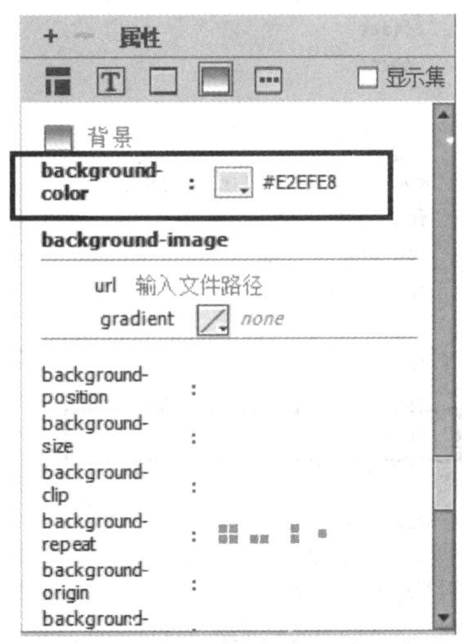

图 4. 2. 18 CSS 设计器的“属性”窗格设置（2）

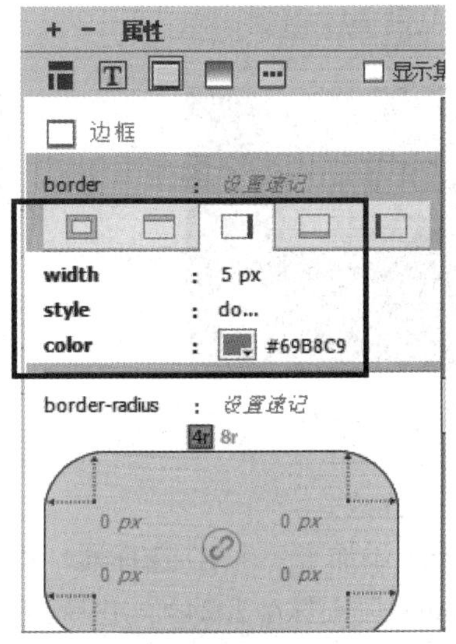

图 4. 2. 19 CSS 设计器的“属性”窗格设置（3）

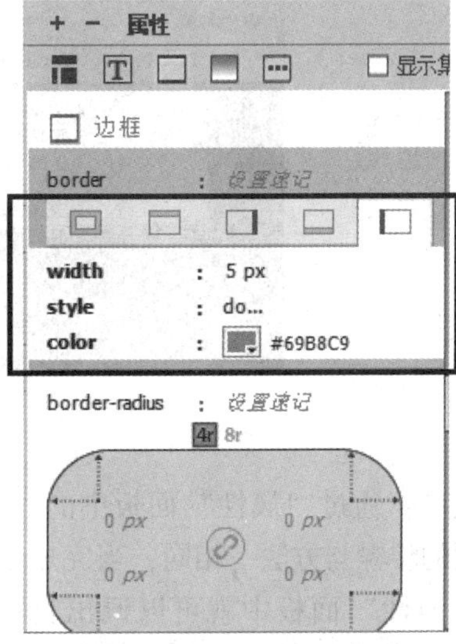

图 4. 2. 20 CSS 设计器的“属性”窗格设置（4）

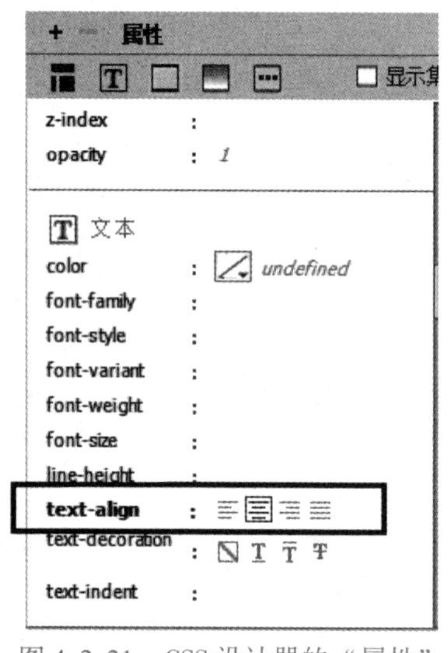

图 4. 2. 21　CSS 设计器的“属性”窗格设置（5）

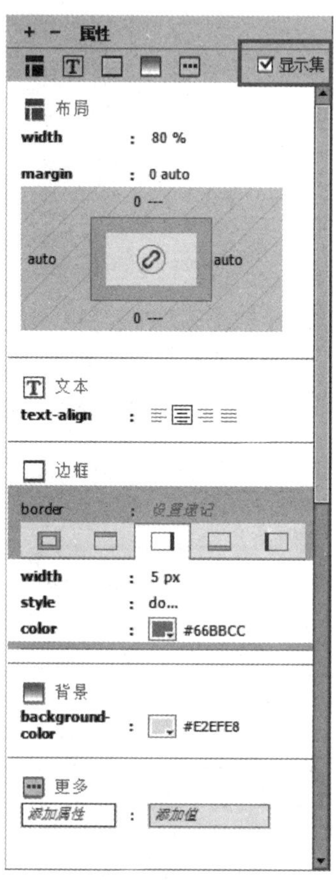

图 4. 2. 22　CSS 设计器的“属性”窗格设置（6）

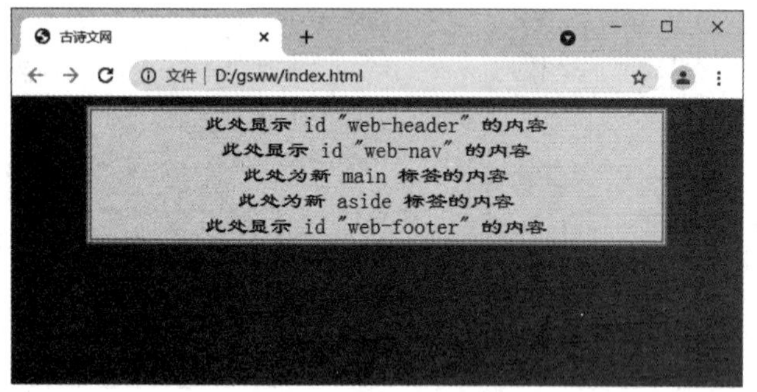

扫码查看
彩图效果

图 4. 2. 23　设置 Div#container 样式效果图

方法二：通过“属性”面板中的“编辑规则”定义样式。

前面的步骤与方法一相同，当完成了在 CSS 选择器中添加了一个 ID 选择器“#container”后，在“属性”面板中就可以调出目标规则“#container”（图 4. 2. 24），并单击“编辑规则”按钮，弹出对话框“#container 的 CSS 规则定义”，定义相关样式，如图 4. 2. 25 ~ 图 4. 2. 28 所示。效果同方法一。

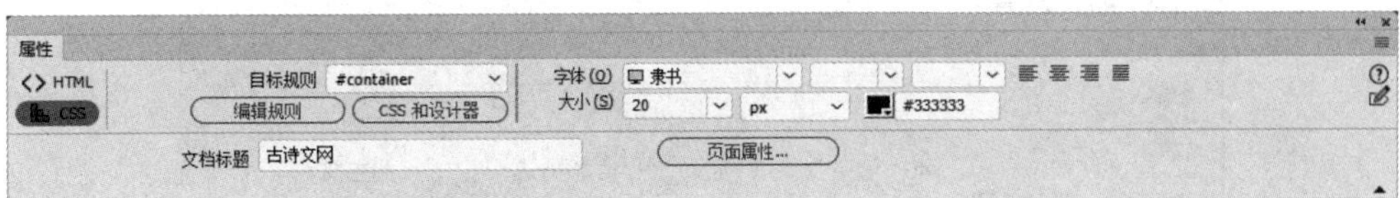

图 4.2.24　属性面板

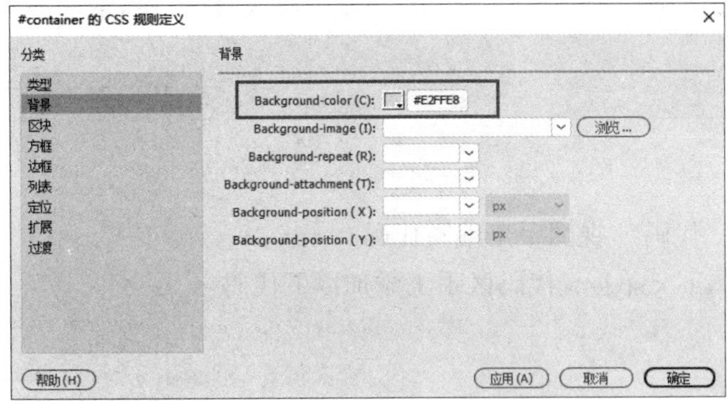

图 4.2.25　#container 的 CSS 规则定义（1）

图 4.2.26　#container 的 CSS 规则定义（2）

图 4.2.27　#container 的 CSS 规则定义（3）

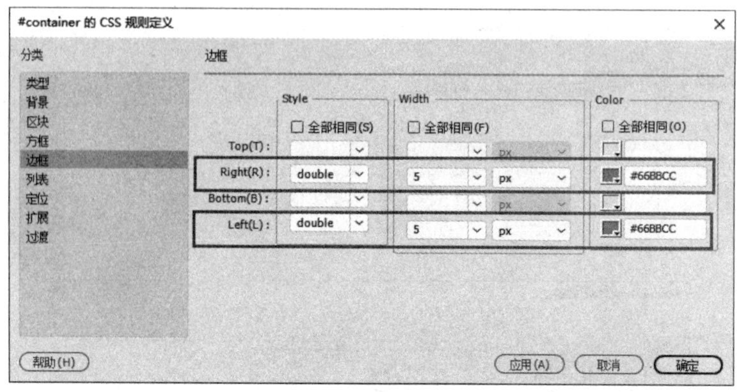

图 4. 2. 28　#container 的 CSS 规则定义（4）

方法三：通过“代码”视图手工编写代码。

直接在代码视图下 <style> 代码区手工添加以下代码：

```
#container{
    width:80%;
    margin: 0 auto;
    text-align:center;
    background-color:#E2EFE8;
    border-left:double#69B8C9 5px;
    border-right:double#69B8C9 5px;
    }
```

想一想：

这里设置的 CSS 属性 width:80%；，指的是哪个元素相对于哪个元素宽度的 80%？

小贴士

margin:0 auto；常常用于水平居中显示。由于 HTML5 已经不支持 align 属性，所以，在 CSS 中常通过设置“margin:0 auto;”实现居中。

三种方法的比较：

①方法一比较适合初学者。

②对于方法二，虽然对话框的形式对于熟悉老版本 Dreamweaver 的用户来说会很习惯，但是由于 CSS 升级到 CSS 3.0 后，增设的很多属性在这种形式下无法实现，所以方法二不推荐使用。

③对于方法三，因为 Dreamweaver 2021 为代码编写提供了很好的代码提示功能，使得代码编写简单易行，所以方法三成为绝大多数用户的选择。但是方法三要求用户相对熟悉 CSS 代码。

在后续的步骤讲解中，主要以方法三为主表述，选用方法一或者方法二的读者请对照代

码查找对应窗口的对应选项完成样式设置。

3. 定义全局属性 *

```
* {
  margin:0;
  padding:0;
  }
```

这句代码，将网页中所有标签的 padding 和 margin 都默认设定为 0 px。这主要用来清除浏览器所有可能的默认空白。

若用方法一完成，如图 4.2.29 所示，单击“CSS 设计器”→“选择器”窗格的“+”按钮，键入全局属性“*”，确认后，在“CSS 设计器”→“属性”窗格中设置 margin 和 padding 均为 0。

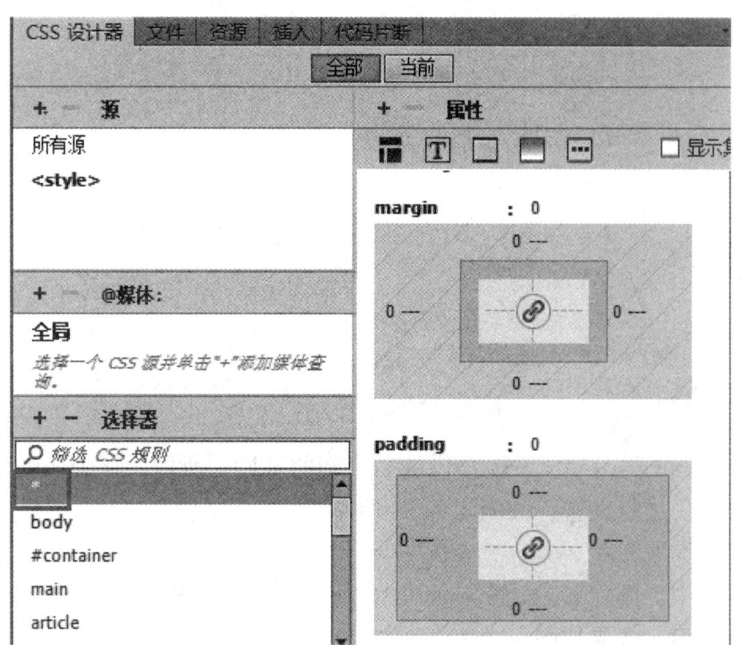

扫码查看
彩图效果

图 4.2.29　定义全局属性 *

步骤二　定义网页标题样式

①在设计视图中，删除 Header#webheader 中的“此处显示 id" webheader" 的内容”，输入“古诗文网”。查看代码如下：

```
<header id = "web - header" >
   <p >古诗文网 </p >
</header >
```

②选用三种方法之一定义网页标题 CSS 样式，效果如图 4.2.30 所示。

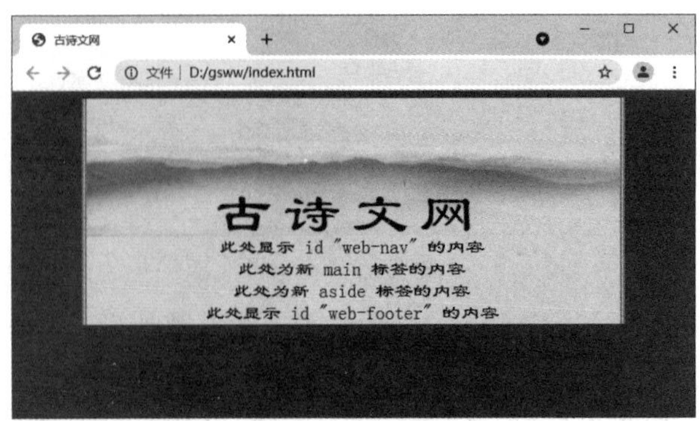

图 4. 2. 30　设置网页标题样式效果图

```
#web-header{
    background:url(images/title.jpg);  /*设置背景图片 title.jpg*/
    background-size:cover;             /*设置背景图片全覆盖*/
    height: 120px;
    padding-top:25px;
}
#web-header p{
    font-size:60px;
    letter-spacing:12px;
    text-align:center;
    color:#360904;
    }
```

其中，background - size 是 CSS3 提供的一个新的属性，所以，这个属性设置用方法二无法实现。若用方法一进行设置，如图 4. 2. 31 所示。

步骤三　定义导航样式

①在设计视图中，删除 nav#web - nav 中的“此处显示 id" web - nav" 的内容”，插入列表，并且添加链接组，效果如图 4. 2. 32 所示。

nav 部分代码如下：

```
<nav id="web-nav">
    <ul>
      <li><a href="#">诗文</a></li>
      <li><a href="#">名句</a></li>
      <li><a href="#">典籍</a></li>
      <li><a href="#">作者</a></li>
    </ul>
</nav>
```

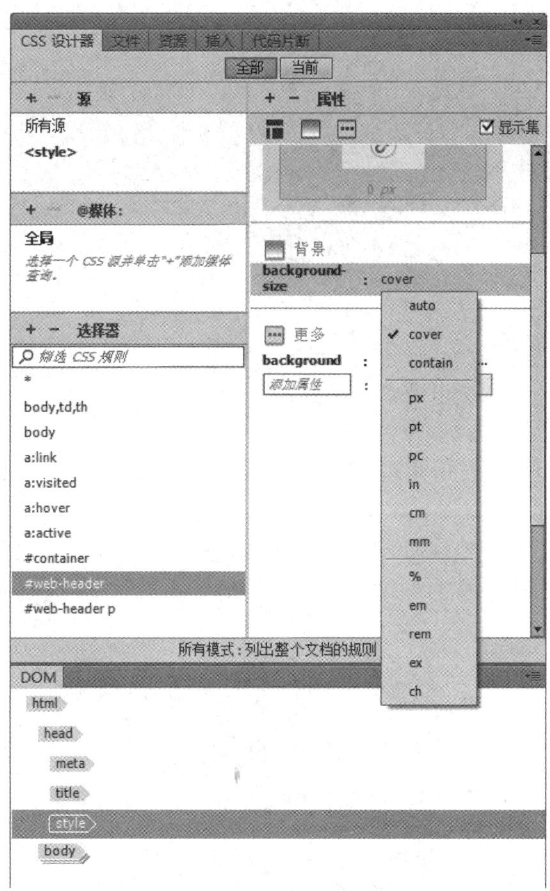

图 4.2.31　设置 background - size 属性

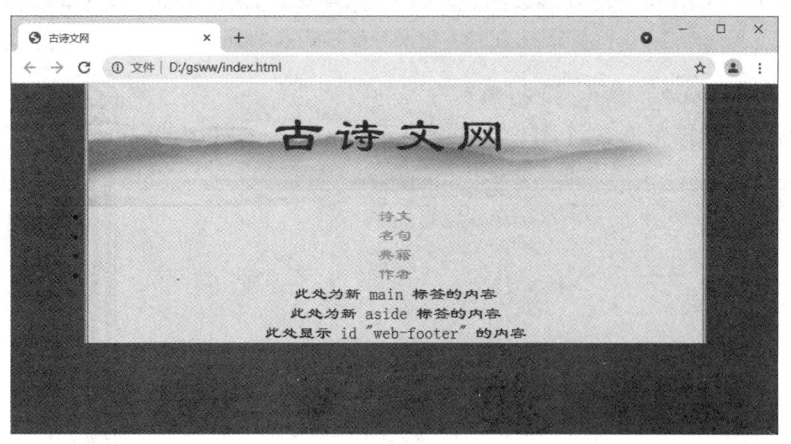

图 4.2.32　添加导航列表效果

扫码查看
彩图效果

想一想：

为什么还没有为 nav 应用 CSS 样式，却已经呈现出样式效果？

②为导航部分添加 CSS 样式：

```
#web-nav{
    width:100%;
    height:25px;
    }
#web-nav ul {
    list-style-position:inside;;    /* 列表标记的位置 */
    }
#web-nav ul li{
    float:left;
    font-weight:bold;
    padding:0px 10px;
    }
```

以上代码中，float:left；语句实现了列表项目的横向显示。效果如图 4.2.33 所示。

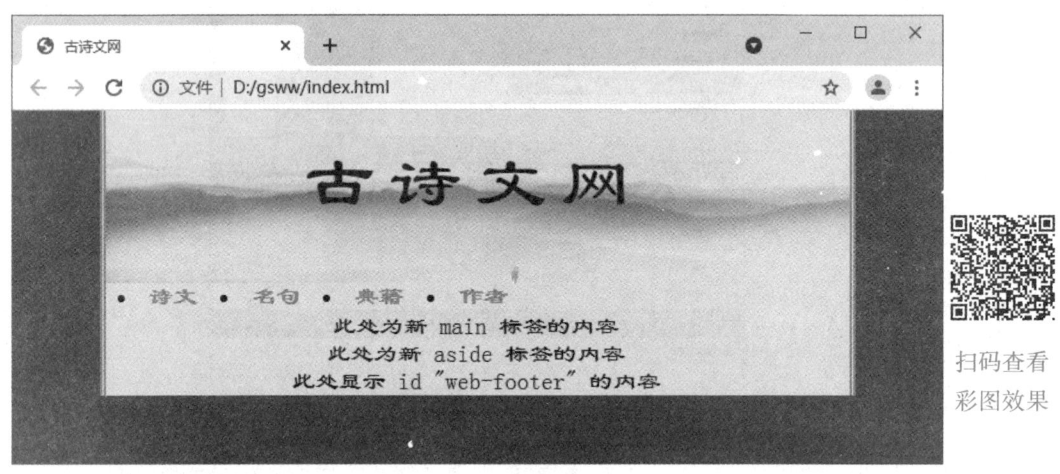

扫码查看彩图效果

图 4.2.33　定义导航样式效果图

步骤四　布局 main、aside 和 footer

根据前面分析的排版形式（图 4.2.34），布局 main、aside 和 footer。

Main

Aside

Footer

图 4.2.34　main、aside 和 footer 的布局

```
main {
    float: left;
    width: 80%;
    }
aside {
    float: right;
    width: 18%;
    }
footer {
    clear: both;
    }
```

以上代码，通过设置 float 属性，形成 main 与 aside 的两列布局形式。同时，为了保证 footer 独立在下，又通过设置 clear 属性，清除 aside 中使用 float 对 footer 的影响。效果如图 4.2.35 所示。

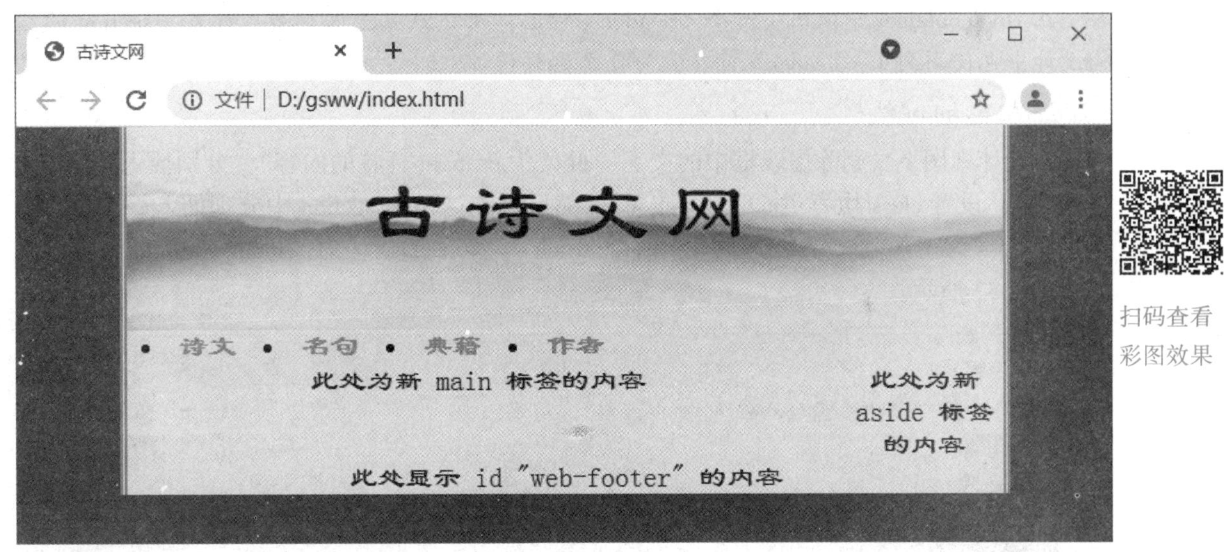

扫码查看彩图效果

图 4.2.35　main、aside 和 footer 布局效果图

步骤五　制作 main 部分

1. 分析 main 结构

根据 main 中的内容，将 main 又细分成如图 4.2.36 所示的结构。main 中包含两个 section，分别对应“唐诗赏鉴”和“宋词赏鉴”两个单元，其中，“唐诗赏鉴”和“宋词赏鉴”就是 section 中的 header 的内容。每个 section 又包含两个 article，每个 article 对应的就是一首诗文。

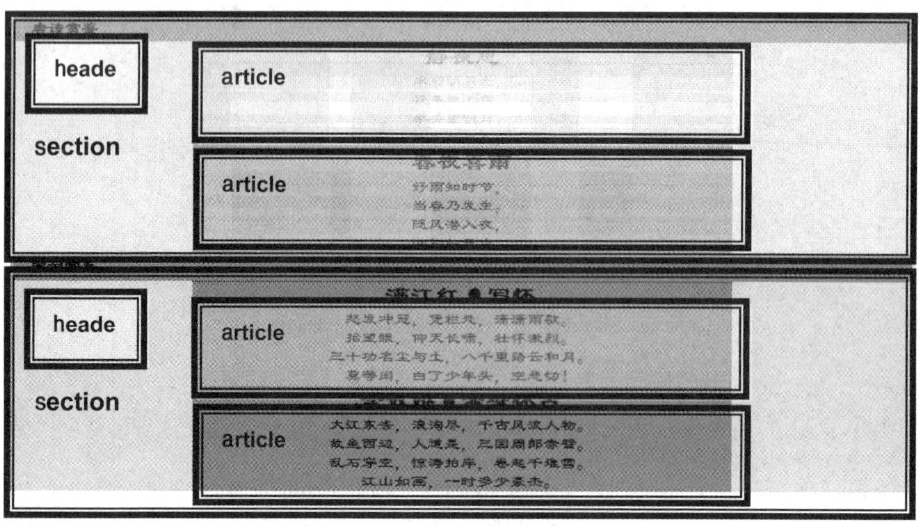

图 4. 2. 36　main 结构分析

想一想：

在 Div#container 中使用了一个 <header> 标签，用于放置页面标题；此处，section 的结构设计中也使用到了 <header> 标签，为什么这样设计？

2. 构建 main 结构

在设计视图下，删除虚线框中的文字“此处为新 main 标签的内容”，分别插入两个 section 标签，设置 class 均为“main - section”。然后再在这两个 section 中分别插入一个 header 标签（class 为“section - header”）和两个 article 标签（class 均为“main - article”）。效果如图 4. 2. 37 所示。

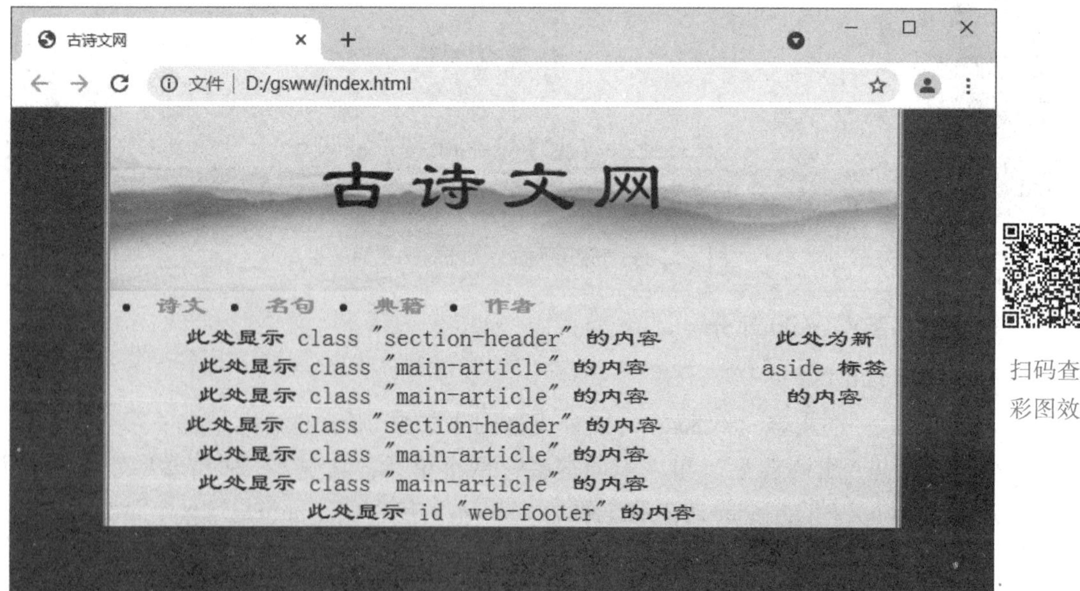

扫码查看彩图效果

图 4. 2. 37　main 部分效果图

查看 main 部分的 HTML 代码为：

```
<main>
  <section class="main-section">
    <header class="section-header">此处显示 class"section-header" 的内容
</header>
    <article class="main-article">此处显示 class"main-article" 的内容</
article>
    <article class="main-article">此处显示 class"main-article" 的内容</
article>
  </section>
  <section class="main-section">
    <header class="section-header">此处显示 class"section-header" 的内容
</header>
    <article class="main-article">此处显示 class"main-article" 的内容</
article>
    <article class="main-article">此处显示 class"main-article" 的内容</
article>
  </section>
</main>
```

想一想：

main 部分的 section、header 和 article 在指定 CSS 选择器的时候，都选择使用类选择器（class），而不是 id 选择器，为什么？

3. 录入 main 的内容

```
<main>
  <section>
    <header class="section-header"><h4>唐诗赏鉴</h4></header>
    <article class="main-article">
      <h2>静夜思</h2>
      <p>
        床前明月光，<br/>
        疑是地上霜。<br/>
        举头望明月，<br/>
        低头思故乡。<br/>
      </p>
    </article>
    <article class="main-article">
      <h2>春夜喜雨</h2>
      <p>
```

```
            好雨知时节，<br/>
            当春乃发生。<br/>
            随风潜入夜，<br/>
            润物细无声。<br/>
          </p>
        </article>
      </section>
      <section>
        <header class="section-header"><h4>宋词赏鉴</h4></header>
        <article class="main-article">
          <h2>满江红·写怀</h2>
          <p>
            怒发冲冠,凭栏处,潇潇雨歇。<br/>
            抬望眼,仰天长啸,壮怀激烈。<br/>
            三十功名尘与土,八千里路云和月。<br/>
            莫等闲,白了少年头,空悲切! <br/>
          </p>
        </article>
        <article class="main-article">
          <h2>念奴娇·赤壁怀古</h2>
          <p>
            大江东去,浪淘尽,千古风流人物。<br/>
            故垒西边,人道是,三国周郎赤壁。<br/>
            乱石穿空,惊涛拍岸,卷起千堆雪。<br/>
            江山如画,一时多少豪杰。<br/>
          </p>
        </article>
      </section>
    </main>
```

4. 定义 main 的 CSS 样式

```
.section-header{
        padding-top:5px;
        padding-bottom:5px;
        text-align:left;
       text-indent:20px;
        background-color:#66BBCC;
        }
.main-article {
```

```
 margin-left:20%;        margin-right:20%;
background-color:#66BBCC;
border-top:dotted black thin;  /*设置顶框线用于分隔article*/
}
```

效果如图 4.2.38 所示。

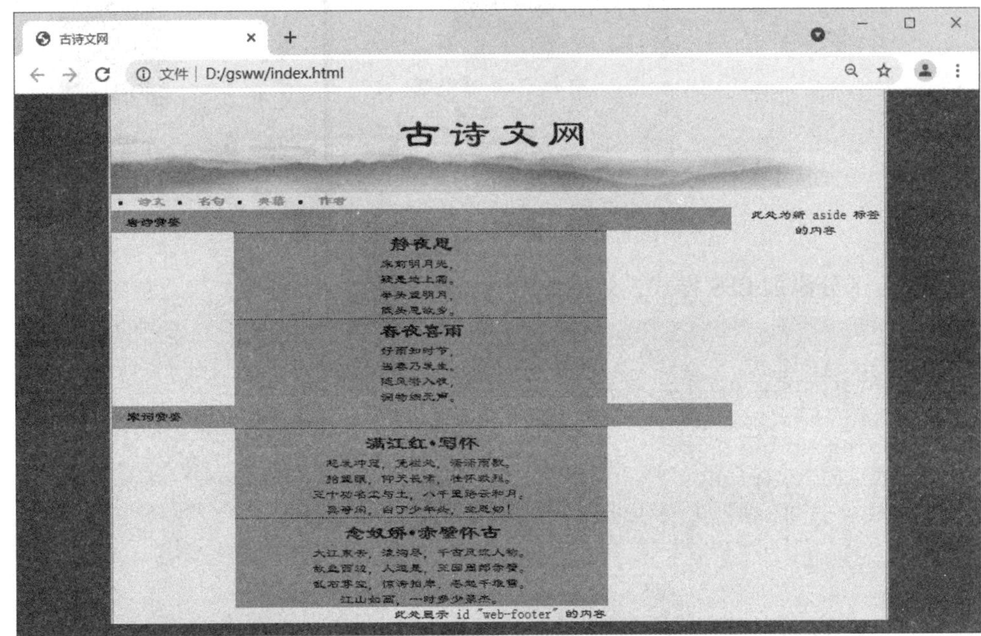

图 4.2.38　定义 main 样式效果图

扫码查看彩图效果

小贴士

制作 main 部分的流程和制作整个页面的流程是一样的，都是“分析设计”→“构建结构”→“录入内容”→“定义样式”。

步骤六　定义 aside 样式

①在设计视图中，删除 aside 中“此处为新 aside 标签的内容”，插入列表，并且添加链接组，效果如图 4.2.39 所示。

```
<aside>
    <h4>友情链接</h4>
    <ul>
      <li><a href="#">唐诗网</a></li>
      <li><a href="#">宋词网</a></li>
      <li><a href="#">李白诗词鉴赏</a></li>
      <li><a href="#">杜甫诗词鉴赏</a></li>
      <li><a href="#">岳飞网</a></li>
```

```
        <li><a href="#">苏轼诗词鉴赏</a></li>
    </ul>
</aside>
```

扫码查看
彩图效果

图 4.2.39　添加 aside 列表效果

②为 aside 部分添加 CSS 样式，效果如图 4.2.40 所示。

```
aside {
      float:right;
      width: 18%;
      padding-right:20px;
      text-align:right;
      border-top:solid  #66BBCC  thin;
      border-bottom:solid  #66BBCC  thin;
      }
aside h4{
      color:#003366;
      }
aside ul{
      list-style-type:none;
      }
aside ul li{
      border-top:dotted  #66BBCC  thin;  /*设置每一个列表项之间的分隔线*/
      }
```

步骤七　定义脚注块样式

①在设计视图中，删除 footer#webfooter 中的“此处显示 id"webfooter"的内容”，输入相关内容。查看代码如下：

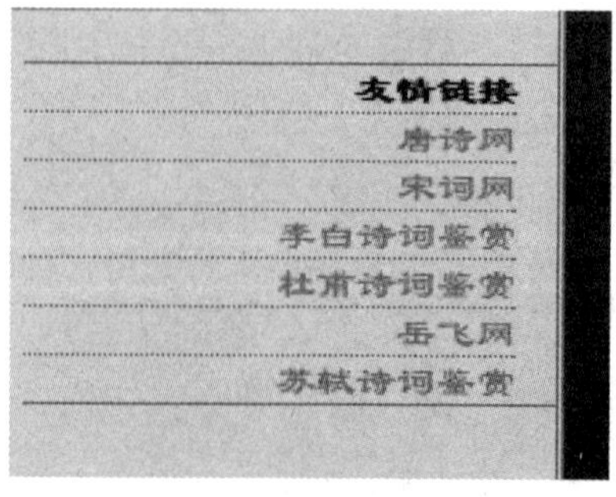

扫码查看
彩图效果

图 4.2.40　定义 aside 样式效果图

```
<footer id="web-footer">CopyRight&copy;2017 Designed By XXX</footer>
```

②定义 footer 的 CSS 样式，效果如图 4. 2. 41 所示。

```
#web-footer {
    clear: both;
    font-family:Times  New Roman;
    font-size:15px;
    border-top:solid  #66BBCC  thin;
    }
```

CopyRight©2017 Desighed By XXX

图 4. 2. 41　定义 footer 样式效果图

扫码查看
彩图效果

（五）任务评价

序号	一级指标	分值	得分	备注
1	了解 CSS 继承性和网页布局形式等基本概念	10		
2	定义网页基本属性	20		
3	定义网页标题样式	10		
4	定义导航样式	10		
5	布局 main、aside 和 footer	10		
6	制作 main 部分	20		
7	定义 aside 样式	10		
8	定义脚注块样式	10		
合计		100		

（六）思考练习

1. CSS 的继承性指的是________标记会继承________标记的所有样式风格，并可以在________标记样式风格的基础上修改，产生新的样式，而________标记的样式风格完全不影响________（子、父）标记。

2. 网页布局主要包括以下三种形式：______________________、______________________、______________________。

3. 实现两个盒子的并列布局，主要通过设置______________属性 。

4. CSS 定义了__________属性来清除浮动。

5. CSS 盒模型是以方形为基础的，所以设置边框，除了可以用 border 属性，还可以按照方向通过四个属性单独设置：__________、__________、__________、__________。

6. 根据 CSS 盒模型，Width 属性用来设置（　　）的宽度/高度。

A. content　　B. content + padding

C. content + padding + border　　D. content + padding + border + margin

7. 对于属性 margin 的定义：

```
margin:25px 50px 75px;
```

以下解读正确的是（　　）。

A. 上下边距为 25 px　　B. 左右边距为 50 px

C. 上下边距为 75 px　　D. 左右边距为 75 px

8. 下列说法正确的是（　　）。

A. 因为页面只有一个网页标题，所以 header 标签在一张页面中只会出现一次

B. 因为页面只有一个网页脚注，所以 footer 标签在一张页面中只会出现一次

C. 因为页面只有一个网页导航，所以 nav 标签在一张页面中只会出现一次

D. section 标签可以包含 article 标签，article 标签也可以包含 section 标签

9. 网页布局的基本流程是什么？

10. CSS 提供了 Float 属性用来实现多列布局的样式。可是为什么还要设置 clear 属性，用来清除浮动呢？

（七）任务拓展

在完成创建的“名句”分页网页结构基础上，根据网页效果图，收集相关素材，设置网页布局样式，完成分页制作。

在设计制作过程中，要求：

①按照网页布局的一般流程，完成分页的布局制作。

②分析除了现有的布局形式，有没有其他的布局方式，并且比较两种布局方式的优劣。

项目五

创建网站“个人博客”（样式应用）

一、项目简介

W3C 标准提出，网页主要由三部分组成：结构（Structure）、表现（Presentation）和行为（Behavior）。而在前一个项目中，我们采用结构（HTML5）和表现（CSS3）的结合成功实现了第一个标准化网页。使用 DIV + CSS 布局，具有搜索引擎的亲和力和重构页面的方便性，所以本项目通过变换的 CSS 样式来表现同样的 HTML 内容，带大家完成两个网页——“简约商务风”的个人博客和“中国风”的个人博客。

二、项目目标

本项目以两种不同风格的个人博客网页为例，重点完成如下目标：

①逐步练习手写 HTML 代码。

②根据需要设置 CSS 属性，并逐步学会手写 CSS 代码。

③深刻理解 Web 中的结构和表现相分离的思想。

④理解页面重构的实现方法——相同的 HTML 结构，不同的 CSS 样式。

⑤掌握科学、规范的编码方法，树立精益求精的工匠精神，创造和谐、友好的网络空间。

三、工作任务

本项目完成两套不同风格的个人博客网页，熟练掌握基于 HTML5 的 DIV + CSS 的页面布局方法，并能够根据需要进行页面的重构。

①个人博客之简约商务风。

②个人博客之中国风。

任务一　个人博客之简约商务风

（一）任务描述

用 DIV + CSS 布局完成“个人博客之简约商务风”网页，效果如图 5. 1. 1 所示。

这是一种典型的页面布局形式，分为头部、导航菜单、主体部分（侧边栏和内容区）、页脚四个部分。这一工作的完成是通过在纸上或者其他软件中简单描绘出一个网页的草图实现的。然后根据设计的草图，在 Photoshop 或者 Fireworks 中画出设计图，再进行切片，最终得到 HTML 页面所需要的小图。网页整体布局分析如图 5. 1. 2 所示。

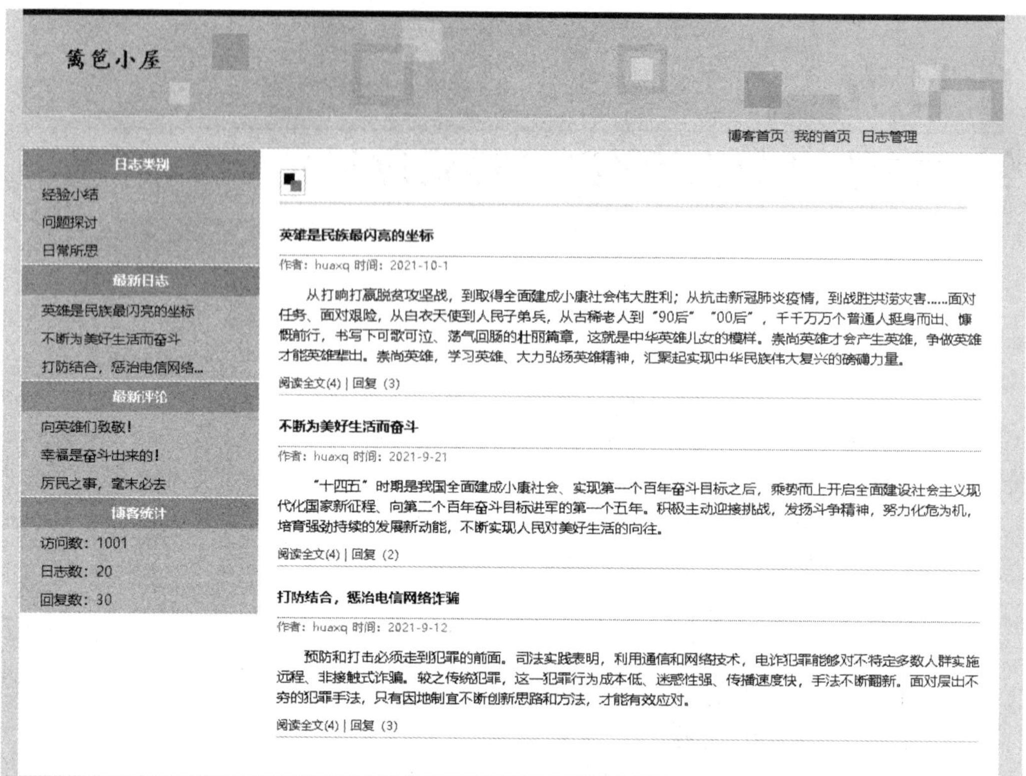

图 5.1.1 “简约商务风”的个人博客页面

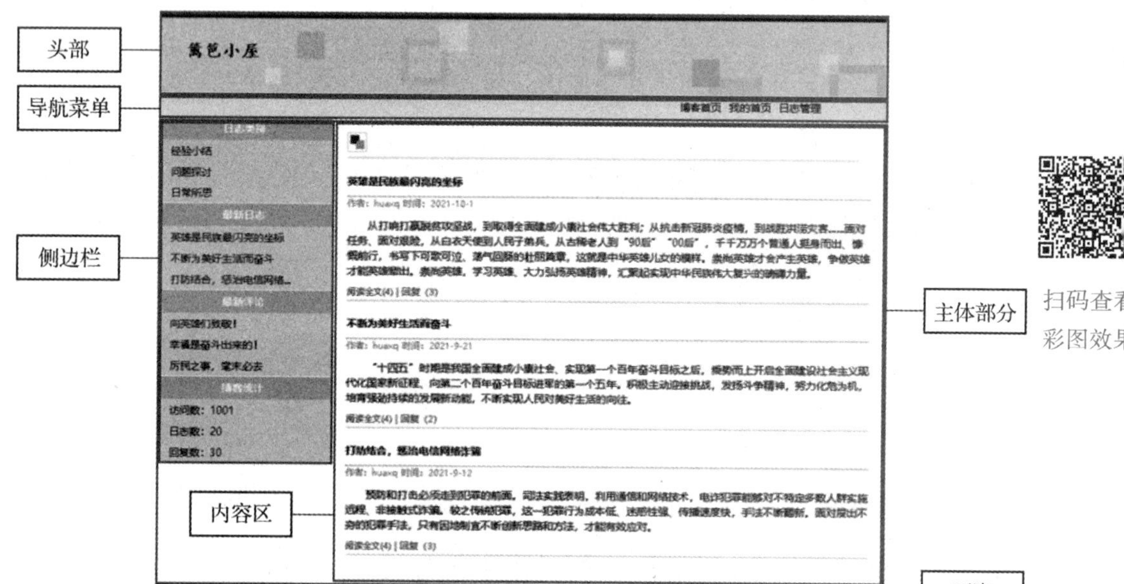

图 5.1.2 网页整体布局分析图

（二）任务目标

（二）任务目标

根据页面效果图和布局分析图，建立站点文件夹，在 Dreamweaver 2021 中设计制作网站首页的 HTML 结构，并根据结构分别添加网页内容和设置相应的 CSS 样式，最终达到理想的效果。

（三）知识准备

知识准备一　在网页中插入 CSS 样式表的几种方法

在网页中插入 CSS 样式，根据位置的不同，有三种方法，分别是外部样式表、内部样式表和内联样式。

1. 外部样式表

外部样式表是指样式表保存为一个样式表文件，如 mystyle. css。当网页中需要应用这个样式表文件时，可以使用“附加现有的 CSS 文件”将其附加到现有的网页当中。“附加现有的 CSS 文件”有“链接”和“导入”两种方法，如图 5. 1. 3 和图 5. 1. 4 所示。

图 5. 1. 3　附加现有的 CSS 文件

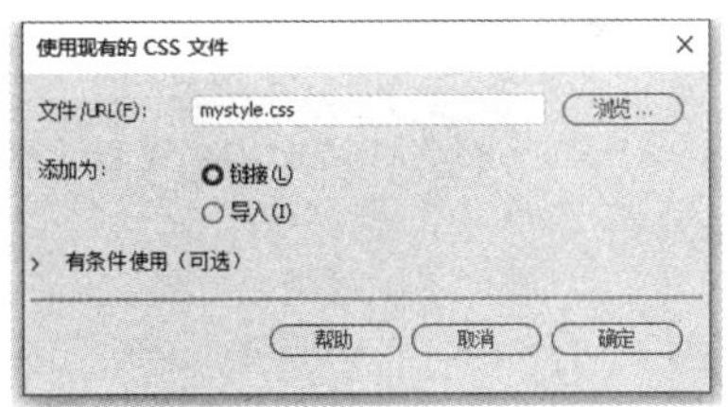

图 5. 1. 4　“链接”和“导入”CSS 文件

（1）链接外部样式表

链接外部样式表是指在 HTML 页面中用 <link> 标记链接到样式表文件，<link> 标记必须放到页面的 <head> 区内，代码如下：

```
<head>
<link href="mystyle.css" rel="stylesheet" type="text/css">
</head>
```

上面这个例子表示浏览器从 mystyle. css 文件中以文档格式读出定义的样式表。rel = "stylesheet"是指在页面中使用这个外部的样式表；type = "text/css"是指文件的类型是样式表文本；href = "mystyle. css"是文件所在的位置。

一个外部样式表文件可以应用于多个页面。当改变这个样式表文件时，所有页面的样式都随之而改变。这在制作大量相同样式页面的网站时非常有用，不仅减少了重复的工作量，而且有利于以后的修改、编辑工作，浏览时也避免了重复下载代码。

一个 HTML 页面也可以附加多个样式表文件，如产生冲突，后一个样式优先于前一个样式。

（2）导入外部样式表

导入外部样式表是指在内部样式表的 <style> 里导入一个外部样式表，导入时用@ import，看下面这个实例：

```
<head>
<style type="text/css">
@import url("mystyle.css");
</style>
</head>
```

例中@import url("mystyle. css");表示导入 mystyle. css 样式表。注意使用时外部样式表的路径、方法和链接外部样式表的方法很相似，但导入外部样式表输入方式更有优势。实质上它相当于存在于内部样式表中。

2. 内部样式表

内部样式表是把样式表放到页面的 <head> 区里，这些定义的样式可以应用于当前页面。样式表是用 <style> 标记插入的，从下例中可以看出 <style> 标记的用法：

```
<head>
<style type="text/css">
hr {color: #cccccc;}
p {margin-left: 20px;}
body {background-image: url("images/back40.gif");}
</style>
</head>
```

3. 内联样式

内联样式是混合在 HTML 标记里使用的，用这种方法可以很简单地对某个元素单独定义样式。内联样式的使用是直接在 HTML 标记里加入 style 参数，而 style 参数的内容就是 CSS 的属性和值，如下例：

```
<p style="color: #333333;margin-left: 20px;">
这是一个段落
</p>
<!-- 这个段落颜色为深灰,左边距为 20 像素 -->
```

上述三种表示方法中，CSS 样式的优先级越接近 HTML 者，越优先。

知识准备二　DIV + CSS 的 id 与 class

class 在 CSS 中称为“类”，以小写的“点”（即“.”）来命名，如. box{属性:属性值;}，而在 HTML 页面里则以 class = "box"来选择调用。同一个 HTML 网页页面可以无数次地调用相同的 class 类。

id 是表示着标签的身份，也就是说，id 只是页面元素的标识，供其他元素脚本等引用。同样，id 在页面里也只能出现一次，并且是唯一性。通常在定义 CSS 样式时，以“#”来开头命名 id 名称，如#list{属性:属性值;}。

总结：

①一个样式仅仅用于一处时，DIV 设置 id 属性，CSS 使用 id 选择器，以“#”来定义。

②一个样式用于多处时，DIV 设置 class 属性，CSS 使用类选择器，以“.”来定义。

③推荐在大范围的时候用 id，id 中分类小的部分用 class，这样就能更好地布局了。

知识准备三　DIV + CSS 命名规则

为了更加符合搜索引擎优化（SEO）的规范，列出目前流行的 DIV + CSS 的命名规则，建议命名 id 和 class 时遵循表 5.1.1 所示的规定。

表 5.1.1　id 和 class 命名规定

功能区	命名	功能区	命名	功能区	命名	功能区	命名
页头	header	登录条	loginbar	标志	logo	侧栏	sidebar
广告	banner	导航	nav	子导航	subnav	菜单	menu
子菜单	submenu	搜索	search	滚动	scroll	页面主体	main
内容	content/container/box	标签页	tab	文章列表	list	提示信息	msg
小技巧	tips	栏目标题	title	加入	joinus	指南	guild
服务	service	热点	hot	新闻	news	下载	download
注册	regsiter	状态	status	按钮	btn	投票	vote
友情链接	friendlink	页脚	footer	合作伙伴	partner	版权	copyright

（四）任务实施

步骤一　创建站点及首页

新建站点 blog，指向文件夹 D:\blog，复制“素材\images”文件夹到站点文件夹下。注意，images 文件夹下分为 skin1 和 skin2 两个文件夹，分别对应于两种不同风格的博客页面。在站点中新建网页 index1.html，完成的页面如图 5.1.1 所示。网页标题为“任务 1——个人博客之简约商务风”。

步骤二　构建页面整体结构

1. 页面结构分析

将页面布局用 DIV 标签表示，如图 5.1.5 所示，其中页面宽度设置为 980 px，各 DIV 的高度根据内容自行调整。

①头部 header：含有博客标题#blog_name。

②导航菜单 nav：具体由项目列表 ul 和 li 实现。

③主体部分：用标签 main 表示，分为侧边栏 aside 和内容区 section 两部分。主体部分侧边栏 aside：具体细分为日志类别、最新日志、最新评论和博客统计。因为每一栏目的样式都一样，所以可以统一应用 CSS 样式类.box，包括栏目名称.boxtitle、栏目内容.box-content。

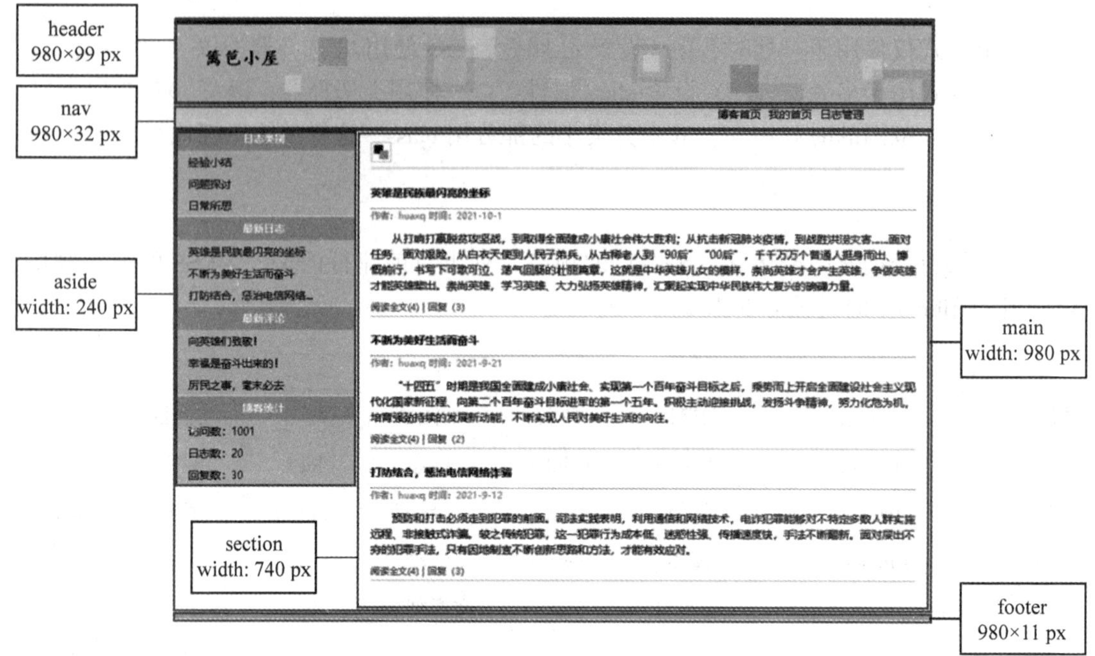

图 5.1.5　网页整体 DIV 布局分析图

扫码查看彩图效果

主体部分内容区 section：具体细分为列表区#list 和日志内容区#content。其中，#content 区域放置了 4 条日志 article，包括日志标题. top、日志时间. time、日志文字. text、日志说明. com。

④页脚 footer。

根据任务分析，网页布局的 HTML 结构如图 5.1.6 所示。

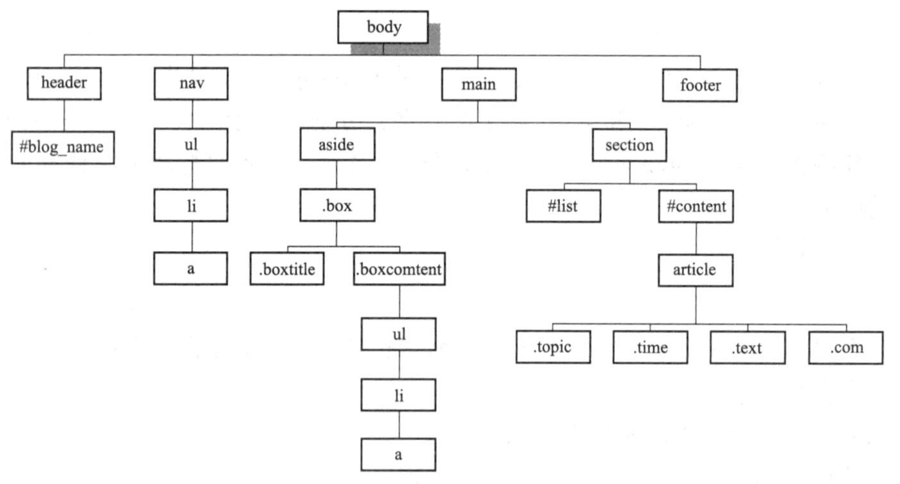

图 5.1.6　页面 HTML 结构图

2. 网页整体 HTML 代码

可以使用两种方法插入 DIV 标签：一种是在“设计”视图中单击“插入”窗口中的“DIV”按钮，在弹出的窗口中设置 DIV 标签的位置，设置其 class 或者 id；另一种则在“代

码”视图中直接书写代码。后者可以有更清晰的思维。这里采用第二种方法。

网页 <body> 整体 HTML 代码如下：

```
<!--header start-->
<header></header>
<!--header end-->
<!--nav start-->
<nav></nav>
<!--nav end-->
<!--main start-->
<main>
    <!--aside start-->
    <aside></aside>
    <!--aside end-->
    <!--section start-->
    <section></section>
    <!--section end-->
  </main>
<!—main end-->
<!—footer start-->
<footer></footer>
<!—footer end-->
```

小贴士

1. 手写代码时，可以写一半，如书写 <header> 再按 Tab 键，Dreamweaver 2021 会自动补全 </header>；书写 <li*3> 再按 Tab 键，软件会生成三对 <li> </li>；书写 <div.box> 再按 Tab 键，软件会生成代码 <div class="box"> </div>；书写 <div#blog_name> 再按 Tab 键，软件会生成代码 <div id="blog_name"> </div>。

2. 在编码中适当加上注释更容易理解；HTML 中的注释为 <!-- … --> 标记以内的代码。

3. 本段代码为网页 <body> 整体的 HTML 代码，具体内容还需要详细设置，如在 <header> </header> 中间书写#blog_name 部分的内容。

3. 附加 CSS 样式文件

①新建样式表文件 style1.css，并附加于 index1.html 页面。接下来依据 HTML 结构分别设置样式属性，实现“简约商务风”的博客页面效果。

②页面整体 CSS 样式。

a. 设置网页整体布局声明：填充边界均为 0；去除列表项预设标记；设置整站超链接效果。其 CSS 编码如下：

```
*{
    margin: 0px;
    padding: 0px;
```

```
        list - style - type: none;
    }
    a:link,a:visited{
        color: #02283b;
        text - decoration: none;
    }
    a:hover,a:active{
        color:#036;
        text - decoration: underline;
    }
```

b. 设置 body 样式：字体颜色为#02283b；字体大小为 14 px，背景颜色为#e1edf2；上边界为 5 px。其 CSS 编码如下：

```
body{
    font - size: 14px;
    font - family: 微软雅黑,Arial;
    color: #02283b;
    background - color: #e1edf2;
    margin - top:5px;
  }
```

4. 网页主体 CSS 样式

主体部分用标签 main 表示，分为 aside 和 section 两部分，如图 5. 1. 7 所示。

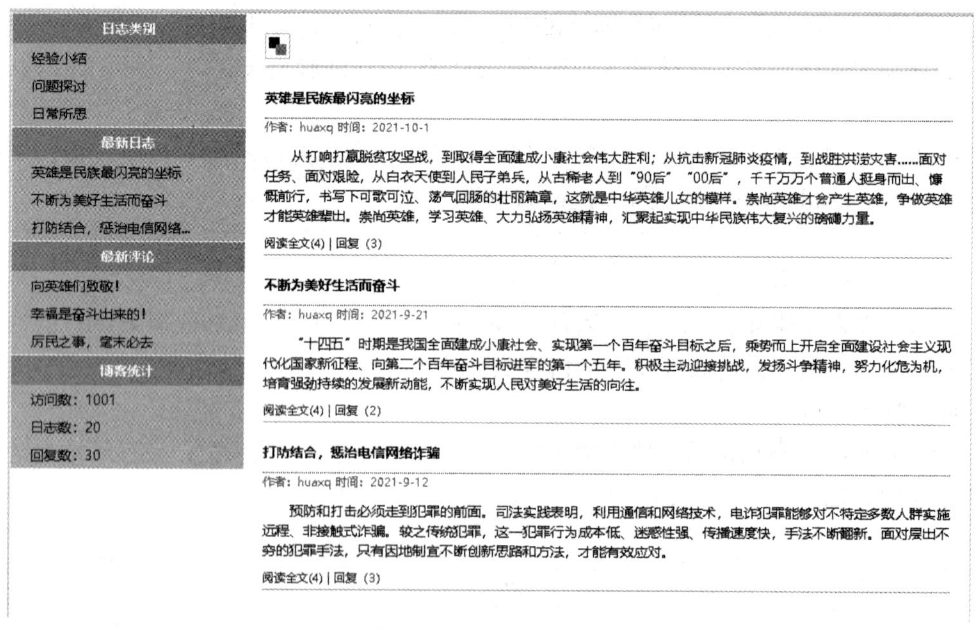

图 5. 1. 7　网页主体 main

①网页主体 main：宽度 980 px，高度自动；背景白色，居中对齐。

其 CSS 编码如下：

```
main{
    width: 980px;
    margin:0px auto;
    background-color: #ffffff;
    height: auto;
    }
```

②网页主体侧边栏 aside（图 5.1.8）：左浮动；宽度 240 px。

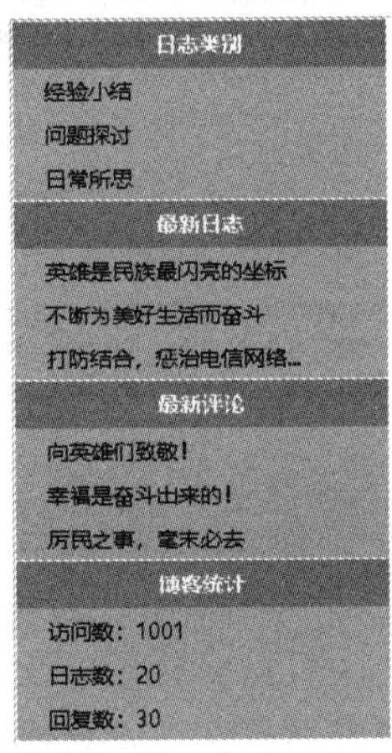

图 5.1.8　网页主体侧边栏 aside

其 CSS 编码如下：

```
aside{
    width: 240px;
    float: left;
}
```

③网页主体右侧内容区 section（图 5.1.9）：右浮动；盒子宽度 740 px。

其 CSS 编码如下：

```
main section{
    width: 700px;
    padding: 20px;
    float:right;
}
```

步骤三　完成网页头部

1. 网页头部 HTML 代码

头部 header 内容为博客标题 blog_name。其 HTML 代码如下：

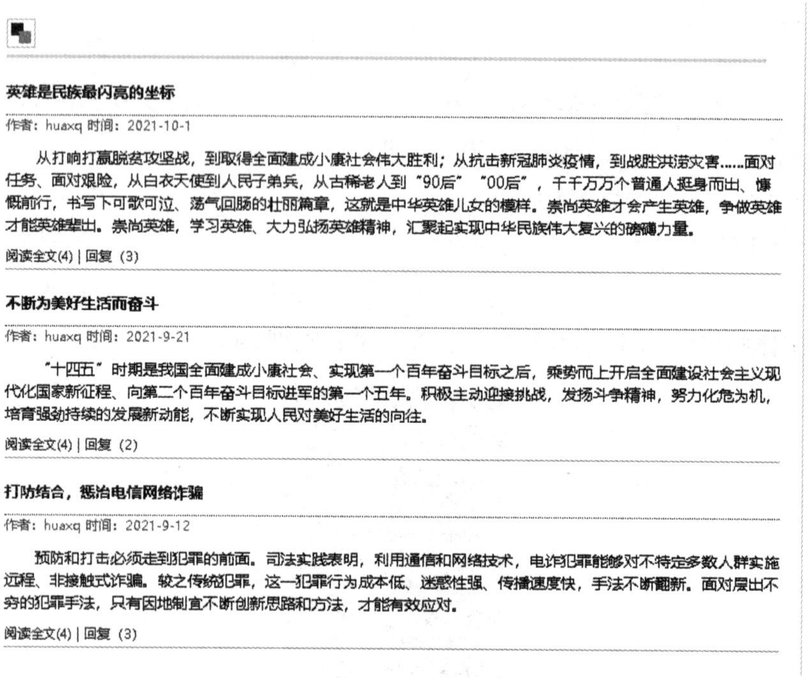

英雄是民族最闪亮的坐标

作者：huaxq 时间：2021-10-1

从打响打赢脱贫攻坚战，到取得全面建成小康社会伟大胜利；从抗击新冠肺炎疫情，到战胜洪涝灾害……面对任务、面对艰险，从白衣天使到人民子弟兵，从古稀老人到"90后""00后"，千千万万个普通人挺身而出、慷慨前行，书写下可歌可泣、荡气回肠的壮丽篇章，这就是中华英雄儿女的模样。崇尚英雄才会产生英雄，争做英雄才能英雄辈出。崇尚英雄，学习英雄、大力弘扬英雄精神，汇聚起实现中华民族伟大复兴的磅礴力量。

阅读全文(4) | 回复（3）

不断为美好生活而奋斗

作者：huaxq 时间：2021-9-21

"十四五"时期是我国全面建成小康社会、实现第一个百年奋斗目标之后，乘势而上开启全面建设社会主义现代化国家新征程、向第二个百年奋斗目标进军的第一个五年。积极主动迎接挑战，发扬斗争精神，努力化危为机，培育强劲持续的发展新动能，不断实现人民对美好生活的向往。

阅读全文(4) | 回复（2）

打防结合，惩治电信网络诈骗

作者：huaxq 时间：2021-9-12

预防和打击必须走到犯罪的前面。司法实践表明，利用通信和网络技术，电诈犯罪能够对不特定多数人群实施远程、非接触式诈骗。较之传统犯罪，这一犯罪行为成本低、迷惑性强、传播速度快，手法不断翻新。面对层出不穷的犯罪手法，只有因地制宜不断创新思路和方法，才能有效应对。

阅读全文(4) | 回复（3）

图 5.1.9　网页主体右侧内容区 section

```
<!--header start-->
    <header>
        <div id="blog_name">篱笆小屋</div>
    </header>
<!--header end-->
```

完成后网页头部如图 5.1.10 所示。

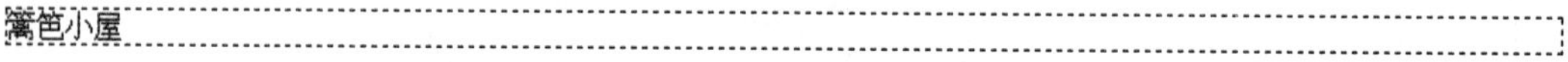

篱笆小屋

图 5.1.10　网页头部 header

2. 网页头部 CSS 样式

①设置 header 的 CSS 样式，最终实现效果如图 5.1.11 所示。

篱笆小屋

图 5.1.11　网页头部 header

header 宽度 980 px，高度 99 px，居中对齐，并设置对应的背景图片和上边框。其 CSS 编码如下：

```
header{
   width:980px;
   height: 99px;
   margin: 0px auto;
   background - image: url(../images/skin1/top_bg.jpg);
   border - top:6px solid #032c3e;
}
```

②设置网页头部博客标题的 CSS 样式。

博客标题（ID 为 blog_name 的 DIV）样式设置如下：楷体、加粗，调整 padding 属性，使之在 header 中位置适中。其 CSS 编码如下：

```
#blog_name{
   font - size: 24px;
   font - family: "楷体";
   font - weight: bold;
   padding - left: 40px;
   padding - top: 30px;
}
```

步骤四　完成导航菜单

1. 网页导航 HTML 代码

导航菜单 nav 具体由项目列表 ul 和 li 实现。其 HTML 代码为：

```
<!--nav start-->
      <nav>
          <ul>
               <li><a href="#">博客首页</a></li>
               <li><a href="#">我的首页</a></li>
               <li><a href="#">日志管理</a></li>
          </ul>
      </nav>
<!--nav end-->
```

导航菜单效果如图 5.1.12 所示。

- 博客首页
- 我的首页
- 日志管理

图 5.1.12　导航菜单

2. 网页导航 CSS 样式

（1）nav

宽度 980 px，高度 32 px，居中对齐。设置对应的背景图片，如图 5. 1. 13 所示。

博客首页 我的首页 日志管理

图 5. 1. 13　网页导航 nav

其 CSS 编码如下：

```
nav{
    width: 980px;
    height: 32px;
    margin: 0px auto;
    background - image: url(../images/skin1/menu_bg.jpg);
}
```

（2）设置横向导航菜单的 CSS 样式

①设置标签 ul，左边距为 700 px。

②设置标签 li，左对齐，实现横向菜单。

③设置菜单的超链接效果。

其 CSS 编码如下：

```
nav ul{
    margin - left: 700px;
}
    nav ul li{
    float:left;
    line - height: 30px;
    padding: 0px 5px;
}
nav a {
    color: #02283b;
    font - weight: bold;
}
```

步骤五　完成主体部分侧边栏

1. 侧边栏 HTML 代码

侧边栏 aside：具体细分为日志类别、最新日志、最新评论和博客统计。因为每一栏目的样式都一样，所以可以统一应用 CSS 样式类. box，包括栏目名称. boxtitle、栏目内容. box-content，如图 5. 1. 14 所示。

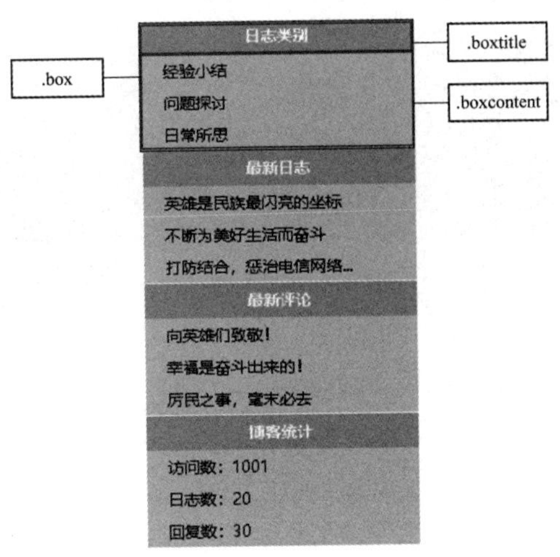

图 5.1.14　网页主体侧边栏 aside

其 HTML 代码如下：

```
<!—aside start -->
<aside>
<div class="box">
<h3 class="boxtitle">日志类别</h3><!-- 栏目名称 -->
<div class="boxcontent">
  <ul>
    <li><a href="#">经验小结</a></li>
    <li> <a href="#">问题探讨</a></li>
<li> <a href="#">日常所思</a></li>
</ul><!-- 栏目内容 -->
</div>
</div><!-- 日志类别栏目_End -->
<div class="box">
  <div class="boxtitle">最新日志</div>
  <div class="boxcontent">
    <ul>……</ul>
  </div>
</div><!-- 最新日志栏目_End -->
<div class="box">
  <div class="boxtitle">最新评论</div>
  <div class="boxcontent">
    <ul> …</ul>
  </div>
</div><!-- 最新评论栏目_End -->
<div class="box">
```

```
    <div class = "boxtitle" >博客统计</div>
   <div class = "boxcontent" >
     <ul >…</ul >
   </div >
 </div > <! --博客统计栏目_End -->
 </aside >
 <! -aside end -->
```

完成后，侧边栏部分如图 5. 1. 15 所示。

日志类别
- 经验小结
- 问题探讨
- 日常所思

最新日志
- 英雄是民族最闪亮的坐标
- 不断为美好生活而奋斗
- 打防结合，惩治电信网络...

最新评论
- 向英雄们致敬！
- 幸福是奋斗出来的！
- 厉民之事，毫末必去

博客统计
- 访问数：1001
- 日志数:20
- 回复数：30

图 5. 1. 15　侧边栏 aside

2. 侧边栏内容 CSS 样式

侧边栏 aside 中设置了四个栏目，由于样式一致，所以用类. box 来实现。. box 实现的效果如图 5. 1. 16 所示。

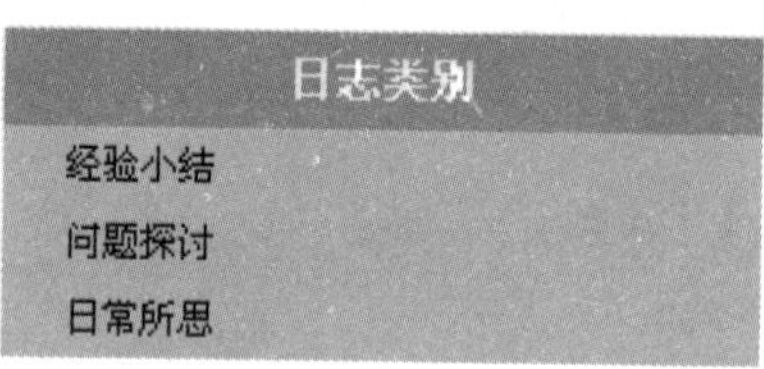

图 5. 1. 16　栏目层. box

①设置. box 上方及左侧白色 1 px 边框。

②设置. boxtitle 宽度、高度、背景颜色及字体属性。

③设置. boxcontent 填充、行高及字体属性。

其 CSS 编码如下：

```
.box{
border - top:#fff solid 1px;
border - left:#fff solid 1px;
```

```
}
.boxtitle{
    height: 30px;
    width: 239px;
    line-height: 30px;
    text-align: center;
    font-weight: bold;
    background-color: #98cfe8;
    font-size: 14px;
    color: #fff;
}
.boxcontent{
    padding-left: 20px;
    line-height: 2;
    background-color: #c6e5ec;
}
```

步骤六　完成网页主体部分内容区

内容区 section：具体细分为列表区#list 和日志内容区#content，如图 5.1.17 所示。

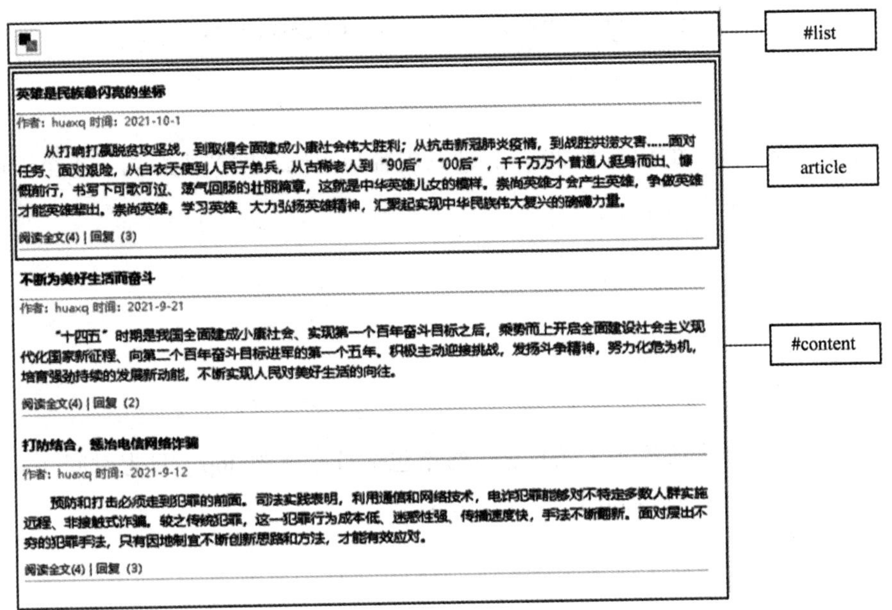

图 5.1.17　主体部分内容区 section

1. 内容区 HTML 结构

```
<!—section start -->
<section>
<div id="list"></div><!--列表区 -->
```

```
 <div id="content">
<article></article><!--第一条日志 -->
<article></article><!--第二条日志 -->
<article></article><!--第三条日志 -->
</div><!--日志内容区 -->
</section>
<!--section_end -->
```

2. 内容区域 CSS 样式

内容区域 section 包含两部分内容：标题层#list 及内容层#content，其中，#content 层中放置了三条日志，设置为标签 article。

①设置层#list 的背景图像及宽度、高度属性，如图 5.1.18 所示。

图 5.1.18 内容区域标题层#list

其 CSS 编码如下：

```
section #list{
    height: 55px;
    background-image: url(../images/skin1/list_bg.jpg);
    background-repeat: no-repeat;
}
```

②设置内容层 article 的填充为 20 px，使其内容与边框之间产生距离，不至于过于拥挤。

```
article{
    padding: 20px;
}
```

步骤七 完成内容区三条日志

1. 日志区 HTML 结构

内容区 article 容器中放置了三条日志，每条包括日志标题.top、日志时间.time、日志文字.text、日志说明.com，具体如图 5.1.19 所示。

其 HTML 代码如下：

```
<article>
<div class="topic">日志标题</div>
<div class="time">作者-时间</div>
<div class="text">日志正文</div>
<div class="com">阅读|回复</div>
</article><!--日志区 -->
```

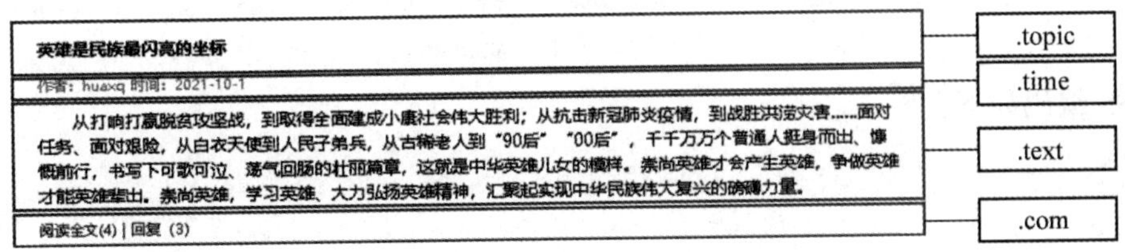

图 5.1.19　日志 article

完成后，网页内容区如图 5.1.20 所示。

英雄是民族最闪亮的坐标
作者：huaxq 时间：2021-10-1
从打响打赢脱贫攻坚战，到取得全面建成小康社会伟大胜利；从抗击新冠肺炎疫情，到战胜洪涝灾害……面对任务、面对艰险，从白衣天使到人民子弟兵，从古稀老人到“90后”“00后”，千千万万个普通人挺身而出、慷慨前行，书写下可歌可泣、荡气回肠的壮丽篇章，这就是中华英雄儿女的模样。崇尚英雄才会产生英雄，争做英雄才能英雄辈出。崇尚英雄，学习英雄、大力弘扬英雄精神，汇聚起实现中华民族伟大复兴的磅礴力量。
阅读全文(4) | 回复（3）

图 5.1.20　日志内容区#content

2. 日志区 CSS 样式

详细设置 article 中日志的样式，包括日志标题. topic、日志时间. time、日志内容. text 和日志说明. com；设置各项的字体、行高、边框线等。其 CSS 代码如下：

```
.topic{
    font-weight: bold;
    height: 30px;
    border-bottom: 1px dotted #666;
}
.time{
    color:#999;
    font-size: 12px;
}
.text{
    text-indent: 2em;
    margin: 10px 0px;
}
.com{
    font-size: 12px;
    border-bottom: 1px solid #ccc;
    color:#666;
    padding-bottom: 3px;
}
```

步骤八　完成网页底部

网页底部 footer 的 CSS 属性为：清除浮动；宽度为 980 px，高度为 11 px；居中对齐。设置其相应的背景图像，如图 5.1.21 所示。

图 5.1.21　网页底部 footer

其 CSS 编码如下：

```
footer{
    clear: both;
    width: 980px;
    margin: 0px auto;
    background-image: url(../images/skin1/bottom_bg.jpg);
    height: 11px;
}
```

（五）任务评价

序号	一级指标	分值	得分	备注
1	页面新建及附加样式表	10		
2	整体 HTML 结构和 CSS 样式	10		
3	网页头部	10		
4	网页导航	15		
5	网页主体部分	10		
6	主体部分侧边栏	15		
7	主体部分内容区	10		
8	内容区日志	15		
9	网页底部	5		
合计		100		

（六）思考练习

1. CSS 按其位置，可以分成三种：__________、__________、__________。
2. 对一个宽度固定的块级元素，应用__________________样式可使其水平居中。
3. 在 HTML 文档中，引用外部样式表的正确位置是（　　）。

A. 文档的末尾　　B. 文档的顶部　　C. <body>部分　　D. <head>部分

4. CSS 中 id 选择器在定义的前面要有指示符（　　）。

A. *　　B. .　　C. !　　D. #

5. 如何利用 UL 实现导航菜单？
6. 层的设置的先后影响它布局的左右顺序吗？
7. 边界（外边距 margin）与填充（内边距 padding）有什么区别？

8. id 和 class 的使用有什么区别？

（七）任务拓展

模仿样图，利用 DIV + CSS 布局完成“我的个人简历”网页，效果如图 5.1.22 所示。

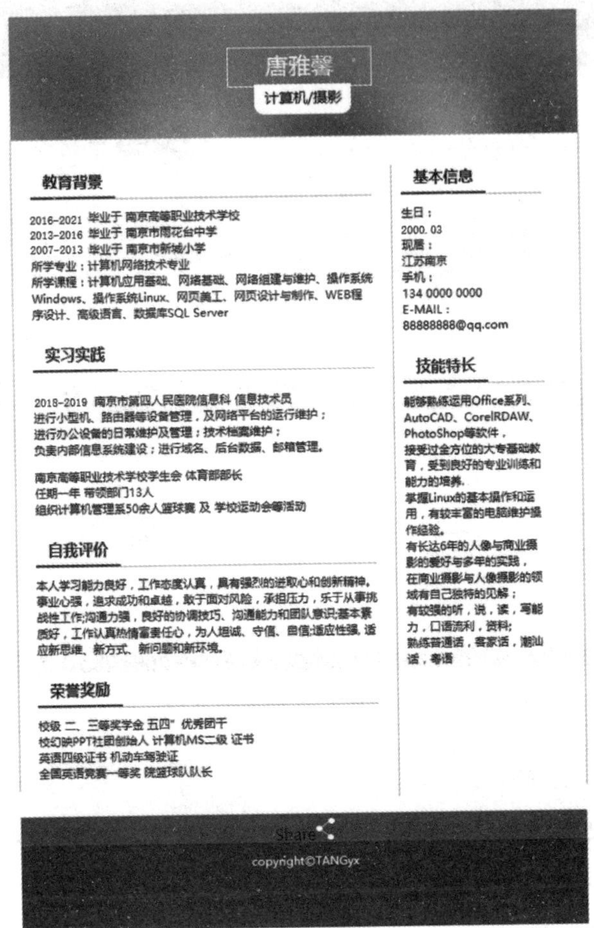

图 5.1.22 完成效果

任务二 个人博客之中国风

（一）任务描述

DIV + CSS 布局的优点在于页面重构的方便性，如本例中由简洁商务风格的博客页面修改成浓郁中国风的博客页面（图 5.2.1），无须修改内容和 HTML 代码，只需要修改 CSS 样式即可。请观察两种风格页面的样图后再进行修改。

通过观察样图发现，主要为各 DIV 的背景图片、高度及字体样式的修改。最大的改变为：aside 层和 section 层调整了左右位置。所以，本任务的主要工作为：根据需要修改相应的 CSS 属性。

图 5.2.1 “中国风”的个人博客页面

扫码查看
彩图效果

（二）任务目标

根据两张页面效果图的对比，将任务一中的 index1. html 网页另存为 index2. html，并附加新的 CSS 样式文件，调整相应的 CSS 样式，最终达到想要的效果。

（三）知识准备

知识准备 CSS 的优先级机制

1. 样式的优先级

多重样式（Multiple Styles）：如果外部样式、内部样式和内联样式同时应用于同一个元素，就是使用多重样式的情况。

一般情况下，优先级如下：External style sheet（外部样式）<Internal style sheet（内部样式）<Inline style（内联样式）。

有个例外的情况，就是如果外部样式放在内部样式的后面，则外部样式将覆盖内部样式。

2. 选择器的优先权

图 5.2.2 反映了不同的 CSS 选择器的权重值：

①内联样式表的权值最高为 1 000。

②id 选择器的权值为 100。

③class 类选择器的权值为 10。

④HTML 元素选择器的权值为 1。

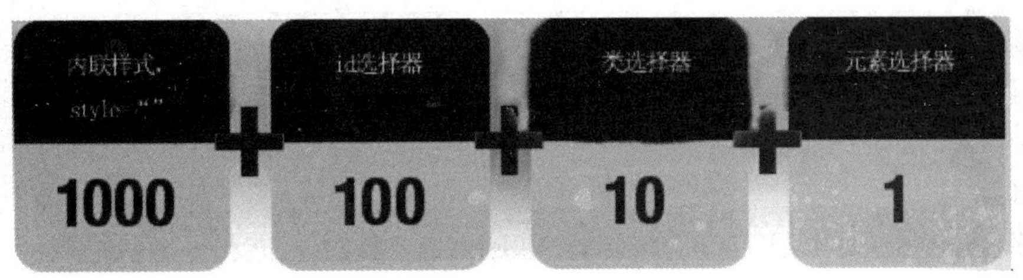

图 5.2.2　选择器的优先权

CSS 优先级法则：

①选择器都有一个权值，权值越大越优先。

②当权值相等时，后出现的样式表设置要优于先出现的样式表设置。

③继承的 CSS 样式不如后来指定的 CS 样式。

④在同一组属性设置中，标有“!important”规则的优先级最大。

（四）任务实施

步骤一　另存网页及附加新的样式文件

①将任务一中的网页 index1.html 另存为 index2.html，网页标题为“任务二——个人博客之中国风”，并删除原有的样式文件。

②将样式表文件 style1.css 另存为 style2.css，并附加于 index2.html 页面。接下来的任务是修改 style2.css 文件，实现“中国风”的博客页面效果。

步骤二　调整整体 CSS 样式

调整页面整体布局 CSS 样式，调整过的 CSS 编码如下：

①修改 body 背景图片和字体颜色，实现效果如图 5.2.1 所示。

```
body{
    font-size: 14px;
    font-family: 微软雅黑,Arial;
    color: #000;
    background-image: url(../images/skin2/bg.jpg)
}
```

②修改默认的超链接效果。

```
a:link,a:visited{
      color: #333;
```

```
      text-decoration: none;
}
a:hover,a:active{
     color:#450102;
     text-decoration: underline;
}
```

③实现 header 部分背景图片及高度的变化，如图 5.2.3 所示。

图 5.2.3　网页头部 header

```
header{
    width:980px;
    height: 215px;
    margin: 0px auto;
    background-image: url(../images/skin2/top_bg.jpg);
}
```

④实现导航部分背景图片及高度的变化，如图 5.2.4 所示。

博客首页　我的首页　日志管理

图 5.2.4　网页导航 nav

```
nav{
    width: 980px;
    height: 55px;
    margin: 0px auto;
    background-image: url(../images/skin2/menu_bg.jpg);
}
```

⑤实现主体 main 层部分 aside 与 section 层的位置调整及宽度的变化，如图 5.2.5 所示。其 CSS 编码修改如下：

```
main aside{
   width: 210px;
   float: right;
}
main section{
   width:740px;
   padding: 15px;
   float:left;
}
```

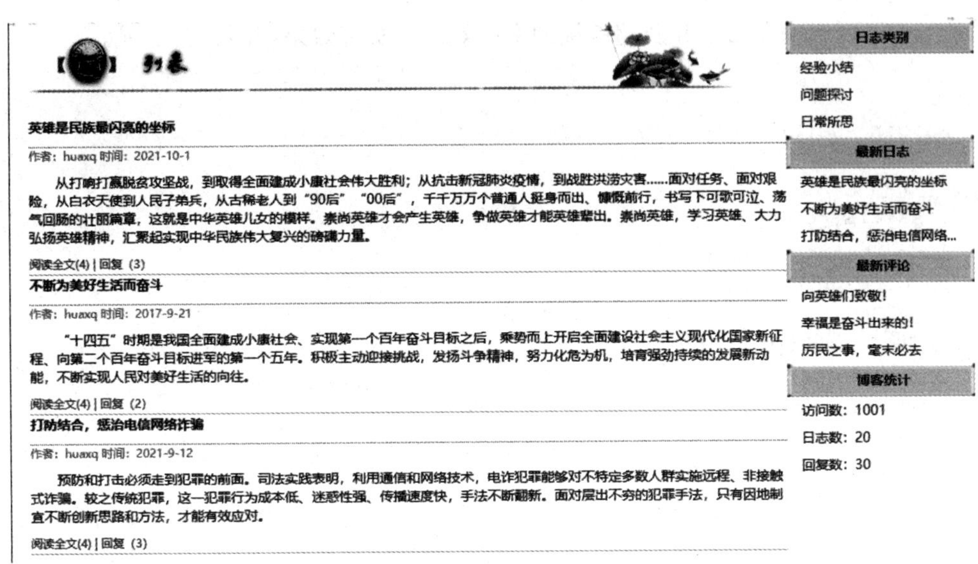

图 5.2.5　网页主体 main

⑥实现 footer 部分背景及高度的变化，如图 5.2.6 所示。

图 5.2.6　网页底部 footer

```
footer{
    clear: both;
    width: 980px;
    margin: 0px auto;
    background-image: url(../images/skin2/bottom_bg.jpg);
    height: 66px;
}
```

步骤三　调整网页头部内容的 CSS 样式

修改博客名称文字的效果：隶书、加粗。实现效果如图 5.2.3 所示。

```
header #blog_name{
   font-size: 36px;
   font-family: "隶书";
   font-weight: bold;
   padding-left: 180px;
   padding-top: 60px;
   color: #460002;
}
```

步骤四 调整横向导航菜单 CSS 样式

修改导航菜单部分的 ul、li 及超链接的字体效果。实现效果如图 5.2.4 所示。

```
nav ul{
    margin-left: 40px;
}
nav ul li{
    float:left;
    line-height: 25px;
    padding: 0px 5px;
}
nav a:link,nav a:visited{
    color: #fff;
    font-weight: bold;
}
nav a:hover,nav a:active{
    color: #fff;
}
```

步骤五 调整内容区域 CSS 样式

通过观察发现，内容部分修改不大，主要为#list 层图片及高度的调整。article 日志内容层基本不变，如图 5.2.7 所示。

把酒言欢 言无不尽

作者：huaxq 时间：2017-3-20

我接受过一些采访，外媒和内媒是不一样的，虽然他们有的时候可能会问出一样的问题，我给出一样的答案，但是最后见报的内容也是不一样的。相对来说，外媒的问题更加的直接，有些问题直接到你没有办法回答，因为你如果回答了一次，那估计你以后只能永远接受外媒的提问了。我会诚实的告诉他，这个问题我不能回答你，不是我不愿，是我不能，回答这个问题需要付出太大的代价，而且暂时是无谓的代价。但我又不愿意说假话，所以我选择闭嘴，但你可以保留我的问题，我觉得这是个好问题，你就说，被采访者他不敢说。

阅读全文(4) | 回复（0）

把酒言欢 言无不尽

作者：huaxq 时间：2017-3-21

最近，福建有了高教十条。其中最让人瞩目的是第二条——在教育教学工作中散布违反党的路线方针政策、党的基本理论、国家法律法规等错误言论，对学生确立正确理想信念和政治信仰造成不良影响的，实行“一票否决”，违者将被解聘。

阅读全文(4) | 回复（0）

把酒言欢 言无不尽

作者：huaxq 时间：2017-3-22

最近帮别人处理下数据,发现添加数据时,就提示“ASP 不能更新。数据库或对象为只读。”,从网上找了,也没有解决我的问题.

阅读全文(4) | 回复（3）

图 5.2.7 主体部分内容区 section

①修改层 list 的背景图片及高度，如图 5.2.8 所示。

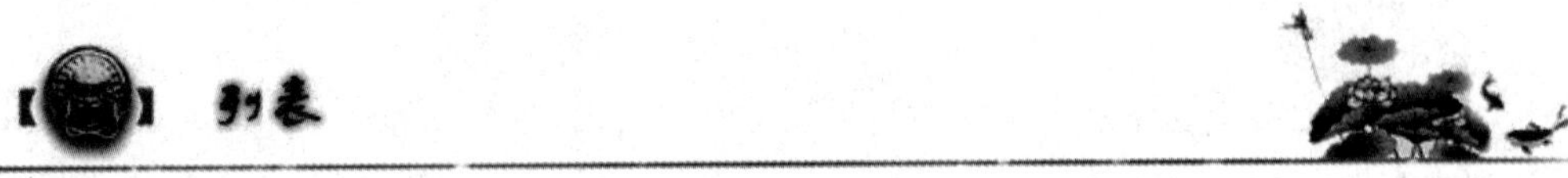

图 5.2.8　内容区标题#list

```
section #list{
    height: 95 px;
    background - image: url(../images/skin2/list_bg.jpg);
    background - repeat: no - repeat;
}
```

②article 基本不变，如图 5.2.9 所示。

英雄是民族最闪亮的坐标

作者：huaxq 时间：2021-10-1

从打响打赢脱贫攻坚战，到取得全面建成小康社会伟大胜利；从抗击新冠肺炎疫情，到战胜洪涝灾害......面对任务、面对艰险，从白衣天使到人民子弟兵，从古稀老人到“90后”“00后”，千千万万个普通人挺身而出、慷慨前行，书写下可歌可泣、荡气回肠的壮丽篇章，这就是中华英雄儿女的模样。崇尚英雄才会产生英雄，争做英雄才能英雄辈出。崇尚英雄，学习英雄、大力弘扬英雄精神，汇聚起实现中华民族伟大复兴的磅礴力量。

阅读全文(4) | 回复（3）

图 5.2.9　内容区日志 article

步骤六　调整侧边栏元素 CSS 样式

①删除类. box，即取消. box 的白色边框效果，如图 5.2.10 所示。

②分别设置类. boxtitle 和类. boxcontent 的样式，详细设置此区域的背景图片及字体效果，如图 5.2.11 所示。

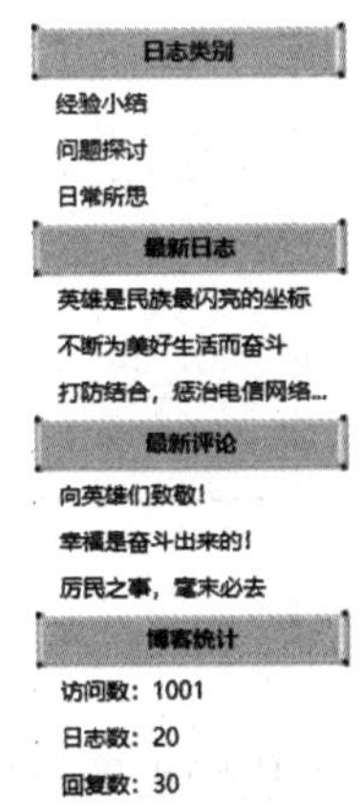

图 5.2.10　主体部分侧边栏 aside

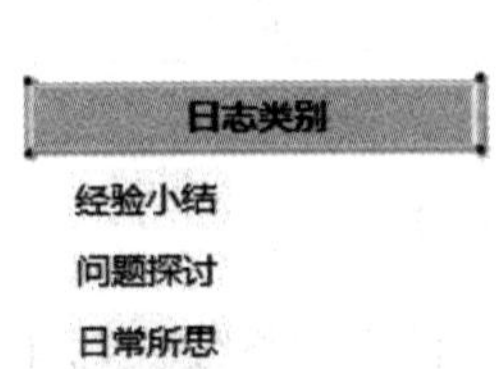

图 5.2.11　侧边栏栏目. box

```
.boxtitle{
    height: 34px;
    width: 184px;
    line-height: 34px;
    text-align: center;
    font-weight: bold;
    background-image: url("../images/skin2/box_bg.jpg");
    font-size: 14px;
}
.boxcontent{
    padding-left: 15px;
    line-height: 2em;
}
```

通过反复进行 CSS 样式属性的调试，终于成功实现了网页换肤的效果。

网页重构的概念非常重要，同样的内容，不同的 CSS 样式，网页瞬间变成另一种风格，这只有 DIV + CSS 布局可以做到，这对于快速建站、网站改版都具有重要的意义。当然，DIV + CSS 布局在设计时难度增强，并且对浏览器的适应性也需要反复研究，所以还需要多实践加以巩固。

（五）任务评价

序号	一级指标	分值	得分	备注
1	页面另存及附加样式表	10		
2	调整整体 CSS 样式	30		
3	调整头部 CSS 样式	10		
4	调整导航 CSS 样式	15		
5	调整主体部分内容 CSS 样式	15		
6	调整主体部分侧边栏 CSS 样式	20		
合计		100		

（六）思考练习

1. 将一个盒子的上边框定义为 1 像素、蓝色、单实线，下列代码正确的是（　　）。

A. border-top:1px solid #00f;

B. border:1px solid #00f;

C. border-top:1px dashed #00f;

D. border:1px dashed #00f;

2. 在下面的程序中，第一个 div 和第二个 div 之间的垂直间距是__________ px。

```
<style type = "text/css" >
div{
width:200px;
height:60px;
background:red;
}
.one{ margin - bottom:20px;}
.two{ margin - top:40px;}
</style >
</head >
<body >
<div class = "one" >第一个 div </div >
<div class = "two" >第二个 div </div >
</body >
```

3. 已知每个小盒子总宽度为 80 px，总高度为 30 px，仔细观察图 5.2.12，运用所学知识做一个与之类似的导航栏，并用谷歌浏览器测试。

图 5.2.12　习题 3 图

4. 已知每个小盒子总宽度为 80 px，总高度为 30 px，边框为 2 px，仔细观察图 5.2.13，运用所学知识做一个与之类似的导航栏，并用谷歌浏览器测试。

图 5.2.13　习题 4 图

（七）任务拓展

调整“我的个人简历”网页：在任务一完成“我的个人简历”的基础上，参考样图，进行 CSS 样式的调整与修改，重构另一种风格的个人简历页面，效果图如图 5.2.14 所示。

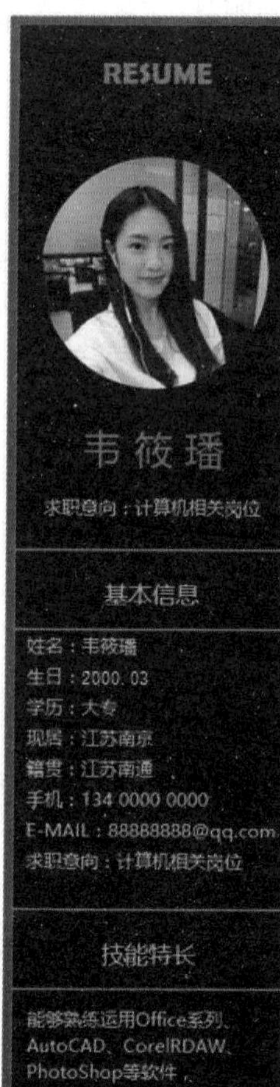

教育背景

2016-2021 毕业于 南京高等职业技术学校
2013-2016 毕业于 南京市雨花台中学
2007-2013 毕业于 南京市新城小学
所学专业：计算机网络技术专业
所学课程：计算机应用基础、网络基础、网络组建与维护、操作系统Windows、操作系统Linux、网页美工、网页设计与制作、WEB程序设计、高级语言、数据库SQL Server

实习实践

2018-2019 南京市第四人民医院信息科 信息技术员
进行小型机、路由器等设备管理，及网络平台的运行维护；
进行办公设备的日常维护及管理；技术档案维护；
负责内部信息系统建设；进行域名、后台数据、邮箱管理。南京高等职业技术学校学生会 体育部部长
任期一年 带领部门13人
组织计算机管理系50余人篮球赛 及 学校运动会等活动

荣誉奖励

校级 二、三等奖学金　　五四" 优秀团干
校幻映PPT社团创始人　　计算机MS二级 证书
英语四级证书　　机动车驾驶证
全国英语竞赛一等奖　　院篮球队队长

自我评价

本人学习能力良好，工作态度认真，具有强烈的进取心和创新精神。事业心强，追求成功和卓越，敢于面对风险，承担压力，乐于从事挑战性工作;沟通力强，良好的协调技巧、沟通能力和团队意识;基本素质好，工作认真热情富责任心，为人坦诚、守信、自信;适应性强，适应新思维、新方式、新问题和新环境。

图 5. 2. 14　效果图

项目六

创建网站“美食交流”（表单应用）

一、项目简介

网页除了能提供给用户各种类型的信息资源外，还承担着一项重要的功能，就是收集用户的信息，并根据用户的信息提供反馈。这种收集信息和反馈信息的过程就是网页的交互过程。

本项目将详细介绍网页中的各种表单元素，以及 Spry 表单验证的方法等相关知识，实现简单的人与网页之间的交互。

二、项目目标

本项目以“美食交流”网站开发为例，介绍表单网页中的综合应用。要求熟悉各种表单元素，掌握在网页中插入表单、表单元素的方法，掌握在网页中验证表单的方法。

通过本项目的学习，养成主动探究、勇于探究的精学习精神，在完成任务的过程中，逐步形成精益求精的职业素养。

三、工作任务

根据“美食交流”网站设计与制作的要求，基于工作过程，以任务驱动的方式，应用表单组建实现用户与网页的交互功能。

①创建表单。

②验证表单。

任务一　创建表单

（一）任务描述

通过以下三个步骤的操作实践来掌握在网页中创建表单的方法，初步完成“美食交流”网站首页的制作，网页效果如图 6. 1. 1 所示。

①布局网页。

②插入表单。

③编辑表单。

（二）任务目标

按照网站需求分析，建立站点文件夹，并在 Dreamweaver 2021 中建立站点，设计制作首页文件，以及掌握在首页中设置表单区域、插入表单元素、设置表单元素的方法。

美食交流

个人信息

用户名:

性别: ◉ 男 ○ 女

出生年月: 年/月/日

联系电话:

Email:

生肖: 鼠

学历: ◉ 大专 ○ 本科 ○ 硕士 ○ 博士 ○ 其他

交流信息

最喜欢的颜色:

兴趣爱好: ☐ 运动 ☐ 上网 ☐ 看书 ☐ 游戏 ☐ 旅游 ☐ 摄影 ☐ 电影 ☐ 音乐 ☑ 美食

美食精彩瞬间: 选择文件 未选择任何文件

最爱的美食:

热爱美食的原因:

提交 重置

图 6.1.1 “美食交流”网站首页效果图

（三）知识准备

扫码查看
彩图效果

知识准备一　表单

1. 概念

表单是网站管理者与浏览者之间沟通的桥梁，主要用于收集用户信息和反馈意见。

2. 构成

（1）表单标签

表单标签是表单的容器，用于包含其他的表单元素，设定表单的起止位置，并指定数据提交到服务器的方法。

```
<form> </form>
```

功能：用于声明表单，定义采集数据的范围，也就是 <form> 和 </form> 里面包含的数据将被提交到服务器或者电子邮件里。

语法：

```
<form action = "rul" method = "get |post" enctype = "mime" target = "..." >. . .
</form >
```

表单标签的属性值及功能描述见表 6.1.1。

表 6.1.1　表单标签的属性值与功能描述

属性	值	功能描述
action	url	规定当提交表单时向何处发送表单数据，它可以是一个 URL 地址或一个电子邮件地址
method	get 或 post	指明提交表单的 HTTP 方法。post 方法位于表单的主干，包含名称/值对，并且无须包含于 action 特性的 URL 中；get 方法把名称/值对加在 action 的 URL 后面，并且把新的 URL 送至服务器
enctype	cdata	指明用来把表单提交给服务器（当 method 值为 post）时的互联网媒体形式。这个特性的默认值是 application/x - www - form - urlencoded
target	_blank _self _parent _top framename	指定提交的结果文档显示的位置： _blank 表示在一个新的、无名浏览器窗口调入指定的文档； _self 表示在指向这个目标的元素的相同的框架中调入文档； _parent 表示把文档调入当前框的直接的父框中；这个值在当前框没有父框时等价于_self； _top 表示把文档调入原来的最顶部的浏览器窗口中（因此取消所有其他框架）； framename 表示在指定框架中调入文档
novalidate	novalidate	如果使用该属性，则提交表单时不进行有效性验证
name	form_name	用于设定表单的名称
accept - charset	charset_list	规定服务器可处理的表单数据字符集，这个属性的值是一个字符编码列表，使用空白或者逗号分隔，目的是提示浏览器限制用户输入的数据，以免不能被服务器处理的数据被输入

（2）表单域

表单域包含了文本框、密码框、隐藏域、多行文本框、复选框、单选框、下拉选择框和文件上传框等。

（3）表单按钮

表单按钮包括提交按钮、复位按钮和一般按钮。用于将数据传送到服务器上的 CGI 脚本或者取消输入，还可以用表单按钮来控制其他定义了处理脚本的处理工作。

知识准备二　表单控件

1. input 元素

input 元素可以定义大多数类型的控件，控件的类型取决于 type 的属性值，不同的值对应不同的表单控件，默认值为 text。type 标签的属性值及其对应的控件类型见表 6. 1. 2。

表 6. 1. 2　type 标签的属性值及其对应的控件类型

属性值	控件类型
text	单行文本框，是一种让访问者自己输入内容的表单对象，通常被用来填写单个字或者简短的回答，如姓名、地址等
password	是一种特殊的文本域，用于输入密码；当访问者输入文字时，文字会被星号或其他符号代替，而输入的文字会被隐藏
checkbox	复选框，允许在待选项中选中一项以上的选项；每个复选框都是一个独立的元素，都必须有唯一的名称
radio	单选按钮，当需要访问者在单选项中选择唯一的答案时，就需要用到单选框了
submit	提交按钮，用来将输入的信息提交到服务器
reset	重置按钮，用于将表单数据重置，以便重新输入值
image	插入一个图像，作为图形按钮
button	普通的按钮
file	插入一个文件，由一个单行文本框和一个“浏览”按钮组成；访问者可以通过输入需要上传的文件的路径或者单击浏览按钮选择需要上传的文件
hidden	隐藏域是用来收集或发送信息的不可见元素，对于网页的访问者来说，隐藏域是看不见的。当表单被提交时，隐藏域就会将信息用设置时定义的名称和值发送到服务器上
email	一个单行文本框，呈现 email
url	一个单行文本框，呈现 url
number	一个单行文本框，或带步进按钮
range	滑动刻度控件
date	日期控件
time	时间控件
datetime	日期和时间控件
datetime - local	本地日期和时间控件

续表

属性值	控件类型
month	月份控件
week	星期控件
search	搜索文本框
color	调色板控件，目前都实现为单行文本框
tel	一个单行文本框，呈现电话号码

除了最主要的 type 属性，input 元素还有其他常见的属性，具体见表 6.1.3。

表 6.1.3 input 元素的常见属性及其功能描述

属性	功能描述
name	为控件定义的名称标识
value	为控件设定的初始值，为可选属性
checked	为单选按钮或复选框指定被选中的状态
size	为控件设定初始的宽度，以像素为单位
maxlength	为控件设定可以输入的字符的最大量
src	为 image 类型的控件设定图像文件的地址

2. 单行文本框 text

当 input 元素的 type 属性的值为 text 时，将会创建一个单行文本框。

代码格式如下：

```
<label for="textfield">Text Field:</label>
<input type="text" name="textfield" id="textfield">
```

显示效果如图 6.1.2 所示。

Text Field: [   ]

图 6.1.2 单行文本框预览效果

小贴士

<label>标签为 input 元素定义标签（label）。label 元素不会向用户呈现任何特殊的样式。不过，它为鼠标用户改善了可用性，因为如果用户单击 label 元素内的文本，则会切换到控件本身。

<label>标签的 for 属性应该等于相关元素的 id 元素，以便将它们捆绑起来。

3. 密码文本框 password

当 input 元素的 type 属性的值为 password 时，将会创建一个密码文本框。代码格式如下：

```
<label for="password">Password: </label>
<input type="password" name="password" id="password">
```

显示效果如图 6.1.3 所示。

Password: ●●●●●●●●●

图 6.1.3　密码文本框预览效果

小贴士

使用密码框发送到服务器的密码及其信息并未进行加密处理，所传输的数据可能会以字母、数字、文本形式被截获并被读取，因此，始终应对要确保安全的数据进行加密。

4. 复选框 checkbox

当 input 元素的 type 属性的值为 checkbox 时，将会创建一个复选框。下面以一个范例来说明（选择喜欢的运动，从三个选项里选择，可以多选），代码格式如下：

```
<label><input type="checkbox" name="CheckboxGroup1" value="游泳" id="CheckboxGroup1_0">游泳</label> <br/>
<label><input type="checkbox" name="CheckboxGroup1" value="瑜伽" id="CheckboxGroup1_1">瑜伽</label> <br/>
<label> <input name="CheckboxGroup1" type="checkbox" id="CheckboxGroup1_2" value="复选框" checked>慢跑</label>
```

显示效果如图 6.1.4 所示。

多个在同一个表单中的复选框可以使用同一个名称标识 name。在提交表单时，每个处于选中状态的复选框都会形成一个“名称/值”对，当有多个具有相同名称的复选框处于选中状态时，就会形成多对“名称/值”对，这些“名称/值”对都会被提交给服务器。

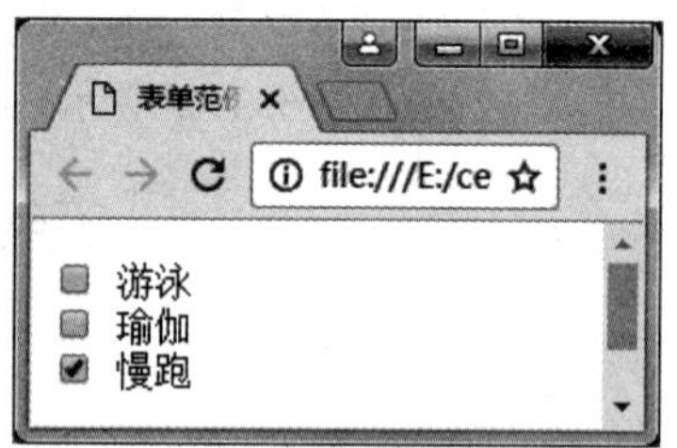

图 6.1.4　复选框显示效果

其中，慢跑选项在预览时已经被选中，表示此选项为复选框的初始值，在代码中以 checked 来实现。

5. 单选按钮 radio

当 input 元素的 type 属性的值为 radio 时，将会创建一个单选按钮。下面以一个范例来说明（从三个年级中选择一个），代码格式如下：

```
<input type="radio" name="RadioGroup1" value="一年级" id="RadioGroup1_0" checked>一年级<br>
<input type="radio" name="RadioGroup1" value="二年级" id="RadioGroup1_1">二年级<br>
<input type="radio" name="RadioGroup1" value="三年级" id="RadioGroup1_2">三年级
```

显示效果如图 6.1.5 所示。

一个单选按钮是一个“打开/关闭”的开关，当这个开关打开时，这个按钮的值是活动的，当开关关闭时，这个值则没有激活，即单选按钮的值只在开关打开时提交。

图 6.1.5　单选按钮预览效果

多个在同一个表单内的单选按钮可以有同一个名称，这些单选按钮组成了单选按钮组。单选按钮组内的单选按钮在同一个时刻只有一个可以被设置为“打开”状态，其他同名的单选按钮都为“关闭”状态。

其中一年级选项在预览时已经被选中，表示此选项为单选按钮组的初始值，在代码中以 checked 来实现。

6. 提交按钮 submit

当 input 元素的 type 属性的值为 submit 时，将会创建一个提交按钮。代码格式如下：

```
<input type="submit" name="submit" id="submit" value="提交">
```

其中，value 属性表示按钮上显示的初始值为“提交”。用户可以根据实际情况自行修改 value 属性的值。

当按钮被用户单击时，表单中的所有控件的“名称/值”对被提交，提交的目标是 form 元素的 action 属性所定义的 URL 地址。

小贴士

一个表单可以包含一个以上的提交按钮，但只有一个激活的“名称/值”对与表单一起被提交。

7. 重置按钮 reset

当 input 元素的 type 属性的值为 reset 时，将会创建一个重置按钮。代码格式如下：

```
<input type="reset" name="reset" id="reset" value="重置">
```

其中，value 属性表示按钮上显示的初始值为“重置”。用户可以根据实际情况自行修改 value 属性的值。

当用户单击重置按钮时，表单中的所有控件被重设为通过它们的 value 属性定义的初始值。

8. 图形按钮 image

当 input 元素的 type 属性的值为 image 时，将会创建一个图像按钮。代码格式如下：

```
<input type="image" name="imageField" id="imageField" src="images/list.gif">
```

其中，src 属性表示图像按钮的图像来源为“images”文件夹中的图像“list. gif”。当用户单击图像按钮时，表单被提交，并且位置被传送到服务器。

9. 普通按钮 button

当 input 元素的 type 属性的值为 button 时，将会创建一个普通按钮。代码格式如下：

```
<input type="button" name="button" id="button" value="提交">
```

其中，value 属性表示按钮上显示的初始值为“提交”。

10. 插入一个文件 file

当 input 元素的 type 属性的值为 file 时，将会创建一个文件提交文本框和“浏览”按钮。代码格式如下：

```
File:<input type="file" name="fileField" id="fileField">
```

显示效果如图 6. 1. 6 所示。

File: 选择文件 未选择任何文件

图 6. 1. 6　插入一个文件预览效果

用户单击“选择文件”按钮，就可以选择相应的文件并将此文件作为表单数据上传。

11. 隐藏域 hidden

当 input 元素的 type 属性的值为 hidden 时，将会创建一个隐藏域。代码格式如下：

```
<input type="hidden" name="hiddenField" id="hiddenField">
```

隐藏域控件用来存储用户输入的信息，如姓名、地址等，可以在该用户下次访问此站点时使用这些数据，并且这些数据对用户而言是隐藏的。

12. Email 文本框

当 input 元素的 type 属性的值为 Email 时，将会创建一个邮件文本框。代码格式如下：

```
Email:<input type="email" name="email" id="email">
```

当用户提交表单时，会自动验证输入的值，依据浏览器的不同，或者会提示出错信息，如图 6. 1. 7 所示。

13. url 文本框

当 input 元素的 type 属性的值为 url 时，将会创建一个 url 文本框。代码格式如下：

```
Url:<input type="url" name="url" id="url">
```

当用户提交表单时，会自动验证输入的值，依据浏览器的不同，或者会提示出错信息，如图 6. 1. 8 所示。

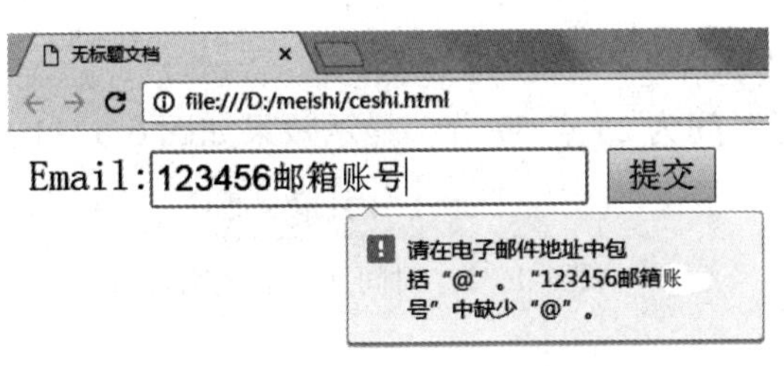

图 6.1.7 Email 文本框预览效果

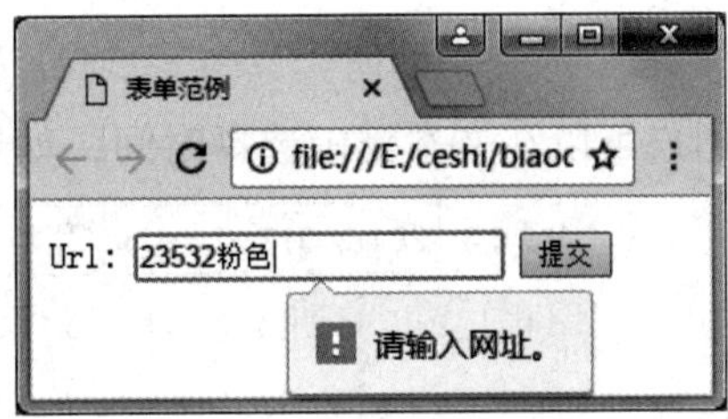

图 6.1.8 url 文本框

14. 滑动刻度控件 range

当 input 元素的 type 属性的值为 range 时，将会创建一个滑动刻度控件。range 控件应用于应该包含一定范围内的数字值的输入框，并且也可以设定对所接受的数字的限定，如下面的代码：

```
年龄范围：<input type = "range" name = "range" id = "range" min = "1" max = "15" >
```

限定年龄范围在 1 ~ 15 岁之间。显示效果如图 6.1.9 所示。

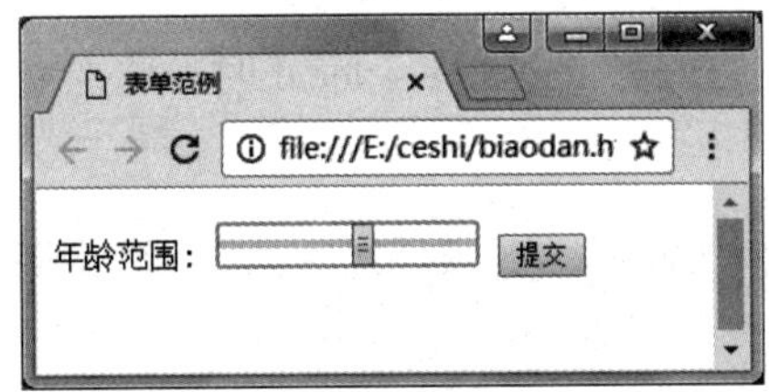

图 6.1.9 范围文本框预览效果

可以用表 6.1.4 所示的属性规定对数字类型的限定。

表 6.1.4 range 控件对数字类型限定的属性及其功能描述

属性	值	功能描述
max	number	允许的最大数值
min	number	允许的最小数值
step	number	合法的数字间隔
value	number	默认值

15. 日期控件 date

当 input 元素的 type 属性的值为 date 时，将会创建一个日期文本框。代码格式如下：

```
Date: <input type = "date" name = "date" id = "date" >
```

用户可以在文本框中选择指定的日期，如指定日期为 2016 年 1 月 31 日，显示效果如图 6.1.10 所示。

16. 时间控件 time

当 input 元素的 type 属性的值为 time 时，将会创建一个时间文本框。代码格式如下：

```
Time: <input type = "time" name = "time" id = "time" >
```

用户可以在文本框中选择时间，如选择时间为23点59分，显示效果如图6.1.11所示。

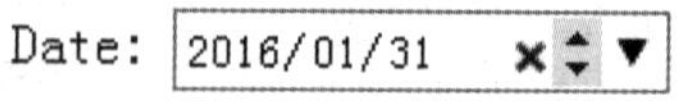

Date: 2016/01/31

图6.1.10　日期文本框预览效果

Time: 23:59

图6.1.11　时间文本框预览效果

17. 日期和时间控件 datetime

当input元素的type属性的值为datetime时，将会创建一个日期和时间文本框。代码格式如下：

```
DateTime: <input type = "datetime" name = "datetime" id = "datetime" >
```

显示效果如图6.1.12所示。

DateTime:

图6.1.12　日期和时间预览效果

18. 本地日期和时间控件 datetime - local

当input元素的type属性的值为datetime - local时，将会创建一个本地日期和时间文本框。代码格式如下：

```
DateTime - Local: <input type = "datetime - local" name = "datetime - local" id = "
datetime - local" >
```

用户可以在文本框中选择本地日期和时间，如选择本地为2016年1月1日22点59分，显示效果如图6.1.13所示。

DateTime-Local: 2016/01/01 22:59

图6.1.13　本地日期和时间预览效果

19. 月份控件 month

当input元素的type属性的值为month时，将会创建一个月份文本框。代码格式如下：

```
Month: <input type = "month" name = "month" id = "month" >
```

用户可以在文本框中选择年月，如选择为2016年12月，显示效果如图6.1.14所示。

Month: 2016年12月

图6.1.14　月份预览效果

20. 星期控件 week

当input元素的type属性的值为week时，将会创建一个星期文本框。代码格式如下：

```
Week: <input type = "week" name = "week" id = "week" >
```

用户可以在文本框中选择某年的第几周，如选择2016年第49周，显示效果如图6.1.15所示。

Week: 2016 年第 49 周

图 6. 1. 15　星期预览效果

21. 带步进按钮 number

当 input 元素的 type 属性的值为 number 时，将会创建一个带步进按钮。number 控件用于应该包含数值的输入框，在提交表单时，会自动验证输入的值，还能够设定对所接受的数字的限定。如下面的代码，限定年龄段在 1 ~ 15 岁：

```
年龄：<input type = "number" name = "number" id = "number" min = "1" max = "15" >
```

用户提交表单时，会自动验证输入的值是否满足设定的条件，如果不满足，会提示出错，如图 6. 1. 16 所示。

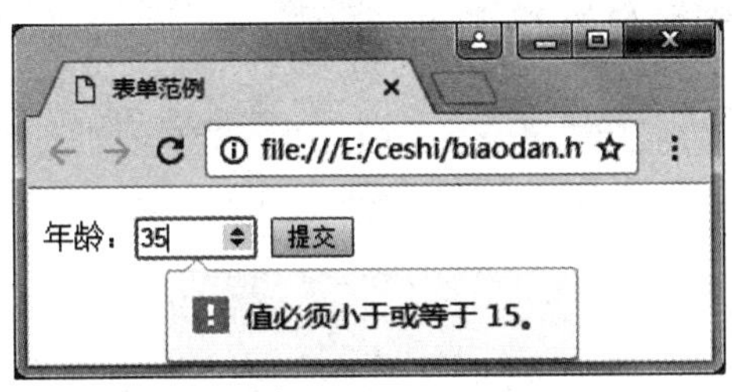

图 6. 1. 16　带步进按钮预览效果

可以用表 6. 1. 5 所示的属性来规定对数字类型的限定。

表 6. 1. 5　对数字类型限定的属性及其功能描述

属性	值	功能描述
max	number	允许的最大数值
min	number	允许的最小数值
step	number	合法的数字间隔
value	number	默认值

22. 搜索文本框 search

当 input 元素的 type 属性的值为 earch 时，将会创建一个搜索文本框。代码格式如下：

```
Search：<input type = "search" name = "search" id = "search" >
```

显示效果如图 6. 1. 17 所示。

Search:

图 6. 1. 17　搜索文本框预览效果

23. 调色板控件

当 input 元素的 type 属性的值为 color 时，将会创建一个调色板。代码格式如下：

```
您最喜欢的颜色：<input type = "color" name = "color" id = "color" >
```

用户可以单击色板选择合适的颜色，显示效果如图 6. 1. 18 所示。

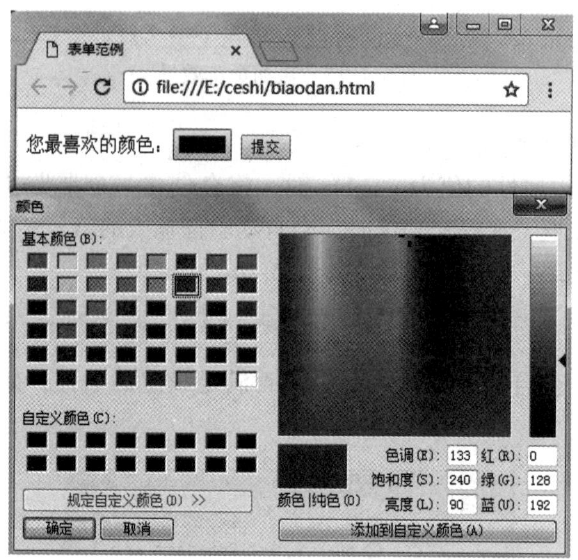

图 6.1.18　调色板预览效果

24. 电话号码文本框 tel

当 input 元素的 type 属性的值为 tel 时，将会创建一个电话号码文本框。代码格式如下：

```
Tel: <input type="tel" name="tel" id="tel">
```

显示效果如图 6.1.19 所示。

Tel:

图 6.1.19　电话号码文本框预览效果

25. 菜单 select

通过表单中的菜单控件，用户可以从一个列表中选择一个或多个项目。网页中的菜单控件分为两类：一类是下拉菜单，用户通过一个下拉列表选择项目；一个是带有滚动条的项目列表，用户可以通过滚动条选择项目。

在表单中，<select>标签每出现一次，一个 select 对象就会被创建，其中，<option>标签用于定义列表中的可用选项。设定菜单为列表类型的代码格式如下：

请选择你所在的年级：

```
<select name="select" id="select">
    <option value="1" selected>一年级</option>
    <option value="2">二年级</option>
    <option value="3">三年级</option>
    <option value="4">四年级</option>
    <option value="5">五年级</option>
    <option value="6">六年级</option>
  </select>
```

显示效果如图 6. 1. 20 所示。

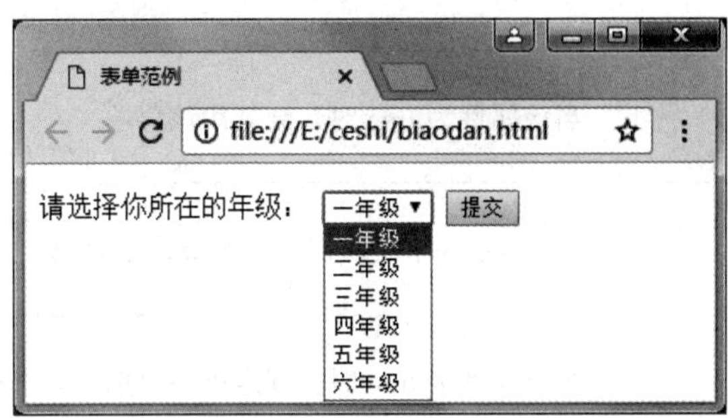

图 6. 1. 20　选择列表菜单预览效果

设定菜单为带有滚动条类型的代码格式如下：

```
请选择你所在的年级：
  <select name = "select" multiple id = "select" >
      <option value = "1" selected >一年级 </option >
      <option value = "2" >二年级 </option >
      <option value = "3" >三年级 </option >
      <option value = "4" >四年级 </option >
      <option value = "5" >五年级 </option >
      <option value = "6" >六年级 </option >
    </select >
```

显示效果如图 6. 1. 21 所示。

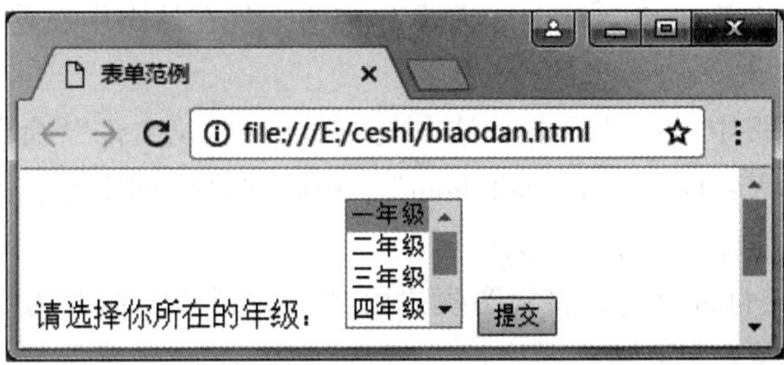

图 6. 1. 21　可滚动列表菜单预览效果

<select>元素的主要属性及其功能描述见表 6. 1. 6。

表 6. 1. 6　<select>元素的主要属性及其功能描述

属性	值	描述
autofocus	true false	在页面加载时使这个 select 字段获得焦点
data	url	供自动插入数据

续表

属性	值	描述
disabled	true false	当该属性为 true 时，会禁用该菜单
form	true false	定义 select 字段所属的一个或多个表单
multiple	true false	当该属性为 true 时，规定可一次选定多个项目
name	unique_name	定义下拉列表的唯一标识符
size	number	定义菜单中可见项目的数目

（四）任务实施

步骤一　布局网页

①在 D 盘建立站点目录“jiaoliu”及其子目录 images、files 和 other，将素材文件夹中提供的图片文件复制到 images 文件夹中，将所有的文本资料都复制到 other 文件夹中，为后期建立网页文件做好前期准备工作。

②打开 Dreamweaver 2021，并打开站点菜单的子菜单“管理站点”，在弹出的窗口中单击右下角的“新建站点”按钮，设置站点名称为“美食交流”，设置本地站点文件夹为 D 盘的 jiaoliu 文件夹；在“高级设置”的“本地信息”中设置默认图像文件夹为 D 盘“jiaoliu”文件夹中的子文件夹“images”，单击“完成”按钮，就在站点中新建了一个“美食交流”的站点。

③在“文件”面板中，右键单击“站点”，选择“新建文件”命令，即在站点中新建了一个网页文件，默认名称为“untitled. html”，将此网页名称重命名为“index. html”，此网页文件即为网站的首页，也称为主页。

④双击打开 index. html 文件，将视图模式由“实时视图”修改为“设计”视图，并将网页的标题修改为“美食交流网首页”。

⑤选择“插入”→“Div（D）”命令，在弹出的对话框中选择在“body”标签开始之后插入，设置 ID 为“main”，如图 6. 1. 22 所示。

```
<body>
<div id="main">此处显示  id"main" 的内容</div>
</body>
```

⑥在 CSS 设计器中新建 ID 选择器“#main”，设置此选择器的 CSS 样式为宽 900 像素、左右边距自适应、上边距为 5 像素、下边距为 0 像素、背景颜色为浅绿色“#D9ECB4”，具体设置如图 6. 1. 23 所示。

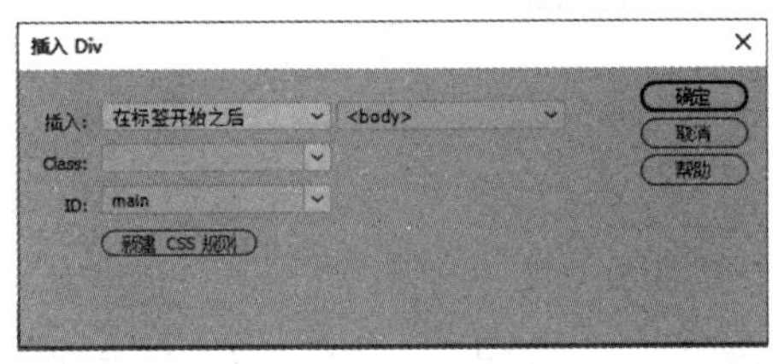

图 6.1.22　插入层 main

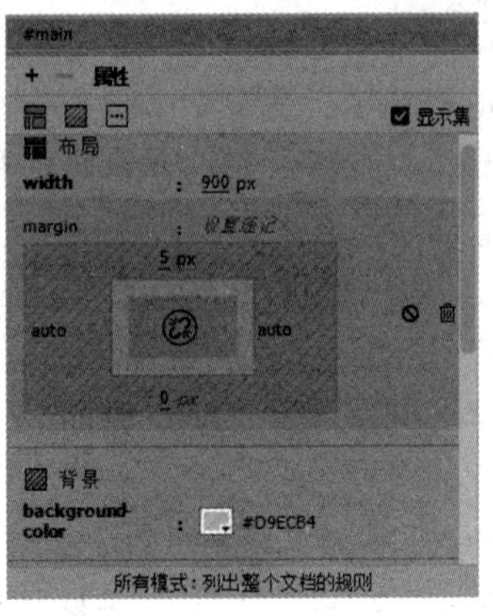

图 6.1.23　设置类选择器 main 的 CSS 样式

```
#main {
    margin-left: auto;
    margin-right: auto;
    margin-top: 5px;
    width: 900px;
    background-color: #D9ECB4;
}
```

步骤二　插入表单

1. 插入表单

在 main 内部选择“插入”→“表单”→“表单”项，即在 main 内插入一个默认名称为 form1 的表单。

2. 设置标题格式

输入表单标题“美食交流”，选中文本“美食交流”，在“属性”→“HTML”中设置此文本的格式为“标题 2”，如图 6.1.24 所示。

3. 插入域集“个人信息”

在文本“美食交流”的下一行执行“插入”→“表单”→“域集”，在弹出的对话框的“标签”文本框内输入文本“个人信息”，如图 6.1.25 所示。

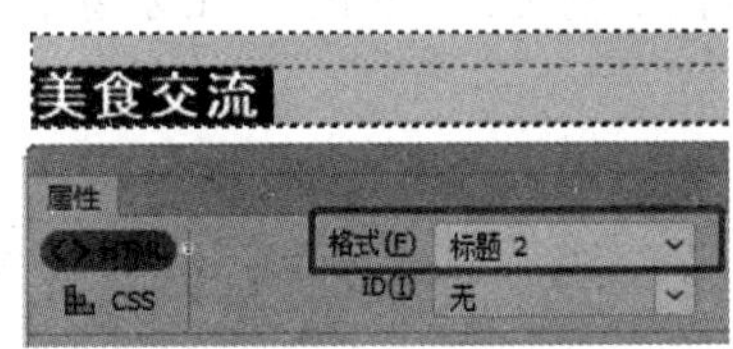

图 6.1.24　设置文本格式

图 6.1.25　插入域集

小贴士

在 form 表单中，可以对 form 中的信息进行分组归类。假如要将注册表单中的注册信息分组为基本信息（一般为必填）和详细信息（一般为可选），则可以在表单中用域集进行分组。插入域集之后，自动生成 fieldset 和 legend 两个标签。

fieldset：对表单进行分组。一个表单可以有多个 fieldset。

legend：说明每组的内容描述。

4. 插入表单元素

（1）用户名

在文本“个人信息”后执行“插入”→“表单”→“文本”，修改“文本”元素左侧的“Text Field”为“用户名:”。

（2）性别

在单行文本域下一行执行“插入”→“表单”→“单选按钮组”，设置名称为“性别:”，标签和值如图 6.1.26 所示进行设置，单击“确定”按钮。

在设计视图中，将两个单选按钮之间的换行符删除，使两个单选按钮在同一行显示。

在第一个单选按钮前输入文本“性别:”。

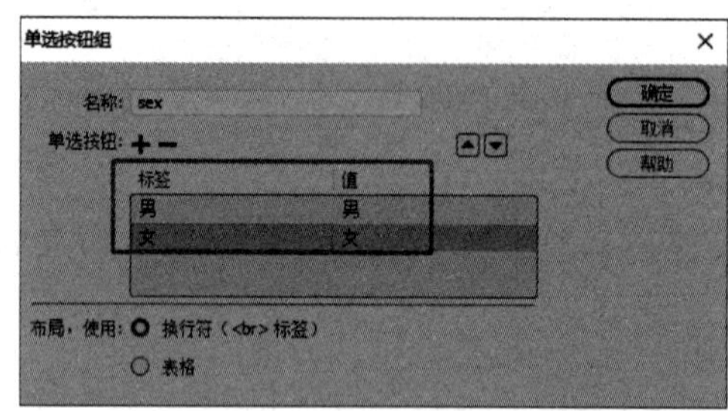

图 6.1.26　插入单选按钮组

（3）出生年月

在单选按钮组下一行执行“插入”→“表单”→“日期”，修改“日期”元素左侧的“Date:”为“出生年月:”。

（4）联系电话

在日期下一行执行“插入”→“表单”→“Tel”，修改“电话”元素左侧的“Tel:”为“联系电话:”。

（5）Email

在联系电话下一行执行“插入”→“表单”→“电子邮件”，设置名称为“Email:”。

（6）生肖

在电子邮件下一行执行“插入”→“表单”→“选择”，修改“选择”元素左侧的“Select:”为“生肖:”。

选择“选择”元素，在下方的“属性”面板中单击“列表值”，打开“列表值”对话框，将列表的项目标签和值都设置为十二生肖的内容，具体设置如图 6. 1. 27 所示。

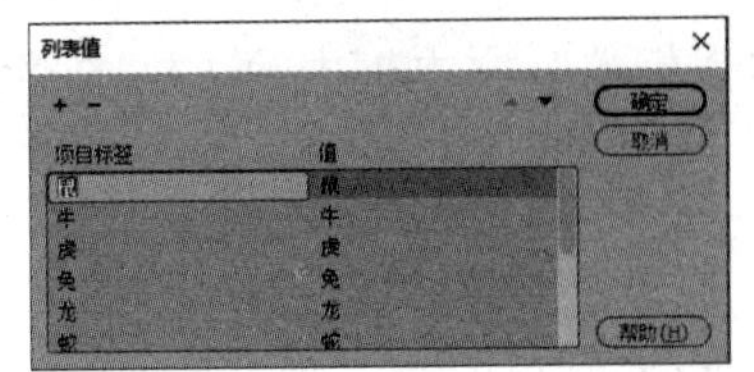

图 6. 1. 27　“选择”标签的列表值设置

扫码查看
彩图效果

小贴士

单击“+”号用于增加项目标签，单击“−”号用于删除项目标签；右上角的上三角和下三角分别用于将列表值的位置进行上调和下调。

（7）学历

在生肖下一行执行“插入”→“表单”→“单选按钮组”，设置名称为“education”，标签和值分别是“大专”“1”，“本科”“2”，“硕士”“3”，“博士”“4”，“其他”“5”，具体设置如图 6. 1. 28 所示。

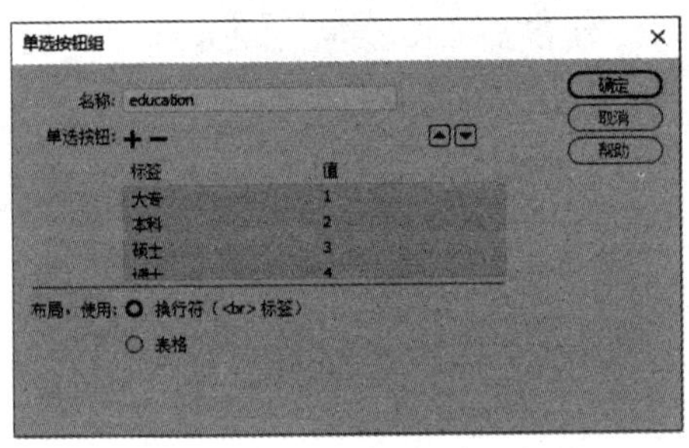

图 6. 1. 28　插入学历“单选按钮组”

删除每行之间的换行符，使得五个单选按钮都在同一行显示。在第一个单选按钮前输入文本“学历：”。

网页预览效果如图 6. 1. 29 所示。

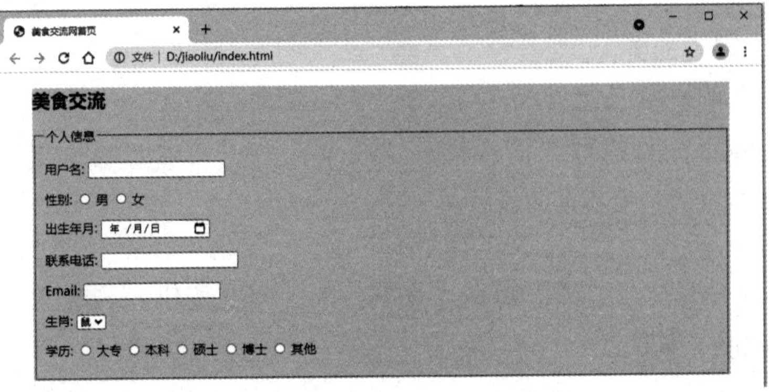

图 6. 1. 29　“个人信息”组预览效果

5. 插入域集“交流信息”

在代码视图中，将光标定位在“</fieldset>”后，执行“插入”→“表单”→“域集”，在弹出的对话框的“标签”文本框内输入文本“交流信息”。

6. 插入表单元素

（1）最喜欢的颜色

在文本“交流信息”后，执行“插入”→“表单”→“颜色”，修改元素前面的“Color:”为“最喜欢的颜色:”。

（2）兴趣爱好

在颜色域下一行执行“插入”→“表单”→“复选框组”，设置复选框组的名称为“interest”，设置标签和值分别为：运动、上网、看书、游戏、旅游、摄影、看电影、听音乐、美食。具体设置如图 6.1.30 所示。

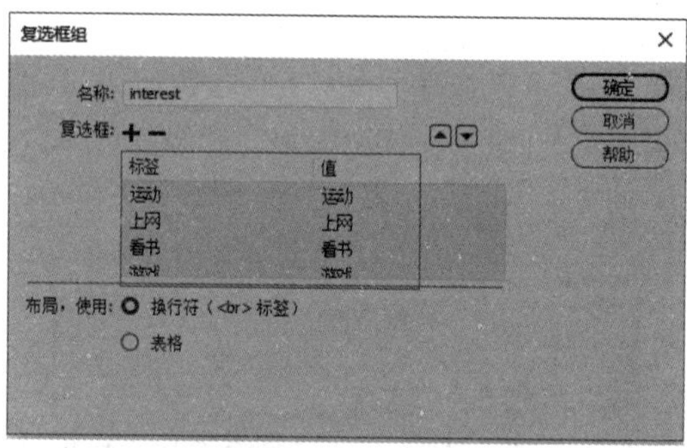

图 6.1.30　插入兴趣“复选框组”

删除每行之间的换行符，使得复选按钮在同一行显示。

在第一个复选框前输入文本“兴趣爱好:”。

（3）美食精彩瞬间

在复选框组下一行执行“插入”→“表单”→“文件”，修改元素左侧的“File:”文本为“美食精彩瞬间:”。

（4）最爱的美食

在文件域下一行执行“插入”→“表单”→“文本”，修改左侧的“Text Field:”文本为“最爱的美食:”。

（5）热爱美食的原因

在单行文本域下一行执行“插入”→“表单”→“文本区域”，修改左侧的“Text Area:”文本为“热爱美食的原因:”。

（6）插入按钮

在文本区域下一行执行“插入”→“表单”→“提交按钮”和“插入”→“表单”→“重置按钮”。

网页预览效果如图 6.1.31 所示。

图 6.1.31　“美食交流”网页初期预览效果

7. 设置文本样式

（1）分组标题样式

分别选中分组标题“个人信息”和“交流信息”，在“属性”→“HTML”中设置文本格式为“标题 3”。

在 CSS 设计器中创建标签选择器“h2”，设置其文本颜色“color”为“#1188DD”、文本字体“font - family”为“微软雅黑”、文本对齐方式“text - align”为“center”。

在 CSS 设计器中创建标签选择器“h3”，设置其文本颜色“color”为“#4587B7”、文本字体“font - family”为“方正姚体”、字体大小“font - size”为“20 px”。

具体设置如图 6.1.32 所示。

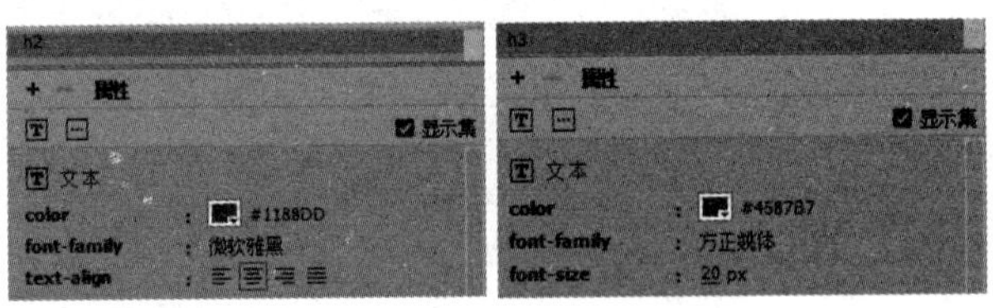

图 6.1.32　“h2”和“h3”的 CSS 样式设置

```
h2 {
color: #1188DD;
font - family: "微软雅黑";
text - align: center;
h3 {
color: #4587B7;
font - family: "方正姚体";
font - size: 20px;
}
```

（2）表单文本样式

在 CSS 设计器中创建标签选择器“lable”，设置文本字体“font－family”为“华文楷体”、字体大小“font－size”为“18 px”。

```
label {
font - family: "华文楷体";
font - size: 18px;
}
```

设置文本样式之后的网页预览效果如图 6. 1. 33 所示。

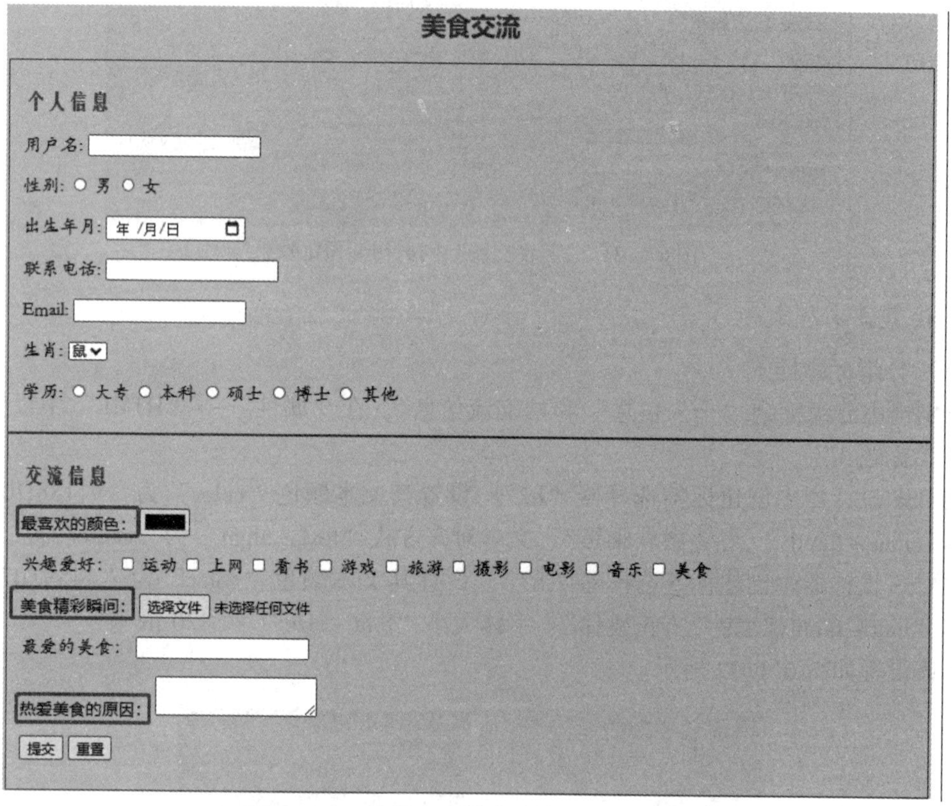

图 6. 1. 33　设置文本样式后的网页预览效果

想一想：

如何将其余默认格式的标签也设置成 18 号华文楷体字体样式？

步骤三　编辑表单

①选择用户名所在行的“文本”元素，在下方的“属性”面板中设置其长度即“Size”为 25，“MaxLength”为 30。设置用户名的可见长度为 25 字符，最大长度为 30 字符，如图 6. 1. 34 所示。

②选择联系电话所在行的“电话”元素，在下方的“属性”面板中设置其“Size”为 11，“MaxLength”为 11。

③选择 Email 所在行的“邮件”元素，在下方的“属性”面板中设置其“Size”为 25，“MaxLength”为 30。

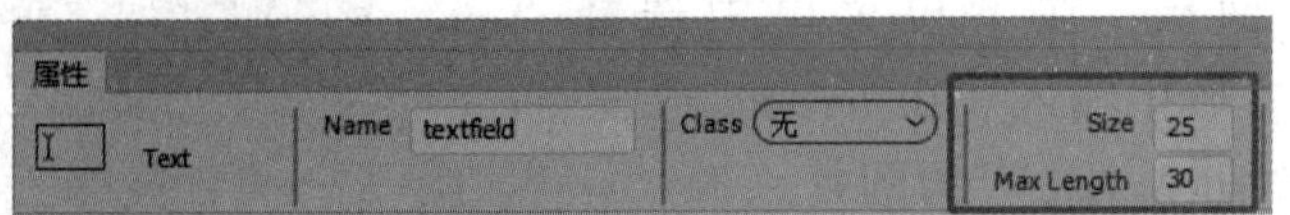

图 6.1.34 设置文本框的属性

④选择最爱的美食所在行的“文本”元素，在下方的“属性”面板中设置其“Size”为 30，“MaxLength”为 40。

⑤选择热爱美食的原因所在行的“文本域”元素，在下方的“属性”面板中设置其“Rows”为 10，“Cols”为 50。设置多行文本框为 10 行 50 列的大小，如图 6.1.35 所示。

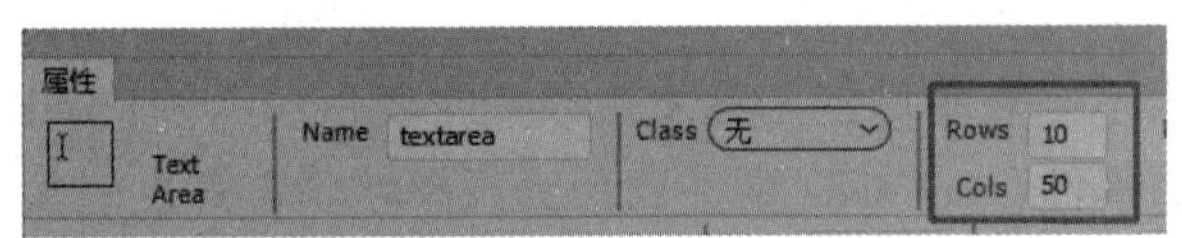

图 6.1.35 设置文本域的属性

⑥选择性别所在行的单选按钮“男”，在下方的“属性”面板中选择“Checked”，将“男”作为此单选按钮组的默认值。

⑦选择学历所行在的单选按钮“大专”，在下方的“属性”面板中选择“Checked”，将“大专”作为此单选按钮组的默认值。

⑧选择兴趣爱好所在行的多选按钮“美食”，在下方的“属性”面板中选择“Checked”，将“美食”作为此复选按钮组的默认值。

⑨在“生肖”的单选按钮组后，执行“插入”→“图像”，在弹出的对话框中选择 images 文件夹中的图片“shu. gif”，并设置此图片的大小为 50 × 50 px，ID 名称为“shengxiao”，如图 6.1.36 所示。

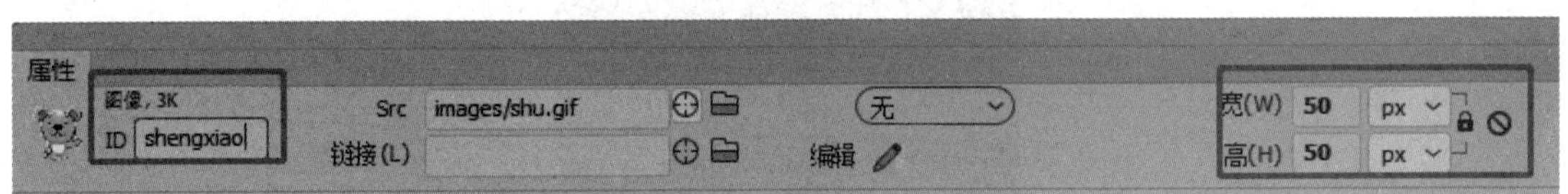

图 6.1.36 设置图片的属性

选中项目标签，打开“属性”面板中的“列表值”对话框，将列表项“鼠”的值 value 修改为“images/shu. gif”，将列表项“牛”的值 value 修改为“images/niu. gif”，将列表项“虎”的值 value 修改为“images/hu. gif”，依此类推，将十二生肖对应的列表值的“值”都修改为与之相应的图片，如图 6.1.37 所示。

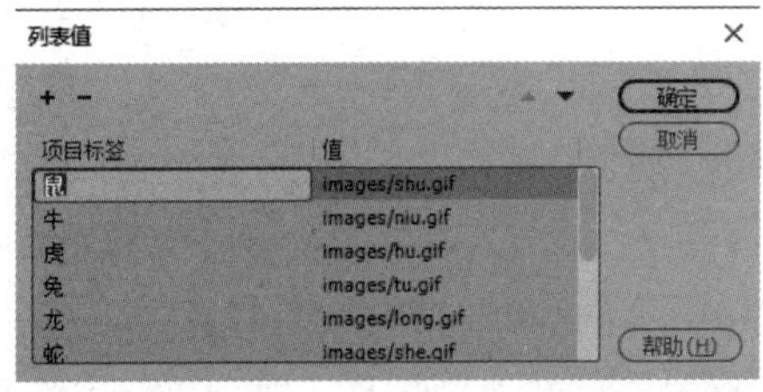

图 6.1.37 修改列表值的“值”

打开“行为”面板，在下拉菜单中选择“onChange”，在右侧文本域中输入“shengxiao. src = select. value”，即让图像“shengxiao”的图片来源“src”随着列表“select”的值而变化，如图 6. 1. 38 所示。

例如，当用户选择项目列表为猴时，ID 为 select 的图片来源 src 就更改为“images/hou. gif”，则右侧的图片也会变成 hou. gif 的内容显示。

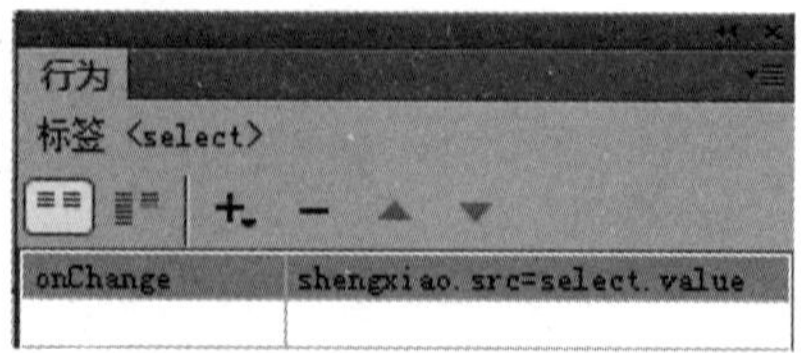

图 6. 1. 38　给列表“select”添加“onChange”行为

小贴士

onChange 事件表示当表单域的内容发生改变时发生的事件；onBlur 事件表示当表单域失去焦点时发生的事件；onFocus 事件表示当表单域获得焦点时发生的事件。

⑩新建内部样式. button。

在 CSS 设计器中创建类选择器“. button”，设置其 CSS 样式为宽 width 为 40 px，高 height 为 40 px，边距 margin 为 4 px、4 px、4 px、40 px，背景图片 background - image 为 images/anniu. gif，边框宽度 border - width 为 0 px，如图 6. 1. 39 所示。

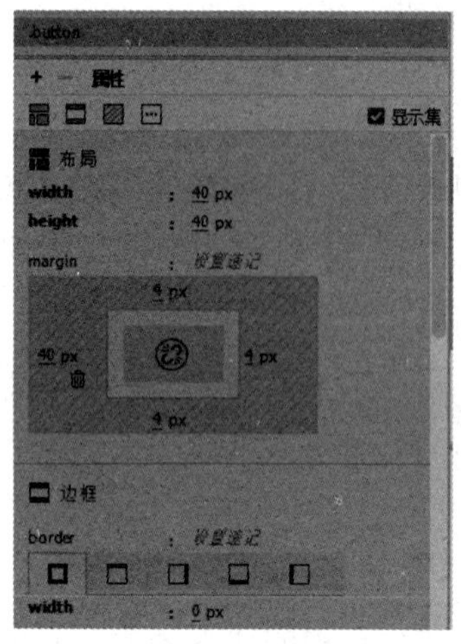

图 6. 1. 39　创建类选择器“. button”

```
.button {
    width: 40px;
    height: 40px;
    margin-top: 4px;
    margin-right: 4px;
    margin-bottom: 4px;
    margin-left: 40px;
    background-image: url(images/anniu.gif);
    border-width: 0px;
}
```

⑪设置按钮样式。

分别选择“提交”按钮和“重置”按钮，将两个按钮的类“Class”都设置为“button”。

在插入表单、表单域，设置表单域属性之后，美食交流网站首页的预览效果如图6.1.40所示。

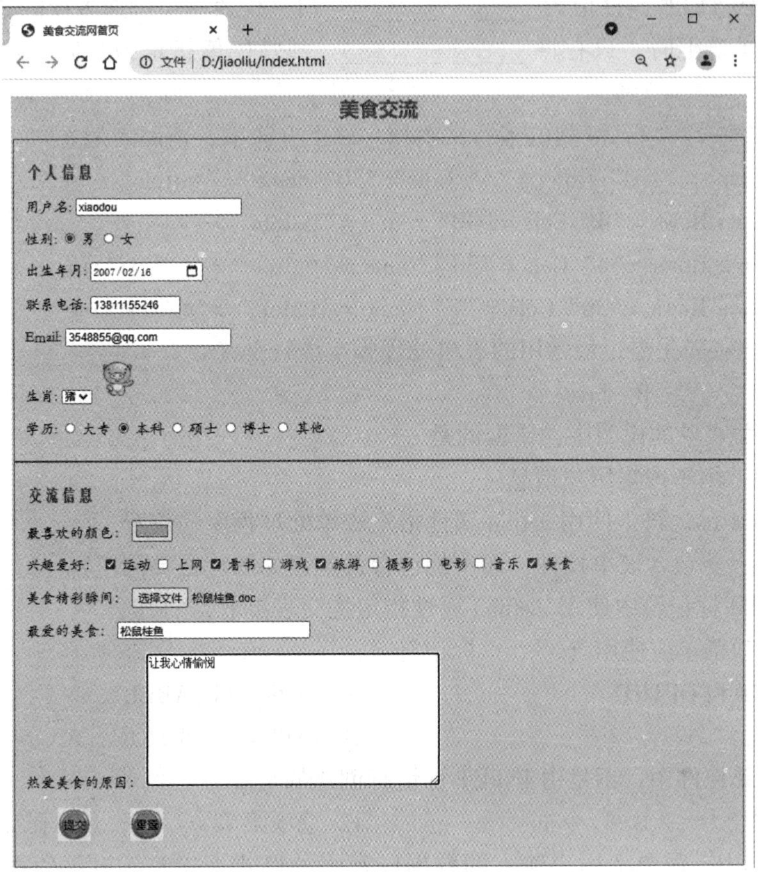

图6.1.40　美食交流网站首页预览效果

（五）任务评价

序号	一级指标	分值	得分	备注
1	站点的建设	15		
2	首页的布局	15		
3	插入表单和表单域	20		
4	编辑表单和表单域	30		
5	网页的最终预览效果	20		
合计		100		

（六）思考练习

1. 用于设置文本框显示宽度的属性是____________________。

2. 用户设置文本框可最大输入文字长度的属性是____________________。

3. 当标记的 TYPE 属性值为________________时，代表一个可选多项的复选框。

4. 在指定单选框时，只有将________________属性的值指定为相同，才能使它们成为一组。

5. 若要产生一个 4 行 30 列的多行文本域，以下方法中，正确的是（　　）。

A. <input type = "text" Rows = "4" Cols = "30" name = "txtInfo" >

B. <TextArea Rows = "4" Cols = "30" Name = "txtInfo" >

C. <TextArea Rows = "4" Cols = "30" Name = "txtInfo" > </TextArea >

D. <TextArea Rows = "30" Cols = "4" Name = "txtInfo" > </TextArea >

6. 在 Dreamweaver 中，最常用的表单处理脚本语言是（　　）。

A. C　　B. Java　　C. ASP　　D. JavaScript

7. 以下有关表单的说明中，错误的是（　　）。

A. 表单通常用于搜集用户信息

B. 在 FORM 标记符中使用 action 属性指定表单处理程序的位置

C. 表单中只能包含表单控件，而不能包含其他诸如图片之类的内容

D. 在 FORM 标记符中使用 method 属性指定提交表单数据的方法

8. 创建选项菜单应使用（　　）标记符。

A. SELECT 和 OPTION　　B. INPUT 和 LABEL

C. INPUT　　D. INPUT 和 OPTION

9. 以下表单控件中，不是由 INPUT 标记符创建的是（　　）。

A. 单选框　　B. 口令框　　C. 选项菜单　　D.“提交”按钮

10. 在表单中，需要把用户输入的数据以密码的形式来接收，应该使用的表单元素是（　　）。

A. <input type = "password" >　　B. <input type = "text" >

C. <input type = "checkbox" >　　D. <input type = "radio" >

11. 根据图 6.1.41 所示的页面效果，写出对应的表单代码。

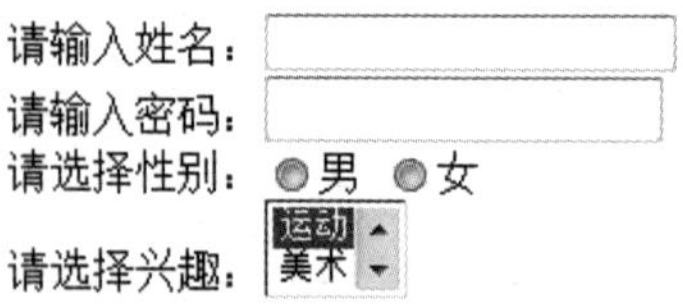

请输入姓名：
请输入密码：
请选择性别：男 女
请选择兴趣：运动 美术

图 6.1.41　习题 11 图

（七）任务拓展

从网络中了解注册网页的组成，并为美食交流网站设计制作一个注册网页和一个注册成功的页面。要求在注册页面中有密码文本框，并且有用户头像可以选择。

在设计制作过程中，要求思考：

①如何将文本框设置成密码效果？

②用什么方法实现用户头像选择的效果？

任务二　验证表单

（一）任务描述

通过以下两个步骤的操作实践掌握 JavaScript 在表单验证中的应用，完善“美食交流”网站“首页”页面的制作，完成“提交”页面的制作。提交页面的效果如图 6.2.1 所示。

图 6.2.1　“提交”页面的效果

扫码查看彩图效果

①新建“提交”页面。

②验证“首页”表单。

（二）任务目标

按照美食交流网站的需求分析，设计制作提交网页，在首页中对表单的表单域值进行验证，以实现表单域值的准确性。初步掌握对表单域值进行验证的方法。

（三）知识准备

知识准备一　JavaScript 常用全局对象

1. isFinite( ) 函数

用于检查其参数是否是无穷大。

语法：isFinite(number)

返回值：如果 number 是有限数字（或可转换为有限数字），那么返回 true；否则，如果 number 是 NaN（非数字），或者是正、负无穷大的数，则返回 false。

实例：

```
<script type="text/javascript">
document.write(isFinite(123) + "<br/>")
document.write(isFinite(-1.23) + "<br/>")
document.write(isFinite(5-2) + "<br/>")
document.write(isFinite(0) + "<br/>")
document.write(isFinite("Hello") + "<br/>")
document.write(isFinite("2005/12/12") + "<br/>")
</script>
```

输出结果：

```
true
true
true
true
false
false
```

2. isNaN()函数

用于检查其参数是否是非数字值。

语法：isNaN(x)

返回值：如果 x 是特殊的非数字值 NaN（或者能被转换为这样的值），返回的值就是 true；如果 x 是其他值，则返回 false。

实例：

```
<script>
document.write(isNaN(123));
document.write(isNaN(-1.23));
document.write(isNaN(5-2));
document.write(isNaN(0));
document.write(isNaN("Hello"));
document.write(isNaN("2005/12/12"));
</script>
```

输出结果：

```
falsefalsefalsefalsetruetrue
```

知识准备二 Windows 常用对象方法

1. alert( )方法

用于显示带有一条指定消息和一个“OK”按钮的警告框。

语法：alert(message)

实例：

```
<script type="text/javascript">
  function display_alert()
    {alert("I am an alert box!!")}
</script>
```

2. close( )方法

用于关闭浏览器窗口。

语法：window. close( )

实例：

```
<html>
  <head>
   <script type="text/javascript">
    function closeWin()
     {myWindow.close()}
   </script>
  </head>
  <body>
   <script type="text/javascript">
    myWindow=window.open(",",'width=200,height=100')
    myWindow.document.write("This is 'myWindow'")
   </script>
   <input type="button"value="Close 'myWindow'"
  onclick="closeWin()"/>
  </body>
</html>
```

3. open( )方法

用于打开一个新的浏览器窗口或查找一个已命名的窗口。

语法：window. open(URL,name,features,replace)

实例：

```
<html>
  <head>
```

```
    <script type="text/javascript">
     function open_win()
     {window.open("http://www.w3school.com.cn")}
    </script>
   </head>
   <body>
    <input type=button value="Open Window" onclick="open_win()"/>
   </body>
</html>
```

知识准备三　JavaScript 表单验证典型案例

表单验证是 JavaScript 中的高级选项之一。JavaScript 可用来在数据被送往服务器前对 HTML 表单中的这些输入数据进行验证。

被 JavaScript 验证的典型表单数据有：

1. 长度限制

```
<html>
  <head>
  <script language="javascript">
     function test()
        {
          if(document.getElementById("b").value.length>11)
              {
                  alert("不能超过10个字符!");
                   document.getElementById("b").value=" ";
                   document.getElementById("b").value.focus();
                   return false;
              }
        }
      </script>
    </head>
   <body>
          <form name = "a">
              请输入英文名:
                 <input type = "text" name = "b" id ="b" onblur = "test();">
            (十个字符以内)
          </form>
     </body>
</html>
```

2. 两次密码输入是否相同

```
<html>
   <head>
     <script language="javascript">
```

```
        function CheckForm()
        {
            if (document.form.PWD.value! = document.form.PWD_Again.value)
                {
                    alert("您两次输入的密码不一致！请重新输入密码!");
                    document.form.PWD.focus();
                     return false;
                }
             return true;
            }
    </script>
  </head>
  <body>
  <form name = "form">
      <p>密         码:
      <input type = "password" name = "PWD" >
      </p>
      <p>确认密码:
        <input type = "password" name = "PWD_Again" onblur = "CheckForm();">
      </p>
      </form>
    </body>
  </html>
```

3. 表单项内容不能为空

```
<html>
      <head>
      <script language = "javascript">
         functionCheckForm()
            {
              if (document.getElementById("name").value.length == 0)
                {
                    alert("请输入您的姓名!");
                    document.getElementById("name").value.focus();
                    return false;
                }
             return true;
          }
      </script>
      </head>
      <body>
```

```
    <form name = "form" >
    <input type = "input" name = "name" id = "name" >
    <input name = "submit" type = "submit" class = "button" id = "submit" form = "
form" onClick = "return CheckForm()" >
    </form>
    </body>
</html>
```

4. 表单项内容只能为数字

```
<html>
<head>
<script language = "javascript" >
  functiononlyNum(event)
  {
    if(! (event.keyCode >= 48 &&event.keyCode <= 57))
      {
          alert("输入错误,只能是数字!");
          event.returnvalue = false;
      }
    }
</script>
</head>
    <body>
    <form name = "form" >
    请输入数字:
      <input type = "input" name = "a" onkeypress = "onlyNum(event);" >
    </form>
    </body>
</html>
```

5. 验证邮箱格式

```
<html>
<head>
<script language = "javascript" runat = "server" >
  functionisEmail(strEmail)
 {if(strEmail.search(/^\w+((-\w+)|(\.\w+))*\@[A-Za-z0-9]+((\.|-)[A-Za-
z0-9]+)*\.[A-Za-z0-9]+$/) != -1)
     return true;
     else
     alert("邮箱地址不合法!");
    }
```

```
</script>
    </head>
    <body>
        <form name = "form">
        E-mail:
        <input type = "input" name = "a" onblur = "isEmail(this.value)">
         </form>
    </body>
</html>
```

（四）任务实施

步骤一　新建“提交”页面

1. 新建网页

在站点中新建网页，重命名为“tijiao. html”，并将网页标题修改为“美食交流提交页面”。

2. 布局网页

①在 body 标签开始之后插入 DIV 层，设置层 ID 为 main。

②在 CSS 样式表中创建 ID 选择器“main”，并设置其 CSS 样式为宽度 900 像素、上边距为 5 像素、下边距为 0 像素、左右边距均为 auto、背景色为浅绿#AEDFA2、文本字体颜色为#462425、字体为微软雅黑、文本大小为 40 px、行高为 50 px、文本对齐方式为居中，如图 6. 2. 2 所示。

```
#main {
    width: 900px;
    margin-top: 5px;
    margin-left: auto;
    margin-right: auto;
    color: #462425;
    font-family: "微软雅黑";
    font-size: 40px;
    line-height: 50px;
    text-align: center;
    background-color: #AEDFA2;
}
```

3. 填充网页

（1）录入标题

在 DIV 层中输入文本“感谢您对美食交流网站的支持!”。

（2）设置图片样式

在 CSS 设计器中创建标签选择器“img”，设置其属性为：宽 400 px、高 300 px，边框宽度为 5 px，边框样式为“dotted”，边框颜色为红色#3D3030，如图 6.2.3 所示。

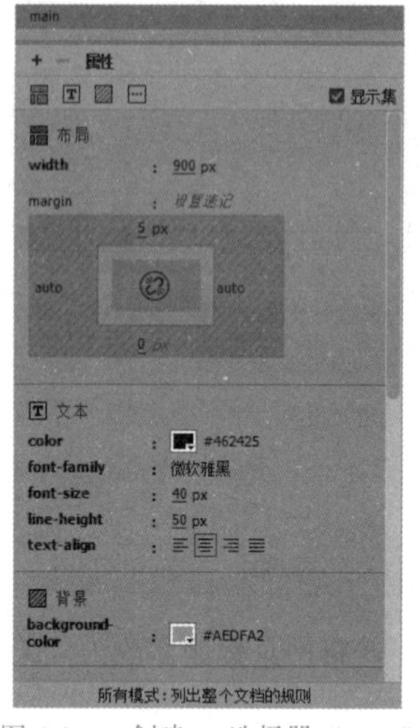

图 6.2.2　创建 ID 选择器“main”

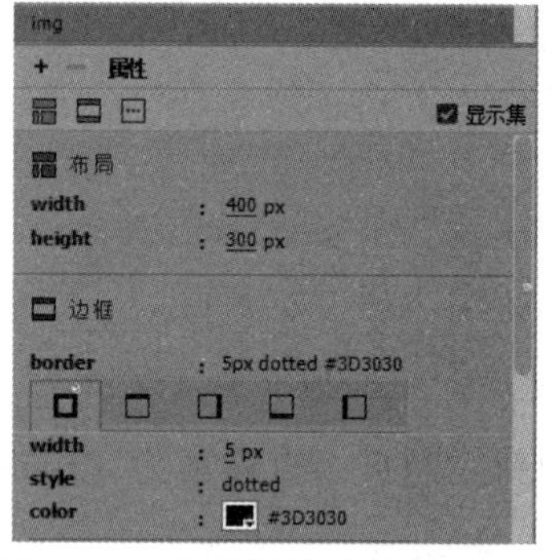

图 6.2.3　创建标签选择器“img”

```
img {
        width: 400px;
        height: 300px;
        border: 5px dotted #3D3030;
}
```

(3) 插入图片

在标题行结尾处按 Enter 键到下一个段落，插入 images 文件夹中的图片“t2. jpg”“t9. jpg”。插入图片“t9. jpg”后，按 Enter 键到下一个段落，插入 images 文件夹中的图片“t4. jpg”“t7. jpg”。

步骤二　验证“首页”表单

1. 设置用户名为必填项

打开“index. html”网页，选中用户名对应的文本框，在“属性”面板中选中“Required”选项。将用户名设置为必填项，如图 6.2.4 所示。

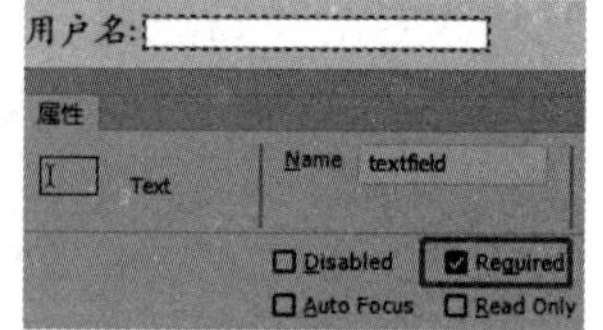

图 6.2.4　设置文本框为必填项

2. 验证电话为数字

在代码的头部 <head> 内，输入如下所示代码：

```
<script language = "javascript" >
function check()
{
    var fr = document.getElementById("tel").value;
```

```
    if(fr == "" ||isNaN(fr))
    {
      alert("电话号码必须为数字!");
    }
}
</script>
```

选中联系电话对应的文本框“tel”，在“属性”面板中选中“Required”选项，将联系电话设置为必填项。

在代码视图中，找到“tel”表单域所在的代码段，在“< input >”标签中输入代码“onBlur = "check( )"”，即将“tel”表单域在光标定位时调用函数“check( )”。

当提交表单时，页面通过函数 check( ) 来判定用户输入的电话 tel 的值是否为数字，如果不是数字，则弹出消息“电话号码必须为数字!”。网页效果如图 6.2.5 所示。

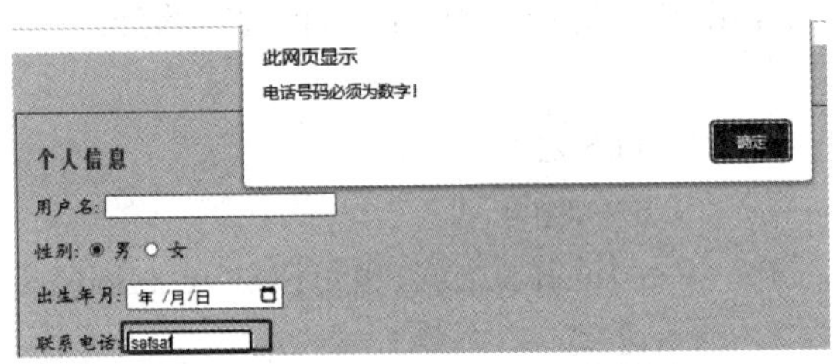

图 6.2.5　验证电话号码为数字的预览效果

扫码查看彩图效果

3. 设置表单提交属性

在下面的标签栏选中“form”，选择到整个表单。在下方的表单“属性”面板中设置 Action 为提交网页“tijiao. html”。

（五）任务评价

序号	一级指标	分值	得分	备注
1	新建提交网页	15		
2	布局提交网页	15		
3	设置必填字段	25		
4	验证电话为数字	25		
5	网页的最终预览效果	20		
合计		100		

（六）思考练习

1. 在 HTML 文件中嵌入一段 JavaScript 语言程序，其起始和结束标记是（　　）。

A. < script language = "JavaScript" > < /script >

B. < script > < /script >

C. <language> </language>

D. <javascript> </javascript>

2. HTML 事件中，onDblClick 表示（　　）。

A. 设定取得资料时触发事件执行

B. 设定改变资料时触发事件执行

C. 设定放置资料完成时触发事件执行

D. 设定鼠标左键双击标记时触发事件执行

3. 当鼠标移动到文字链接上时显示一个隐藏层，这个动作的触发事件应该是（　　）。

A. onClick　　B. onDblClick　　C. onMouseOver　　D. onMouseOut

4. 下列动作中，用于在新浏览器窗口中打开指定网页的是（　　）。

A. Go To URL　　B. Check Browser

C. Popup Message　　D. Open Browser Window

5. JavaScript 包括在 HTML 中，它成为 HTML 文档的一部分，可将 <Script>… </Script> 标识放入（　　）。

A. 只能在 <Head>… </Head>之间

B. 只能在 <Body>… </Body>之间

C. 既可以放入 <Head>… </Head>之间,也可以放入 <Body>… </Body>之间

D. 只能在 <div>… </div>之间

6. JavaScript 的函数用__________返回函数的计算结果。

7. 如果需要在提交表单时检查表单内容的有效性，则需要定义__________事件句柄。

（七）任务拓展

为“注册”网页设置表单验证效果：验证两次密码相同；验证用户名为必填项。在设计制作过程中，要求思考：

①如何用 JavaScript 语言来实现两次密码相同的验证？

②还可以对表单进行哪些验证？

项目七

创建网站“快乐花店”（模板应用）

一、项目简介

一般小型网站制作中，为保持网站整体风格的统一和协调，通常网站的大多数页面风格、布局、色彩，以及所使用的 logo 和 banner 等元素，都是相同或相似的。如果网站中所有这些类似的网页用手工方式一个个来制作，那么工作量会很大，效率也很低。利用 Dreamweaver 2021 的模板功能，将网站中所有风格类似的网页中不变化的部分设计成模板网页。利用制作的模板来生成网页，只需制作网页中变化的部分，这样极大地提高了网站制作效率。

二、项目目标

本项目以“快乐花店”网站开发为例，使用模板来快速完成整个网站的建设。帮助初学者理解模板的概念和作用，学会模板网页基本框架的设计、固定元素部分的制作，以及可编辑区域的设计；学会利用模板网页来生成新的网页、对网页中可编辑区域中内容的编辑方法，以及通过修改模板来快速修改所有引用模板的网页，感受模板应用的强大功能。

三、工作任务

根据“快乐花店”网站设计与制作的要求，基于工作过程，以任务驱动的方式，利用模板功能完成整个网站中所有网页的设计和制作，使所有网页具有相同的布局和样式，保证整个网站的风格协调一致。

①了解模板的含义和功能。

②模板网页的设计和制作（固定区域和可编辑区域）。

③利用模板网页生成新网页，并对可编辑区域进行编辑。

④通过修改模板网页快速修改所有引用模板的网页。

⑤梳理基于模板功能制作网站的一般流程。

任务一　制作模板网页

（一）任务描述

通过以下两个步骤的操作实践来认识模板的概念和作用，初步完成“快乐花店”首页模板的制作，网页效果如图 7.1.1 所示。

①设计“快乐书店”网站首页结构。

②制作“快乐书店”网站网页模板。

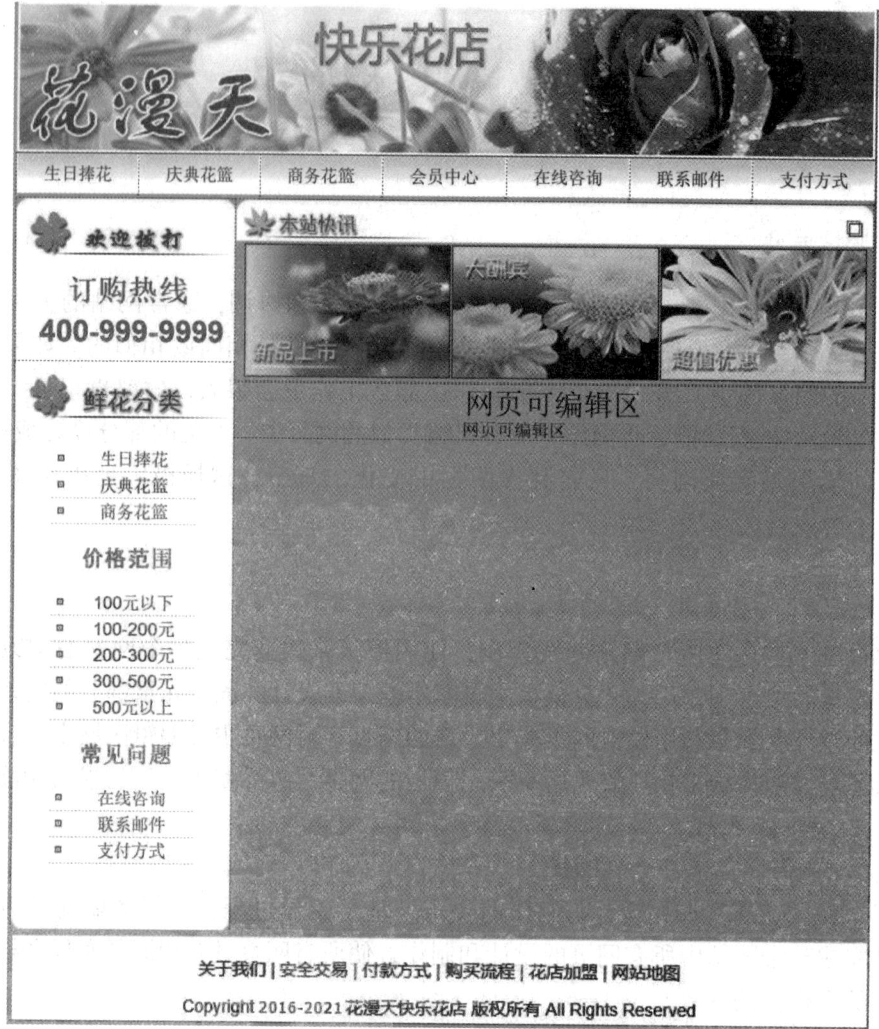

扫码查看彩图效果

图 7.1.1 “快乐花店”网站网页模板效果图

（二）任务目标

按照网站需求分析，建立站点文件夹，并在 Dreamweaver 2021 中建立站点，通过“快乐花店”网站首页模板设计，帮助初学者理解模板的概念和作用，学会模板网页基本框架的设计、固定元素部分的制作，以及可编辑区域的设计。

（三）知识准备

知识准备一　了解模板的概念和作用

一般网站都是由多个整齐、规范、流畅的网页组成的。为了保持站点中网页风格的统

一，需要在每个网页中制作一些相同的内容，如相同栏目下的导航条、各类图标等，因此，网站制作者需要花费大量的时间和精力用于重复性的工作。为了减少网页制作者的工作量，提高工作效率，将网页制作者从大量重复性工作中解脱出来，Dreamweaver 2021 提供了模板功能。利用 Dreamweaver 2021 的模板功能，将网站中所有风格类似的网页中不变化的部分设计成模板网页。利用制作的模板来生成网页，只需制作网页中变化的部分，这样就极大地提高了网站制作效率。同时，如果要修改网站中所有网页的某项固定信息，只需修改模板，即可同步更新所有依据此模板生成的网页。观察图 7.1.2 和图 7.1.3 这两个网页的区别。

图 7.1.2　“快乐花店” –生日捧花

扫码查看
彩图效果

这两个网页在结构上基本一致，网站 Banner、导航栏、版权说明栏完全相同。唯一的区别是，图 7.1.2 网页的中部是产品图片、名称和价格，图 7.1.3 网页的中部是支付方式说明。利用 Dreamweaver 2021 的模板功能，可以将网页相同的部分制作成模板，变化的部分设计成可编辑区域，使用制作的模板快速生成两个网页，然后修改可编辑区的内容，即可完成两个网页的制作。

知识准备二　Dreamweaver 2021 中 4 种模板区域

可编辑区域：基于模板的网页中未锁定区域，是模板用户可以编辑修改的部分。模板创作者可以将模板的任何区域指定为可编辑区域。要让模板产生作用，至少应包含一个可编辑区域，否则无法编辑基于该模板生成的页面。

重复区域：是网页中设置为重复的布局部分。例如可以设置一个重复的表格行。通常重复区域是可以编辑的，这样模板用户可以编辑重复元素中的内容，同时，使设计本身处于模板创作者的掌控下。

图 7.1.3 “快乐花店” – 支付方式

扫码查看
彩图效果

可选区域：是在模板中指定为可选的部分，用于保存有可能在基于模板的网页中出现的内容。例如可选文本或图像，在基于模板的网页上，模板用户可以控制此内容是否显示。

可编辑标签属性：在模板中解锁标签属性，使该属性可在基于模板的页面中编辑修改。

知识准备三 模板网页的制作方式

在 Dreamweaver 中创建模板很方便，如同制作一般网页一样。当用户创建模板之后，Dreamweaver 会自动把模板存储在站点的本地根目录下的“Templates”子文件夹中，文件扩展名为 . dwt。如果存储时此文件夹不存在，系统会自动创建此子文件夹。Dreamweaver 2021 中制作模板主要有两种方式：

1. 创建空模板

这种方式是在 Dreamweaver 中新建空白模板文档，如图 7.1.4 所示；也可以新建普通空白 HTML 文档并打开，单击菜单“插入”→“模板”→“创建模板”，插入模板，然后在此空白文档中进行页面布局设计和制作，如图 7.1.5 所示。

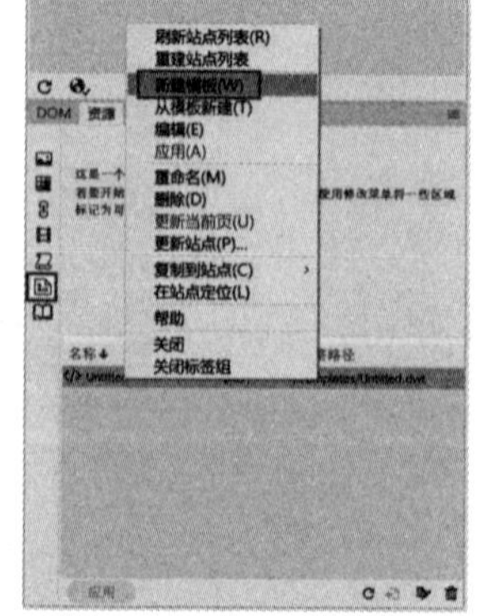

图 7.1.4 创建空白模板

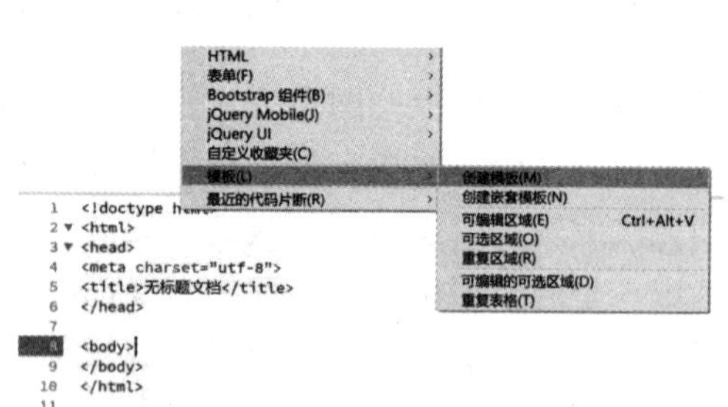

图 7.1.5 插入模板

2. 将现有文档另存为模板

对于已设计和制作好的普通网页，在保存时，保存类型选择“Template Files（*.dwt）”，这个普通网页文档将转换成模板文档，如图 7.1.6 所示。

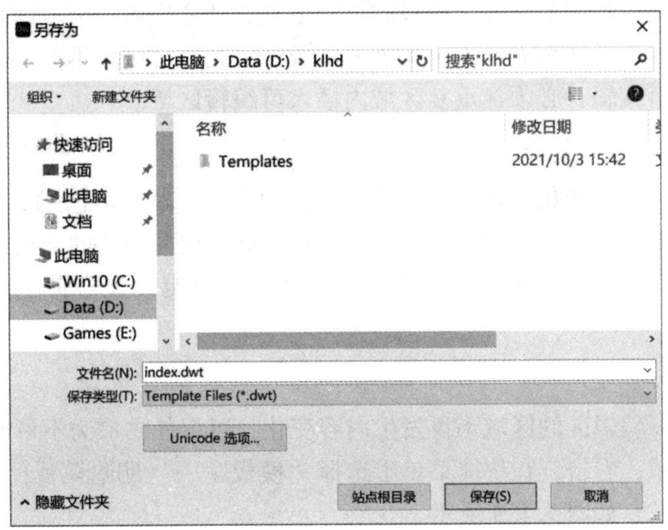

图 7.1.6 将制作好的网页保存为模板

知识准备四 模板网页制作要点

1. 定义可编辑区域

创建模板后，网站设计者需要根据用户的需求对模板的内容进行编辑，指定哪些内容是可以编辑的，哪些内容是不可以编辑的。模板的不可编辑区域是指基于模板创建的网页中固定不变的元素，模板的可编辑区域是指基于模板创建的网页中用户可以改变的区域。因此，用户要根据具体要求定义和修改模板的可编辑区域。

小贴士

根据模板产生的网页，用户只能在可编辑区进行修改，不能修改已锁定的固定区域。

对模板网页中内容经常发生变化的区域，可以设定为“可编辑区域”。通过插入模板中的“可编辑区域”即可达到这个目标，如图 7.1.7 所示。

可编辑区域的名称可以使用中、英文字符。在模板中可编辑区域由高亮显示的矩形边框围绕，该边框使用在“首选项”对话框中设置的高亮颜色，该区域左上角的选项卡显示该区域的名称，如图 7.1.8 所示。

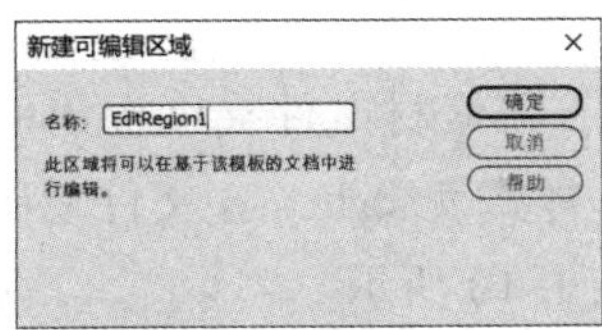

图 7.1.7 新建可编辑区域

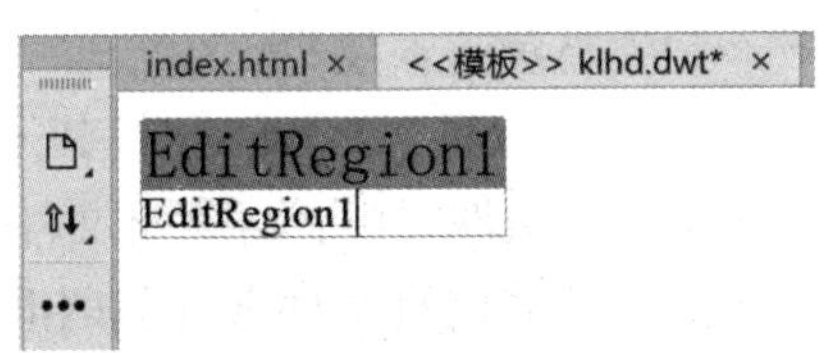

图 7.1.8 可编辑区域

想一想：

同一模板文档中的多个可编辑区域能不能使用相同的名称？

2. 定义可编辑的重复区域

重复区域是可以根据需要在基于模板的页面中复制任意次数的模板部分。重复区域通常用于表格，但也可以为其他页面元素定义重复区域。但是重复区域不是可编辑区域，若要使重复区域中的内容可编辑，必须在重复区域内插入可编辑区域。

3. 定义可编辑的重复表格

有时网页的内容经常变化，此时可使用“重复表格”功能创建模板。利用此模板创建的网页可以方便地增加或减少表格中格式相同的行，满足内容变化的网页布局。要创建包含重复行格式的可编辑区域，使用“重复表格”按钮。可以定义表格属性，并设置哪些表格中的单元格可编辑。

4. 取消可编辑区域标记

如果已定义为可编辑区的区域不再发生内容变化，可以使之成为不可编辑区域。

选择可编辑区域，右击，在快捷菜单中选择“模板”→“删除模板标记”，此时该区域将变成不可编辑区域，如图 7.1.9 所示。

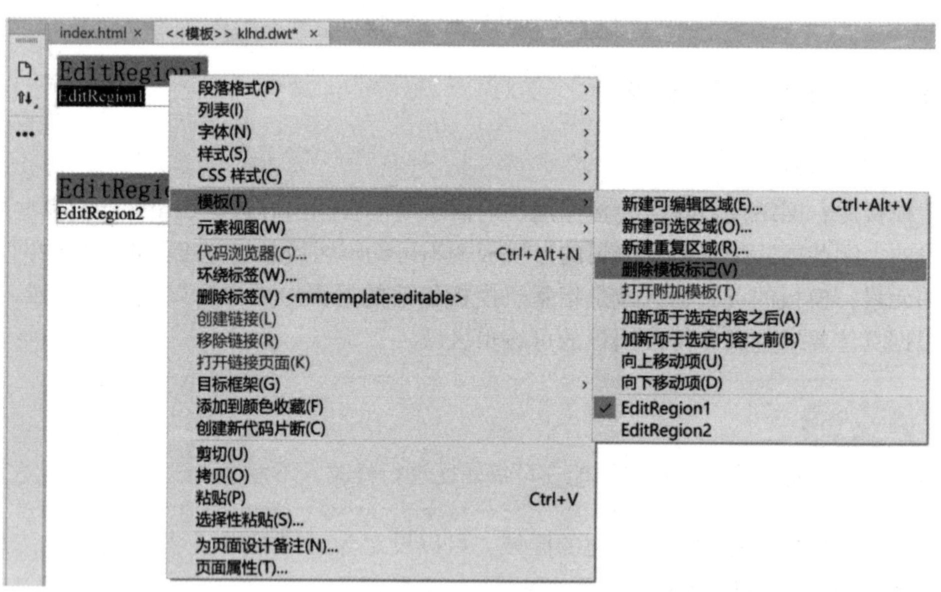

图 7.1.9　删除模板标记

（四）任务实施

步骤一　制作首页基本架构

①在 D 盘建立站点目录“klhd”及其子目录“images”，将素材文件夹中提供的图片文件复制到“images”文件夹中，将素材文件夹中提供的 CSS 样式表 style. css 文件复制至站点根目录下，为后期建立网页文件做好前期准备工作，如图 7.1.10 所示。

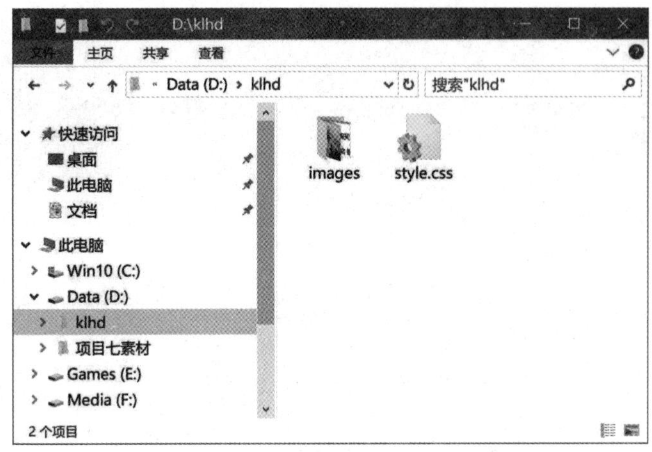

图 7.1.10　新建站点目录

②打开 Dreamweaver 2021，打开“站点”菜单，选择“新建站点”，使用“站点设置对象”定义站点，站点名为“快乐花店”，站点文件夹为“klhd”，如图 7.1.11 所示。

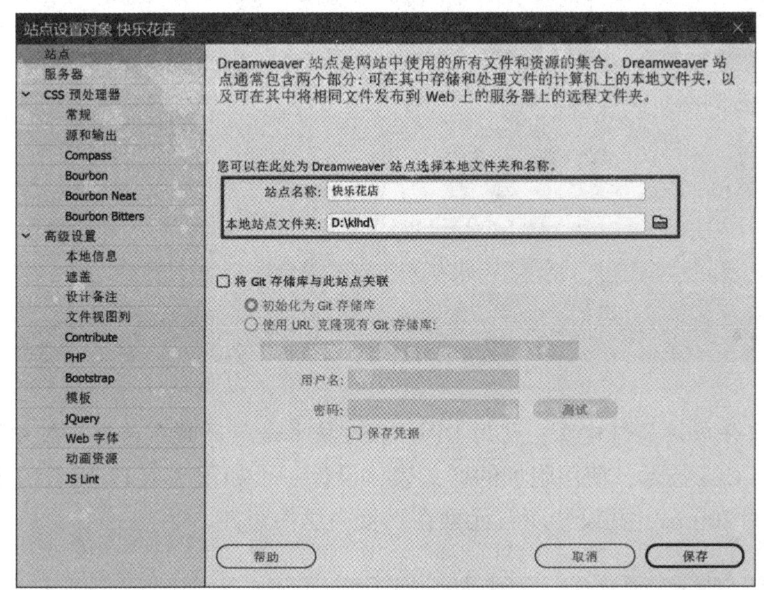

图 7.1.11　定义站点

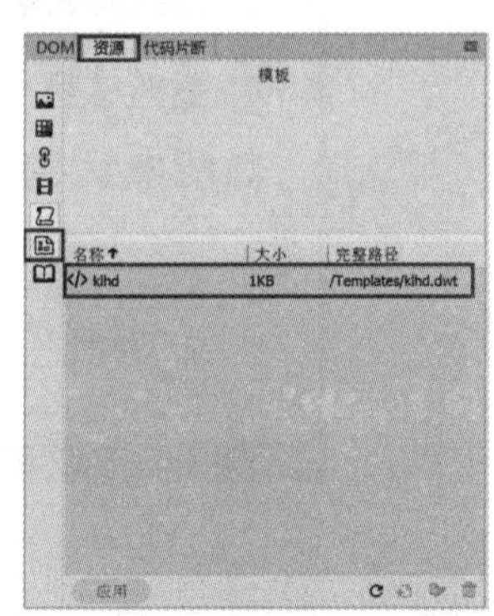

图 7.1.12　新建模板

③打开“资源”面板，选择“模板”，在对话框内右击，单击“新建模板”，新建模板文件，重命名为“klhd. dwt”。此模板文件为网站的模板，网站的主要页面都将根据此模板创建，如图 7.1.12 所示。

④双击打开 klhd. dwt 文件，将素材中提供的 CSS 样式表 style. css 附加到当前模板文件。方法：在菜单中选择“工具”→“CSS 样式（C）”→“附加样式表（A）”。其中部分关键 CSS 代码如下。

【例 7.1】 主体布局及顶部 Banner 样式。

```
header{
    position:relative;
    margin:0px auto 0px auto;
    width:700px;
}
```

【例 7.2】左侧导航栏样式。

```
aside{
    float:left;
    width:180px;
    margin-top:1px;
    margin-right:0px;
    margin-left:0px;
    margin-bottom:0px;
    background:#FFFFFF url(images/leftbottom.jpg) no-repeat bottom;
}
```

【例 7.3】右侧网页主体部分样式。

```
main{
    float:left;
    width:518px;
    margin:1px 0px 0px 2px
}
```

想一想：

CSS 样式文件应该如何建立？利用 DIV + CSS 技术进行页面布局的一般方法是什么？

利用 DIV + CSS 技术，使用附加的样式表，设计一个如图 7.1.13 所示的结构页面布局，网页主体宽度约 700 px，并设置所有元素在网页中居中对齐。

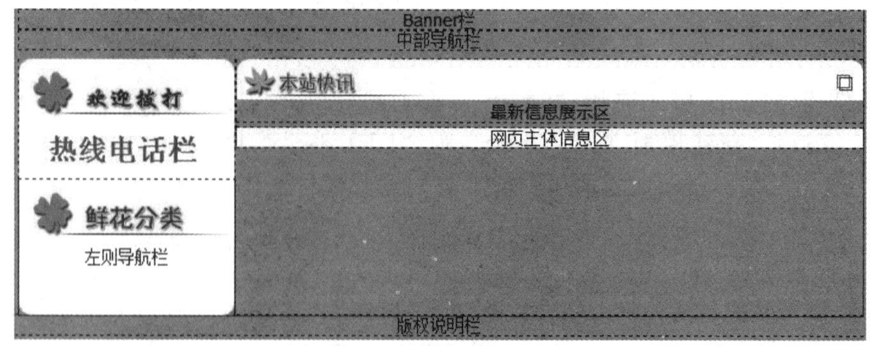

扫码查看
彩图效果

图 7.1.13　创建页面布局样式

具体布局样式可以参考素材文件夹下的 klhd - style. html，其中引用的样式定义在素材文件夹中的 style. css 文件中。以下操作均在“设计”视图模式下完成。

⑤在 banner 栏中插入 images 文件夹下的 banner. jpg。

⑥中部导航栏使用 <ul> 和 <li> 实现，在每对 <li> </li> 标签区域内输入文本“生日捧花”“庆典花篮”等导航标签文字，选定每组导航文字，将超链接均设为“#”。

在左侧导航区“欢迎拨打”图片下输入“订购热线”“400 - 999 - 9999”。

在“鲜花分类”图片下选择“插入”→“HTML”→“无序列表”，依次插入“生日捧花”“庆典花篮”“商务花篮”三个列表项。然后选择“插入”→“标题”→“标题 2”，输入文字“价格范围”，下方同样使用“插入”→“HTML”→“无序列表”方式，依次插入“100 元以下”“100 - 200 元”等内容。同样，选择“插入”→“标题”→“标题 2”，输入文字“常见问题”，下方使用“插入”→“HTML”→“无序列表”方式，依次插入“在线咨询”等内容。具体文字内容如图 7. 1. 14 所示。

在右侧网页主体部分“本站快讯”图片下选择“插入”→“Image”，依次插入 images 文件夹下的 new1. jpg、new2. jpg、new3. jpg 三张图片。具体内容如图 7. 1. 14 所示。

扫码查看
彩图效果

图 7. 1. 14　创建模板网页主体结构

⑦在已完成的网页下部添加网站版权说明。在页面底部 <footer> 和 </footer> 标签中插入 images 文件夹下的 bottom. jpg。至此，模板网页的基本结构制作完成，如图 7. 1. 15 所示。

关于我们 | 安全交易 | 付款方式 | 购买流程 | 花店加盟 | 网站地图
Copyright 2016-2021 花漫天快乐花店 版权所有 All Rights Reserved

图 7. 1. 15　创建模板页版权说明

步骤二　定义模板可编辑区

①在已完成的页面设计中，鼠标指向右侧网页主体部分“本站快讯”栏目下空白区域并单击，此时插入点位于 < div id = "recommend" > 和 </div > 内，此区域即为网页主体信息区。

想一想：

单击 Dreamweaver 2021 状态栏上的 < DIV # recommend > 标记，是否可以起相同的作用？

②打开“插入”菜单，选择“模板”→“可编辑区域（E）”，在弹出的对话框的“名称”框中输入“网页可编辑区”，单击“确定”按钮后，该区域即为可编辑区域。

小贴士

新建可编辑区，也可以使用以下方法：①按 Ctrl + Alt + V 组合键；②在文档窗口中单击鼠标右键，在弹出的菜单中选择“模板”→“新建可编辑区域（E）”命令。

③切换到“代码”视图，在“ < title > 快乐花店 </title > ”之前添加“ < ! -- TemplateBeginEditable name = " doctitle" --> ”，之后添加“ < ! -- TemplateEndEditable --> ”，这样可根据此模板创建的网页来修改页面标题。

④可编辑区域定义完成后，打开“文件”菜单，选择“保存”命令。效果如图 7. 1. 16 所示。

图 7. 1. 16　模板网页最终设计效果

扫码查看
彩图效果

（五）任务评价

序号	一级指标	分值	得分	备注
1	站点的建设	10		
2	模板页架构设计	20		
3	模板页固定元素的制作	30		
4	模板页可编辑区域的制作	30		
5	模板页最终完成效果	10		
合 计		100		

（六）思考练习

1. 在 Dreamweaver 2021 中创建的模板文件，一般保存在站点的________________文件夹里。

2. 在 Dreamweaver 2021 中创建模板的方法一般有两种，分别是________________和________________。

3. 设置“可编辑标签”的含义是________________________。

4. 在模板网页中定义“可选区域”可以实现网页中指定内容____________________和____________________。

5. 创建基于模板的站点，模板文件一般存放在（　　）。

A. 站点文件夹根目录下

B. 站点文件夹 Templates 子文件夹下

C. 由站点制作者任意指定存放位置

D. 站点文件夹 images 子文件夹下

6. 定义可编辑区名称时，以下不可以使用的是（　　）。

A. 商品 1　　B. COM1　　C. A123　　D. “商品”（有双引号）

7. 定义可编辑区时，以下方法错误的是（　　）。

A. 在“插入”面板的“模板”选项卡中，单击“可编辑区域”按钮

B. 按 Ctrl + Alt + W 组合键

C. 选择“插入”→“模板”→“可编辑区域”命令

D. 在文档窗口中单击鼠标右键，在弹出的菜单中选择“模板”→“新建可编辑区域”

8. 模板文件的扩展名一般是（　　）。

A. . dwt　　B. . jpg　　C. . html　　D. . css

9. 模板在网页制作中起到了什么作用？有哪些特点？

10. 定义可编编辑区域和定义可编辑的重复区域的区别是什么？

（七）任务拓展

在首页模板的横向导航菜单和下方网页主体中间增加一个区域，宽度为700 px，居中对齐，分成四格，作为网站最新款4种产品推广区。根据已有的制作经验、任务一中可编辑区域的定义方法，充分发挥自己的创造力，收集和处理素材，在网页中部增加新产品推广区，能根据需要随时修改要展示的商品。灵活运用CSS＋DIV样式定义，完成此区块的设计和制作。

在设计制作过程中，通过网络资源平台，观摩和学习首页模板丰富的样式，为下一任务的学习打好基础。

任务二　基于模板制作网站首页和子页

（一）任务描述

通过以下4个步骤的操作实践来认识引用模板制作网页的方法，完成“快乐花店”首页“生日捧花”和子页“庆典花篮”“支付方式”的制作，网页效果如图7.2.1所示。

扫码查看
彩图效果

图7.2.1　“快乐花店”网站首页效果图

①利用模板网页生成“快乐花店”首页“生日捧花”。

②利用模板网页生成“快乐花店”子页“支付方式”。

③通过修改模板网页的分类导航链接内容，快速修改所有引用模板的网页。

④通过浏览器预览站点，检查网站制作是否达到预期目标。

（二）任务目标

学会利用模板网页来生成新的网页、对网页中可编辑区域中内容进行编辑，以及通过修改模板来快速修改所有引用模板的网页，感受模板应用的强大功能。

（三）知识准备

知识准备一　创建基于模板的网页方式

创建基于模板的网页有两种方法：一是使用“新建”命令创建基于模板的新文档；二是应用“资源”面板中的模板来创建基于模板的网页。

1. 使用“新建”命令创建基于模板的新网页

在新建网页文档时，选择“网站模板”，同时，选择本地站点需要套用的模板，即可创建基于此模板的网页，如图 7. 2. 2 所示。

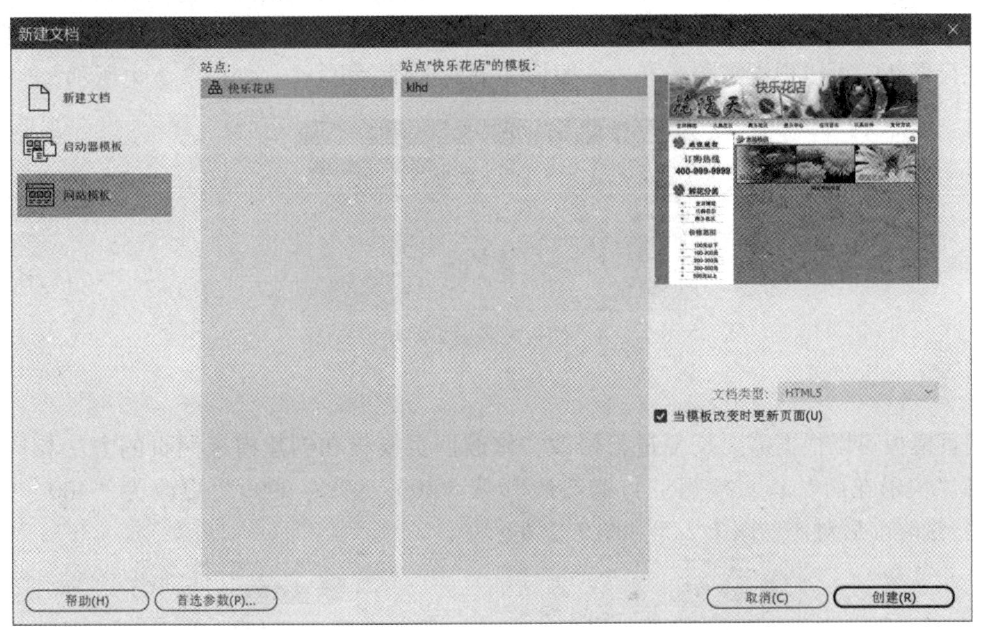

图 7. 2. 2　使用“新建”命令创建基于模板的新网页

2. 应用“资源”面板中的模板创建基于模板的网页

新建普通 HTML 文档后，在“资源”面板里，选择要套用的相应模板文件，右击，选择“应用”，也可以创建基于此模板的网页文档，如图 7. 2. 3 所示。

图 7.2.3　使用“资源”面板中的模板创建新网页

知识准备二　模板管理的要点

创建模板后，可以对模板再加工，如重命名模板文件、修改模板和删除模板文件。

1. 重命名模板文件

创建的模板文件可以重命名，可以在“资源”面板的模板列表里直接修改。如果已有网页基于此模板创建，则模板重命名后，Dreamweaver 2021 会提醒所有基于此模板的网页是否要进行更新，可以根据需要选择，一般情况下要选择“更新”，如图 7.2.4 所示。

图 7.2.4　模板更名后更新模板文件

2. 修改模板文件

网页模板可以根据需要反复进行修改，修改网页模板和创建模板网页的方法相同。例如，将“快乐花店”首页模板“订购热线”从“400－999－9999”更改为“400－999－8888”，修改前后对比如图 7.2.5 和图 7.2.6 所示。

图 7.2.5　模板原订购热线

图 7.2.6　模板新订购热线

3. 更新站点

模板修改后，Dreamweaver 2021 会提醒更新整个站点或应用特定模板的所有网页，如图 7.2.7 所示。可以选择更新所有基于此模板的网页，也可以只更新其中一部分或不更新。

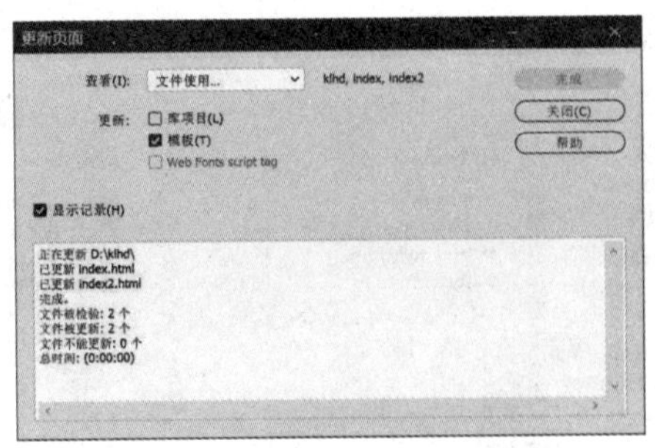

图 7.2.7　模板页修改后更新站点

想一想：

模板更新后，如果只更新其中部分根据模板创建的网页，应该怎么处理？

图 7.2.7 所示对话框中各选项功能说明：

①查看：设置是用模板的最新版本更新整个站点还是更新特定模板的所有网页。

②更新：设置更新的类别，是“库”还是“模板”。

③显示记录：设置是否查看 Dreamweaver 2021 更新文件的记录。如果选择“显示记录”复选框，则 Dreamweaver 2021 将提供关于其试图更新的文件信息。

④关闭：关闭“更新页面”对话框。

4. 删除模板文件

模板文件可以删除。在“资源”面板里可以直接删除不需要的模板，模板文件一旦删除，就不能再创建基于此模板的网页，同时也不影响已创建的网页。

小贴士

删除模板后，基于此模板的网页不会自动与此模板分离，仍然保留原结构。

（四）任务实施

步骤一　基于模板制作网站首页：生日捧花

①打开菜单“文件”→“新建”，弹出“新建文档”对话框，单击“网站模板”标签，切换到“网页模板”窗口。在“站点”选项框中选择“快乐花店”，再从右侧的选项框中选择模板文件“klhd”，单击“创建”按钮，创建网站首页：生日捧花。打开“文件”菜单，选择“保存”命令，将首页命名为“index.html”，如图 7.2.8 所示。

②将视图模式切换到“拆分”。选中“网页可编辑区”文字并删除，打开菜单“插入”→“Image”，选择 images 文件夹下的 recommend.jpg，插入“鲜花推荐”图片。

③在“鲜花推荐”图片下方，打开菜单“插入”→“无序列表”，插入一对“<ul> </ul>”标记，打开菜单“插入”→“列表项”，在“<ul> </ul>”之中插入一对“<li> </li>”。在“<li> </li>”中，打开菜单“插入”→“Image”，选择 images 文件夹下的 1－1.jpg，插入第一张鲜花图片；打开菜单“插入”→“HTML”→“字符”→“换行符”，在下一行输入鲜花名称“爱情密码（生日）”；再次插入换行符，在下一行输入鲜花价格“￥300 元”。在代码区显示的代码见例 7.4。

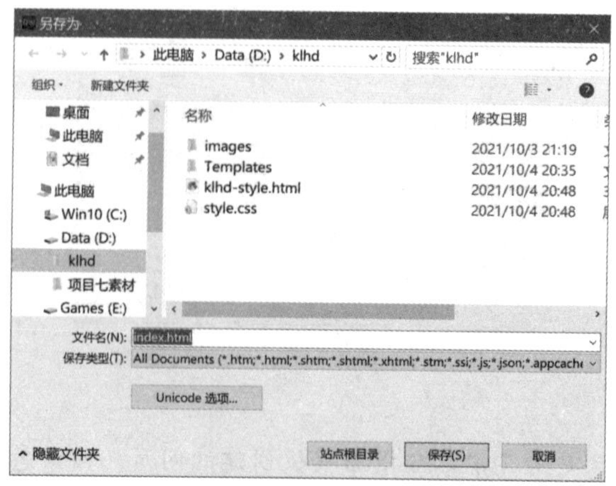

图 7.2.8　保存网站首页文件

【例 7.4】 使用项目列表方式添加鲜花图片。

```
<ul>
<li><img src="images/1-1.jpg" alt=""/><br/>爱情密码(生日)<br/>¥300 元</li>
</ul>
```

④仿照第一张鲜花图片和名称、价格的插入方式，继续插入第 2～6 张图片，分别是images文件夹下的“1－2. jpg”“1－3. jpg”“1－4. jpg”“1－5. jpg”“1－6. jpg”。插入的图片如图 7. 2. 9所示。第 2～6 张鲜花图片的名称和价格请参见最终效果图 7. 2. 11。

图 7.2.9　插入首页商品图片

⑤打开菜单“文件”→“页面属性”，选择“标题/编码”选项，在“标题”栏内输入“快乐花店－生日捧花”，单击“确定”按钮，如图 7. 2. 10 所示。

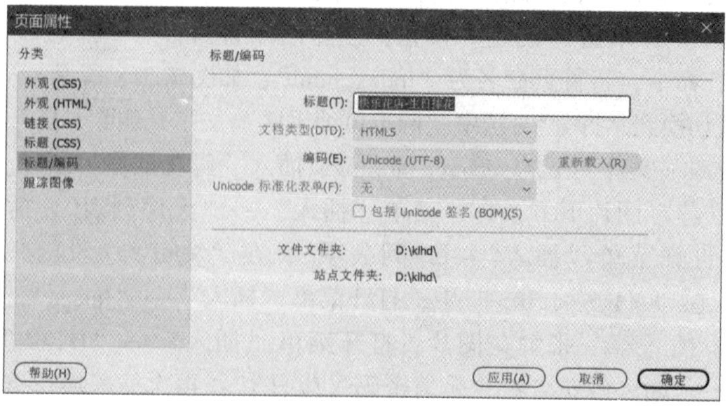

图 7.2.10　修改首页页面标题

⑥网站首页最终完成后的效果如图 7. 2. 11 所示。

扫码查看
彩图效果

图 7. 2. 11　首页编辑完成后的效果

课堂实践　制作网站子页：庆典花篮

①同网站首页“生日捧花”的创建方式，创建网站子页“庆典花篮”，并将网页命名为“Festivalbasket. html”。

②参照首页“生日捧花”的制作方法，依次插入 6 种“庆典花篮”图片，分别是 2－1. jpg～2－6. jpg（图 7. 2. 12），位于 images 文件夹下。

图 7. 2. 12　插入“庆典花篮”网页商品图片

③6 种“庆典花篮”的名称和价格请参见图 7. 2. 13 所示。

④网页的页面标题是“快乐花店－庆典花篮”。网页最终完成后的效果如图 7.2.13 所示。

扫码查看彩图效果

图 7.2.13 “庆典花篮”网页编辑完成后的效果

步骤二 基于模板制作网站子页：支付方式

①同网站首页“生日捧花”的创建方式，根据模板新建网页，创建网站子页“支付方式”，并将网页命名为“Pay. html”。

②将编辑模式切换到“拆分”。选中“网页可编辑区”文字并删除，打开菜单“插入”→“Image”，选择 images 文件夹下的 pay. jpg，插入“支付方式”图片。

③打开菜单“插入”→“Div”，在弹出的对话框中设置“插入”方式为“在插入点后”，“ID”选择“recommend－pay1”，单击“确定”按钮，如图 7.2.14 所示。

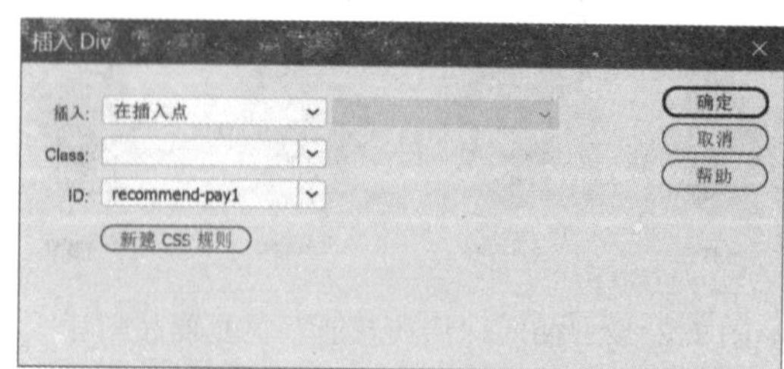

图 7.2.14 支付方式 DIV 标签属性

选中“支付方式”图片下出现的“此处显示 id"recommend - pay1"的内容”文字内容并删除。打开菜单“插入”→“Image”，选择 images 文件夹下的 pay1. jpg，插入“银行卡支付”图片，并在图片后面输入“中国工商银行账号：6212263602006485288”。效果如图 7. 2. 15 所示。

图 7. 2. 15　银行卡支付方式制作效果

在“代码”区内，将插入点移动到刚才插入的一对“<div>… </div>”之后。用与第一种支付方式相同的制作方法，“ID”分别选择“recommend - pay2”“recommend - pay3”“recommend - pay4”，插入的图片分别是 images 文件夹下的 pay2. jpg、pay3. jpg、pay4. jpg，对应“微信支付”“支付宝”“京东支付”三种支付方式。账号信息如图 7. 2. 16 所示。

扫码查看彩图效果

图 7. 2. 16　“支付方式”网页编辑完成后的效果

④打开菜单“文件”→“页面属性”，选择“标题/编码”选项，在“标题”栏内输入“快乐花店 - 支付方式”，单击“确定”按钮。网页最终完成后的效果如图 7. 2. 16 所示。

步骤三　修改模板页导航链接并更新所有网页

打开模板文件 klhd. dwt，选中左侧“生日捧花”，单击“插入”→“Hyperlink(P)”，在打开的对话框中，单击“链接：”后的文件夹图标，选择站点根目录下的“index. html”，完成超链接创建，如图 7.2.17 所示。

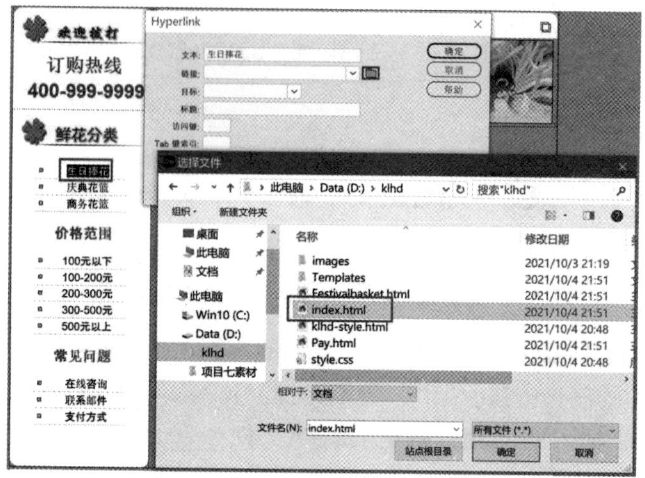

图 7.2.17　创建模板网页左侧导航超链接

用同样方法，选中左侧“庆典花篮”，链接到“Festivalbasket. html”，选中左侧“支付方式”，链接到“Pay. html”，超链接创建完成。单击“文件”→“保存”，弹出“更新模板文件”对话框，单击“更新”按钮，更新网站中所有基于此模板创建的文件。

步骤四　通过“预览”检查网站制作是否达到预期目标

①打开网站首页“index. html”，单击“文件”→“实时预览”，在浏览器中查看网页制作效果，并单击超链接，检查超链接是否准确。

②如果发现制作差错，返回 Dreamweaver 2021 中进行编辑修改。

（五）任务评价

序号	一级指标	分值	得分	备注
1	知识准备达成情况	10		
2	基于模板制作网站首页“生日捧花”	30		
3	基于模板制作网站子页“庆典花篮”	20		
4	基于模板制作网站子页“支付方式”	30		
5	修改模板导航栏并更新所有网页	10		
合　计		100		

（六）思考问题

1. 修改或删除模板网页后，对基于模板制作的网页有哪些影响？
2. 基于模板网页制作网站的一般流程是什么？

（七）任务拓展

制作“水果慕斯”网站，首页效果如图 7. 2. 18 所示。首页用到的素材图片，在项目七的任务拓展包内提供。首页的基本格局由 5 部分组成：第一部分是搜索区，第二部分是网站导航栏，第三部分是网站 Banner 区，第四部分是产品展示区，第五部分是版权说明，宽度为 1 000 px，居中对齐。各栏高度请根据需要自行设定。其中，Banner 区和产品展示区是可变元素，其他部分固定不变。请设计模板，并根据模板生成网站首页、国产水果慕斯、南美水果慕斯、欧洲水果慕斯 4 个网页，并在导航栏建立相应超链接。

图 7. 2. 18 “水果慕斯”网站首页效果图

扫码查看
彩图效果

项目八

创建网站“全瀚通信”（综合实训）

一、项目简介

本项目以全瀚通信网站为例，设计制作一个企业网站。在电子版附录三（附录内容主要讲解基于 Photoshop 完成“全瀚通信”网站的美工图，并对美工图进行切片。精通网页美工的读者可以略过）的基础上，前期已经进行了美工图的设计和栏目的规划，并通过切片生成了网站需要的图片素材。本项目将在 Dreamweaver 中制作并完成网站主页和分页的 DIV 布局，并进一步将网页拓展成一个风格统一、功能较齐全的网站，完成整站超链接并制作网站后台的静态效果。本项目示范设计一个企业网站，读者根据自己的实际情况，自主设计一个班级主页或者企业网站。

①示范设计：根据附录三完成的首页和二级页面效果，完成一个企业网站设计，并设计网站后台的效果。

②自主设计：根据自己的班级（企业）情况，自行规划网站栏目和功能，完成一个班级（企业）主页的设计。

本项目中着重讲解示范的部分，同步可完成自主设计的班级主页（企业网站）综合实训。

二、项目目标

①了解网站综合设计的前期准备工作。

②能自主进行网站栏目的规划、功能和页面的设计。

③掌握页面布局、超链接、模板、表单、框架、表格等技术的综合应用。

④掌握在页面设计中添加行为、Bootstrap 组件，以实现特殊的效果。

⑤通过实战来加强创意、设计及资料的收集、整理能力；形成系统化、全局化的思考模式；树立信息安全意识。

三、工作任务

一个完整的网站，页面一般分为这样几种类型：

①首页：列出本网站的主要内容，带有到其他页面的超链接。

②列表页：文字列表（企业动态）或者图像列表（员工家园）。

③内容页：文字内容或图片内容（如员工家园详情）或图文内容（如企业动态详情）。

④交互页：放置动态交互内容（如公司招聘），一般用表单制作，动态网页实现。

⑤单页面：一个栏目就一个页面，一般表现重要的图文内容，如“公司概况”“联系我们”等。

全瀚通信企业网站的功能结构设计如图 8.1.1 所示。

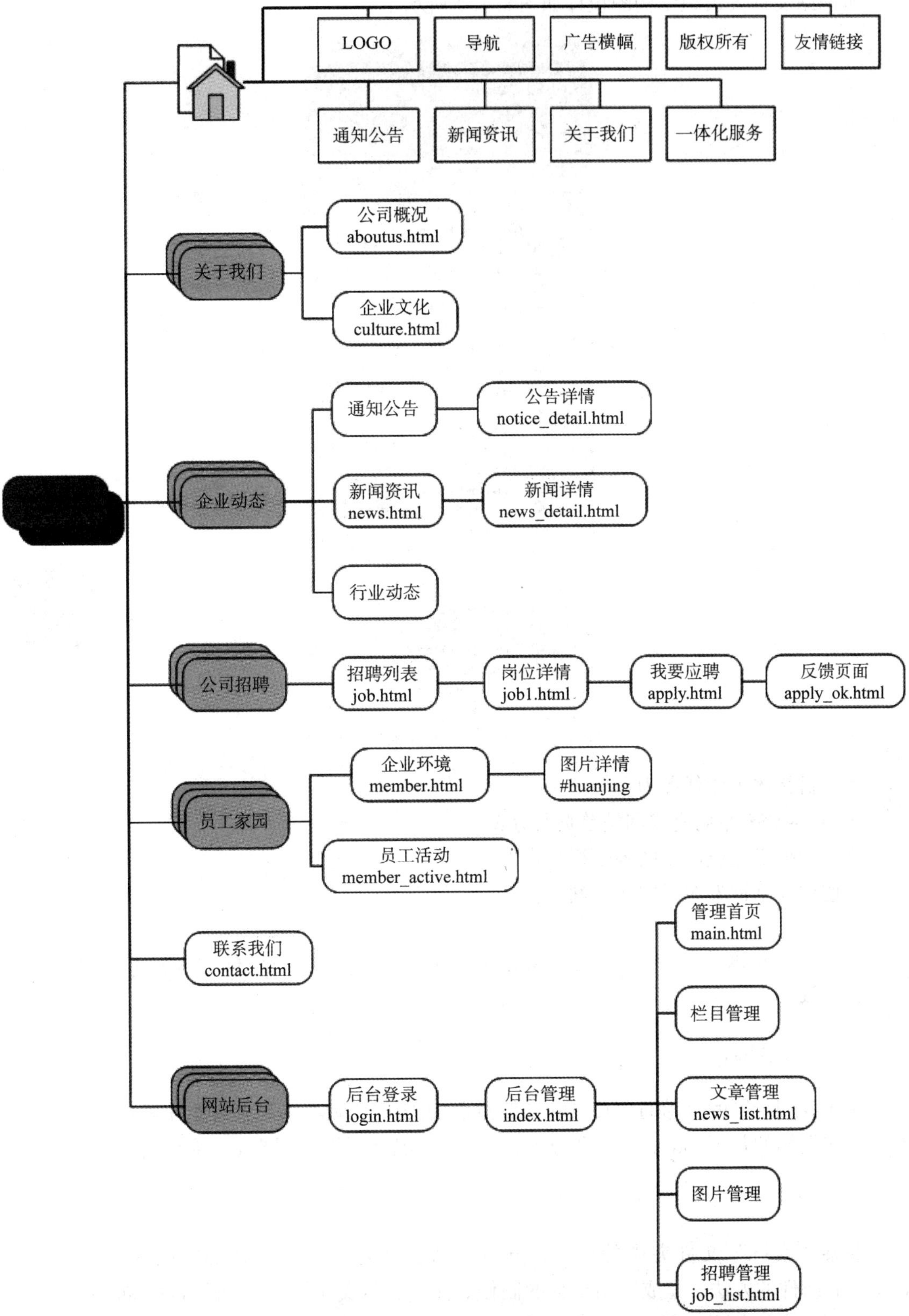

LOGO
导航
广告横幅
版权所有
友情链接
通知公告
新闻资讯
关于我们
一体化服务

关于我们
公司概况 aboutus.html
企业文化 culture.html

企业动态
通知公告
公告详情 notice_detail.html
新闻资讯 news.html
新闻详情 news_detail.html
行业动态

公司招聘
招聘列表 job.html
岗位详情 job1.html
我要应聘 apply.html
反馈页面 apply_ok.html

员工家园
企业环境 member.html
图片详情 #huanjing
员工活动 member_active.html

联系我们 contact.html

网站后台
后台登录 login.html
后台管理 index.html
管理首页 main.html
栏目管理
文章管理 news_list.html
图片管理
招聘管理 job_list.html

扫码查看
彩图效果

图 8. 1. 1　网站功能结构图

本网站文件夹组织结构图设计如图 8. 1. 2 所示。

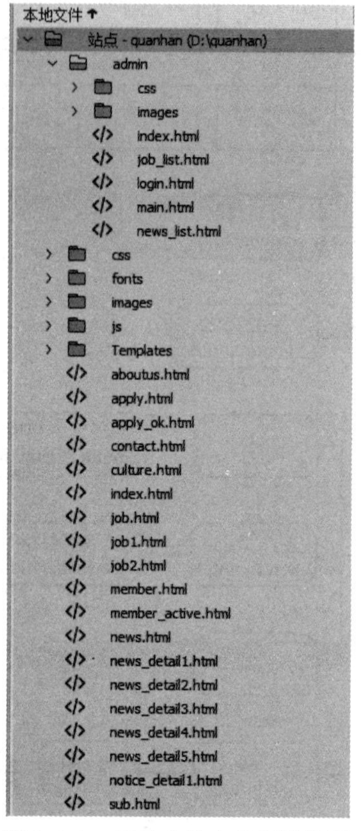

图 8. 1. 2　网站文件夹组织结构图

扫码查看彩图效果

本项目具体工作任务为：

①DIV + CSS 布局完成网站首页及分页。

②应用模板完成网站的各子栏目页面。

③使用浮动框架布局完成网站后台。

任务一　DIV + CSS 布局完成网站首页及分页

（一）任务描述

基于我们绘制的全瀚通信首页和二级页面的美工图及切片生成的图片素材，DIV + CSS 布局完成网站的首页 index. html 和分页 sub. html。其效果图如图 8. 1. 3 和图 8. 1. 4 所示。

（二）任务目标

观察“素材”文件夹中的样图，分析网站首页的结构，采用 DIV + CSS 布局并插入 Bootstrap 组件的方法，完成网站首页的制作。注意，从美工图和“图片素材\布局图片”中获取网页元素的色彩和宽度、高度，以完成 CSS 样式的设置。

扫码查看彩图效果

图 8.1.3　网站首页 index. html 效果图

扫码查看彩图效果

图 8.1.4　网站分页 sub. html 效果图

自行完成网站二级页面 sub. html 页面的制作。

（三）知识准备

知识准备一　网站规划及制作流程

本项目的制作过程如图 8. 1. 5 所示，这是一般静态网站的制作流程，也是自主设计“班级主页”的制作流程。

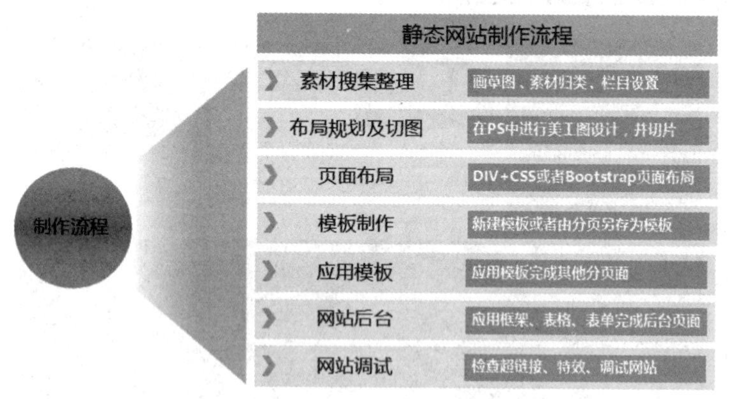

扫码查看彩图效果

图 8. 1. 5　静态网站制作流程

由以上工作流程可以看出，完成一个综合的网站需要综合的素质，具体包括：

①创意、设计、资料收集整理能力。

②网页制作软件 Photoshop 和 Dreamweaver 的综合使用。

③掌握网页设计中的所有知识点：美工图、切片、DIV + CSS 页面布局、表格数据呈现、超链接、模板、表单、浮动框架及 Bootstrap 框架的综合使用。

知识准备二　快速获取美工图的颜色及布局大小

网站美工图是由网页美工与客户经过仔细沟通之后完成的，即已经满足了用户的界面需求。而 Web 前端设计师将由美工图进行布局完成 HTML 页面，即从美学角度向功能的转变。此时，网页的设计与制作源于美工图，又高于美工图，尽量使网页不失真，忠于原稿。同时，又由于网站功能的需要，做一些适当的调整，如网页元素大小的改变，并添加各种 JavaScript 特效。那么，如何获取美工图的颜色及布局大小以方便 CSS 样式的设置呢？

1. 获取布局的宽度和高度

方法一：打开“素材”→“图片素材”→“布局图片”，双击打开某张图片后获取图片信息，即可得知图片的宽度和高度，如图 8. 1. 6 所示。

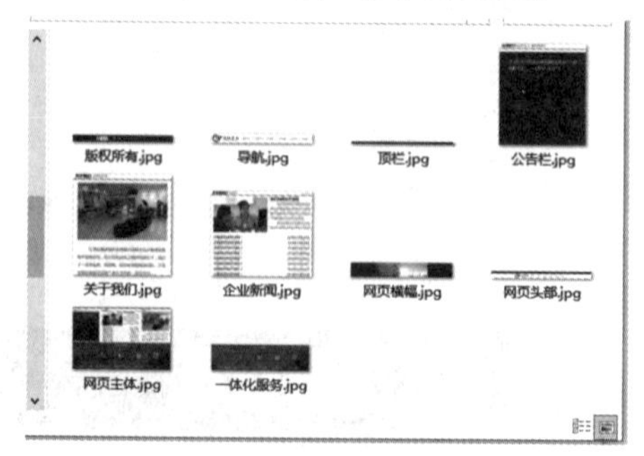

图 8. 1. 6　切片时生成的布局图片

方法二：用 Photoshop 打开“素材\美工图”中的 PSD 文件，首先打开菜单“编辑”→“首选项”→“单位与标尺”，设置标尺单位为“像素”（默认为厘米），然后用矩形选框工具选择美工图上

需要测量的区域，即可测量出相应的宽度和高度，如图 8.1.7 所示。

图 8.1.7　测量美工图布局的宽度和高度

2. 获取背景及网页元素的颜色

方法一：用 Photoshop 打开“素材\美工图”中的 PSD 文件，使用吸管工具吸取需要的颜色，那么相应的前景色会得到色彩值，如图 8.1.8 所示。在 CSS 中设置时，色彩值为“#0060ad”。

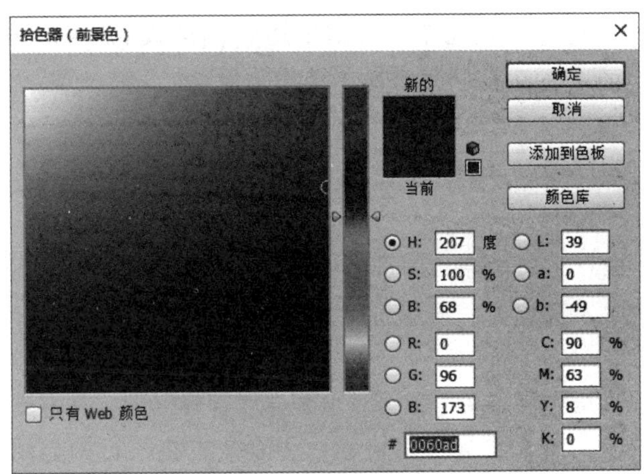

图 8.1.8　拾色器获取色彩值

方法二：在“素材\软件素材”文件夹下提供了一个屏幕取色器工具 colorCop. exe，打开运行，可以用吸管随意吸取屏幕颜色并获取色彩值，如图 8.1.9 所示。

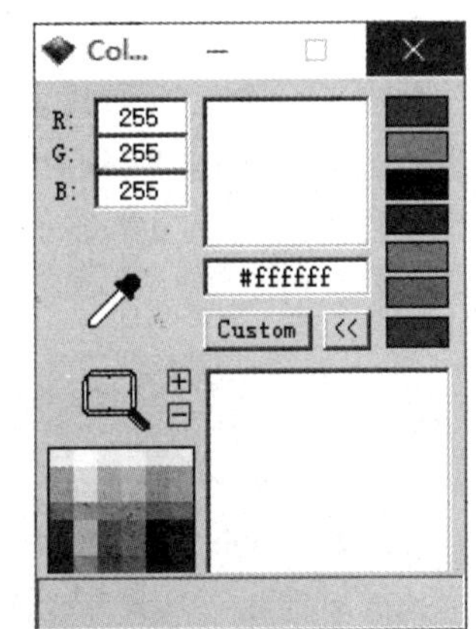

图 8.1.9　colorCop 取色器工具

知识准备三　DIV 和表格

近年来，DIV + CSS 布局的优势愈加显著，那么，表格（Table）是不是已经失去了作用了呢？我们来对比一下 DIV 和表格。

1. DIV + CSS 布局的优缺点

①符合 W3C 标准。至少可以保证近年来不会因为网络应用

的升级而被淘汰。

②页面加载速度快。由于将大部分页面代码写在了 CSS 中，使得页面体积容量变得更小，浏览速度更快；而表格布局由于层层嵌套，速度稍慢。

③布局灵活，网页改版更加方便。内容和样式的分离，使页面的调整变得更加方便。

④搜索引擎更加友好。但这取决于网页设计的专业水平，而不是 DIV + CSS 本身。

⑤对 CSS 的高度依赖使得网页设计变得比较复杂。

⑥CSS 设置的浏览器兼容性问题比较突出。

2. 表格布局的优缺点

优点：布局容易、快捷、结构严谨、兼容性好。

缺点：改动不便，需重新调整整个页面，工作量大。

所以，DIV 主要用来给网站布局、定位，而表格主要用来承载数据。表格经常和 DIV 一起协同使用，并经常用于数据列表。表格在网站后台出现的频率比较大，样式也可以多种多样。

知识准备四　溢出文本隐藏并显示为省略号

text - overflow 是一个比较非凡的样式，可以用它代替通常所用的标题截取函数，并且这样做对搜索引擎更加友好。例如，标题文件有 50 个汉字，而列表可能只有 300 px 的宽度。假如用标题截取函数，则标题不是完整的，如果用 CSS 样式 text - overflow：ellipsis，输出的标题是完整的，只是受容器大小的局限不显示出来罢了。

语法：

```
text - overflow:clip |ellipsis
```

参数：

clip：不显示省略标记(…)，而是简单的裁切。

ellipsis：当对象内文本溢出时，显示省略标记(…)。

说明：

text - overflow 属性仅是注解当文本溢出时是否显示省略标记，并不具备其他的样式属性定义。真正实现还需要配合另外两个属性的设置：强制文本在一行内显示（white - space：nowrap）及溢出内容为隐藏（overflow：hidden）。只有这样，才能实现溢出文本显示省略号的效果。

示例：

建立了一个无序列表 ul，里面有几个列表项 li，内部建立了列表链接 a。测试主要在 li 中进行，同时应用“text - overflow：ellipsis；”“white - space：nowrap；”“overflow：hidden；”实现了想要得到的溢出文本显示为省略号的效果，代码如下：

```
li {
    width: 300px;
    line - height: 25px;
    text - overflow: ellipsis;
    white - space: nowrap;
    overflow: hidden;
}
```

（四）任务实施

步骤一　新建站点

新建站点 quanhan，指向文件夹 D:\quanhan，复制“素材\图片素材\images”文件夹到站点文件夹下。

步骤二　完成网站首页

①在站点中新建一个 Bootstrap 网页 index. html，最终实现效果如图 8. 1. 10 所示。网页标题为“欢迎访问全瀚通信网站！”。

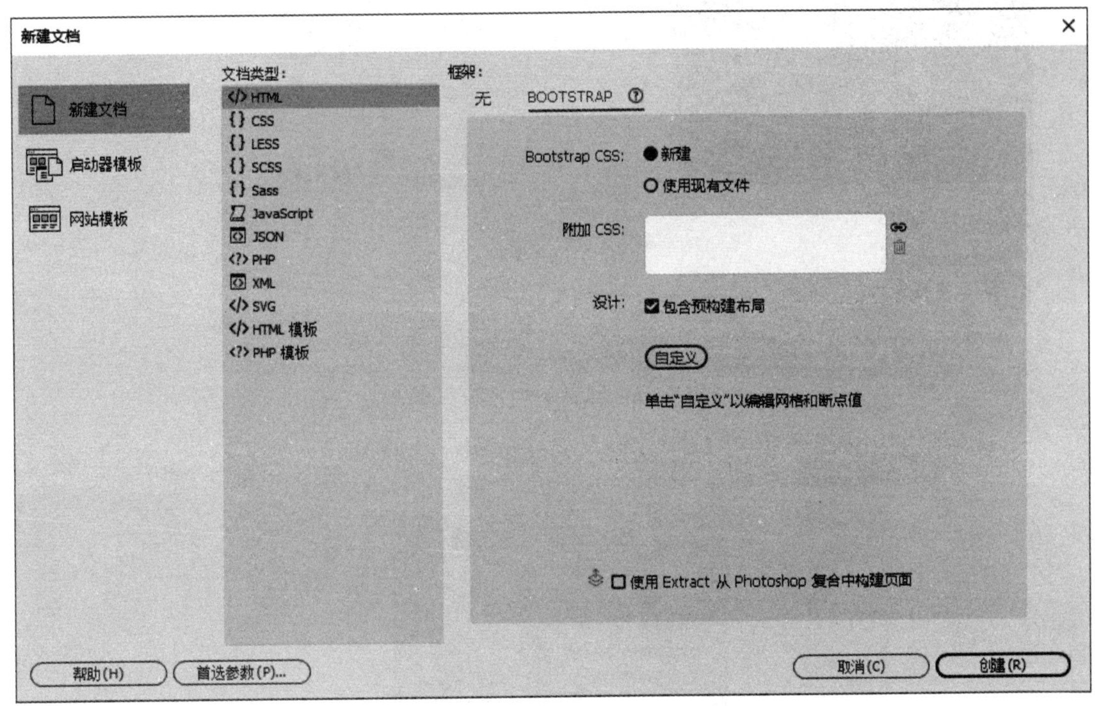

图 8. 1. 10　新建 Bootstrap 网页

②仔细观察美工图，用 DIV + CSS 布局的思维去思考如何进行网页的布局。

a. 将网页分为头部（header）、主体（main）、底部（footer）三大部分。

b. 头部中包括顶部#top、导航条 nav 和网页横幅#banner。

c. 主体部分分为上、下两部分，上半部分#maintop 分为三块，分别为通知公告#notice、新闻资讯#news 和关于我们#about；下半部分为一体化服务#service。

d. 底部从左到右依次为：底部 LOGO #logofooter、版权信息#info 和友情链接#icon。

③书写网站整体 HTML 代码，并填写相对简单的图文内容，此时预览效果如图 8. 1. 11 所示。

具体 HTML 代码见附录三①。

④在原有的 bootstrap. css 以外，附加新的 CSS 样式文件，以进行页面布局的样式设置，如图 8. 1. 12 和图 8. 1. 13 所示。

图 8.1.11　未加 CSS 样式的网页布局效果

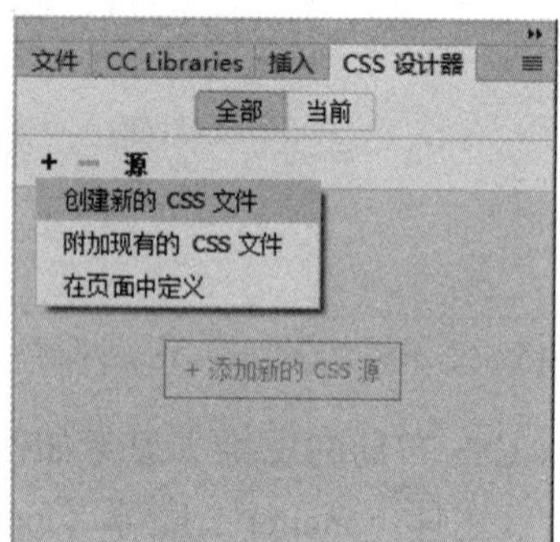

图 8.1.12　创建新的 CSS 文件

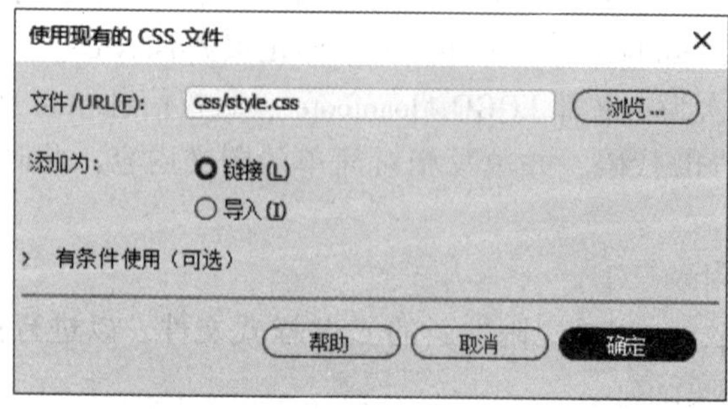

图 8.1.13　创建新的 CSS 文件 style. css

此时，在 HTML 代码中，</head>之前有两行 CSS 代码，请注意顺序：

```
<link href="css/bootstrap.css" rel="stylesheet" type="text/css">
<link href="css/style.css" rel="stylesheet" type="text/css">
```

⑤在 CSS 中添加布局需要的 CSS 样式。其中，header 和 footer 宽度为 100%，而主体部分 main 的宽度为 1 002 px，居中对齐。根据美工图设置相应的高度和背景颜色。其中公共部分 CSS 样式代码和布局部分 CSS 样式代码见附录三②。

在浏览器中预览网页，效果如图 8.1.14 所示。

图 8.1.14　附加了 CSS 样式之后的网页效果

⑥从“素材\内容素材”中获取相应的文字和图片素材，填充首页，最终形成样图所示的效果。同时，由于功能的需要，添加网站的超链接，并添加各种 Bootstrap 组件和 JavaScript 插件，使网页具有良好的交互性和动感的效果。

⑦顶部：将普通的文字设置成按钮效果，这是应用 Bootstrap 自带的 CSS 实现的，如图 8.1.15 所示。

图 8.1.15　顶部#top 效果

代码如下：

```
<span class = " btn - xs btn - info " style = " color: #ffffff " > 注 册 < /span >
  
<span class = "btn - xs btn - default" style = "color:#333333 " >登录 < /span >
```

⑧导航：添加超链接样式，当鼠标经过和单击时，文字变蓝色并加下划线；并且当前页面的超链接是活动状态，如 index. html 的“首页”链接处于活动的状态，如图 8. 1. 16 所示。

首 页 / 关于我们 / 企业动态 / 公司招聘 / 员工家园 / 联系我们

图 8. 1. 16 导航 nav 效果

导航 HTML 代码和 CSS 样式代码见附录三③。

⑨广告横幅：插入 Bootstrap 的 JavaScript 插件 Carousel，实现轮播广告的效果。具体操作为：删除原先的 banner 图片，在“插入”面板中单击“Bootstrap 组件 – Carousel”，即插入了 Bootstrap 的 JavaScript 组件。切换到“代码”视图，修改图片地址，删除网页中不需要的标题文字即可。HTML 代码见附录三④。

效果如图 8. 1. 17 ~ 图 8. 1. 19 所示。

图 8. 1. 17 广告横幅（1）

图 8. 1. 18 广告横幅（2）

图 8. 1. 19 广告横幅（3）

⑩通知公告：添加 Marquee 代码，使公告由下向上滚动，并当鼠标经过滚动文字时停止滚动，以便单击查看详情，而当鼠标离开时继续滚动，如图 8. 1. 20 所示。具体代码见附录三⑤。

通知公告 / NOTICE

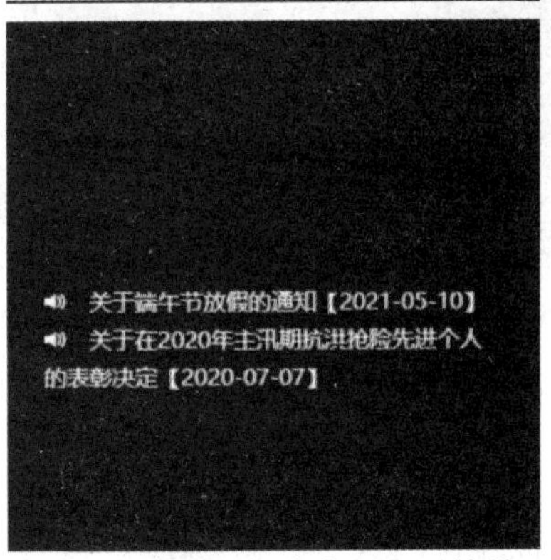

图 8. 1. 20　通知公告#notice 效果

⑪新闻资讯：利用 ul、li 添加新闻列表，并实现文字溢出隐藏显示为省略号的效果。可以看出短标题新闻没有省略号，长标题新闻被截断，并以省略号代替，如图 8. 1. 21 所示。具体见附录三⑥。

全瀚通信网站改版啦！	2021-06-18
中国联通匠心网络持续加速，多城市携手华为全面...	2021-06-06
联通手机营业厅App成流量包经营“主力”	2021-06-02
润迅公司喜获2020(第十五届)呼叫中心行业峰会年...	2020-08-15
国际人才交流大会成功落幕，润迅荣膺“亚太人力...	2020-05-01

图 8. 1. 21　新闻资讯#news 效果

⑫关于我们：图文混排布局，“详细”设置为按钮的样式，并超链接到 aboutus. html，如图 8. 1. 22 所示。

关于我们 / ABOUT

江苏全瀚通信科技有限公司是专业从事通信服务外包的机构，在公司全体员工的共同努力下，成立了一支专业的、高效的、经验丰富的精英团队。江苏全瀚在全省设立数十家分支机构……详细

图 8. 1. 22　关于我们#about 效果

⑬一体化服务：插入“鼠标经过图片”，实现 5 个图标的变换图像效果，如图 8.1.23 所示。

图 8.1.23　一体化服务#service 效果

具体操作如下：

单击“插入”面板的“鼠标经过图像”按钮 ，在弹出的对话框中进行设置，即可自动添加 JavaScript 代码，并实现鼠标经过时变换图像的效果，如图 8.1.24 所示。

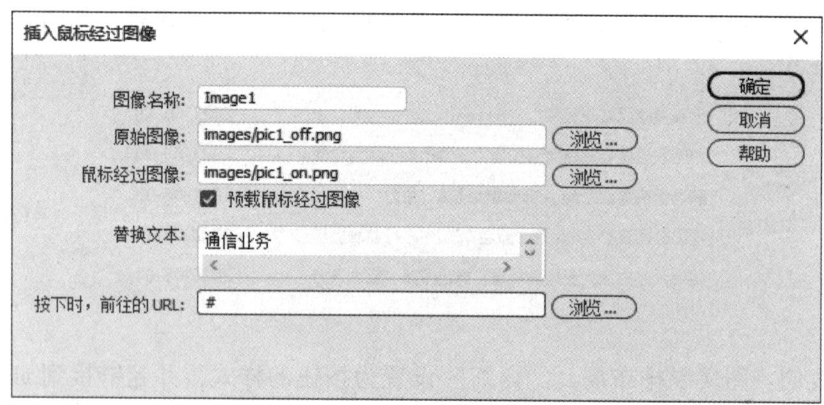

图 8.1.24　插入“鼠标经过图像”

步骤三　完成网站分页

请自行研究网站分页 sub.html 的样图，并完成分页的 DIV + CSS 布局。注意：

①如果自己重新书写 HTML 和 CSS，可以复习巩固前期所学的内容。

②如果将首页另存为 sub.html 再修改，建议将 style.css 另存为 sub.css，再重新附加样式并修改，以免首页和分页互相影响。

与首页相比，分页变化提示：

①广告横幅放一张图片，不再轮播。

②主体部分 main 分为左、右两部分，左侧 aside 放置二级子栏目#submenu；右侧 section 放置当前页定位#position 和文章内容 article，其中文章标题和文章内容根据需要设置 CSS 样式。

（五）任务评价

序号	一级指标	分值	得分	备注
1	设置站点，新建 Bootstrap 网页	5		
2	首页整体布局 HTML	20		
3	首页整体 CSS 样式	20		
4	完成页面顶部	10		
5	完成导航条	10		
6	完成主体部分	15		
7	完成网站分页	20		
合计		100		

（六）思考练习

1. 一个完整的网站，页面一般分为__________、__________、__________、__________几种类型。

2. 可以通过 Photoshop 的工具__________来获取布局的宽度和高度，并设置标尺单位为__________，用__________工具来获取美工图的颜色。

3. 溢出文本隐藏并显示为省略号，需要设置三个 CSS 属性，即____________________、____________________、____________________。

4. 简述一般静态网站的制作流程。

5. 请简述 DIV 和表格的优缺点和使用的场合。

6. 要实现鼠标经过图片时图片变换的效果，需要做哪些工作？

7. 如何在菜单栏用超链接的活动状态来指示当前页面？

（七）任务拓展

①结合前期所学知识，完成二级页面 sub. html，要求使用 DIV + CSS 进行布局，CSS 样式附加外部样式表 sub. css。实现效果如图 8. 1. 4 所示。

②开始构思项目实训"××班班级主页"网站，搜集班级图文素材，构思栏目，绘制首页的草图和美工图。

任务二　应用模板完成网站子栏目

（一）任务描述

我们已经完成了首页和分页的网页布局，接下来的工作就是从一个网页扩展到一个网站，并且要风格统一、内容完整、布局合理。本任务的工作重点就是新建模板和应用模板完成网站子栏目的建设。

（二）任务目标

将分页 sub. html 另存为模板 sub. dwt，并应用模板完成整个网站的制作，具体栏目包括：

①关于我们：两个单页面“公司概况”和“企业文化”。知识点：图文混排。

②企业动态：文字列表页“新闻资讯”、三级页面“新闻详情”及“公告详情”。

③公司招聘：文字列表页“招聘岗位”、三级页面“岗位详情”及交互页面“我要应聘”。知识点：表单。

④员工家园：图片列表页“企业环境”和“员工活动”，图片详情为模态框。知识点：Bootstrap 栅格系统和模态框。

⑤联系我们：单页面“联系我们”。知识点：百度地图 API。

（三）知识准备

知识准备一　block、inline 和 inline - block 的概念和区别

1. 总体概念

block 和 inline 这两个概念是简略的说法，确切地说，应该是 block - level elements（块级元素）和 inline elements（内联元素或者行内元素）。HTML 元素分别有其自身的布局级别：

常见的块级元素有 div、form、table、p、pre、h1 ~ h6、dl、ol、ul 等。

常见的内联元素有 span、a、strong、em、label、input、select、textarea、img、br 等。

block 元素可以包含 block 元素和 inline 元素，但 inline 元素只能包含 inline 元素，个别也有特例。

2. block、inline 和 inline - block 细节对比

（1）display：block

block 元素独占一行，多个 block 元素各自新起一行。默认情况下，block 元素宽度自动填满其父元素宽度。

block 元素可以设置 width 和 height 属性。块级元素即使设置了宽度，仍然独占一行。

block 元素可以设置 margin 和 padding 属性。

（2）display：inline

inline 元素不会独占一行，多个相邻的行内元素会排列在同一行里，直到一行排列不下，才会新换一行，其宽度随元素的内容而变化。

inline 元素设置 width 和 height 属性无效。

对于 inline 元素的 margin 和 padding 属性，水平方向的 padding - left、padding - right、margin - left、margin - right 都产生边距效果，但竖直方向的 padding - top、padding - bottom、margin - top、margin - bottom 不会产生边距效果。

（3）display：inline－block

简单来说，就是将对象呈现为 inline 对象，但是对象的内容作为 block 对象呈现。之后的内联对象会被排列在同一行内。比如，可以给一个 link（a 元素）inline－block 属性值，使其既具有 block 的宽度和高度特性，又具有 inline 的同行特性。

总结：一般会用 display：block、display：inline 或者 display：inline－block 来调整元素的布局级别。

知识准备二　清除浮动使 DIV 高度自适应

在应用 DIV 布局时，有时会希望 DIV 的高度随着内容的变化而变化，但是又想设置 DIV 的一个最小高度，特别是当 DIV 有背景色或背景图片时，设置最小高度会使视觉效果更好。

这需要分两种情况进行解释：

①若子级 div 没有浮动（float），此时父级 div 不设置高度，即高度自适应内容的高度；

②若子级 div 有浮动（float），此时父级 div 就没有高度，有两种方法来解决自适应的问题：

a. 子元素最后使用空标记清除浮动（<br class="clearfix"><div>）。

b. 设置父元素的样式（style="overflow:hidden"）。

举例如下：

```
<!doctype html>
<html>
<head>
<meta charset="utf-8">
<title>设置 div 最小高度及高度自适应的实例</title>
<style>
.div1 {
    width:800px;
    background:#bbeeeb;
    margin:0 auto;
    height:auto;
    /* 父级 div 的最小高度 */
    min-heigth:200px;
    /* 自适应高度方法一——溢出隐藏 */
    overflow:hidden;
}
.left {
    float:left;
    width:20%;
    height:400px;
}
.right {
    float:right;
```

```
        width:80%;
        height:400px;
    }
    .clearfix{
        clear:both;
    }
    </style>
    </head>
    <body>
    <div class="div1">
       <div class="left">左侧 div</div>
       <div class="right">右侧 div</div>
       <!-- 自适应高度方法二——清除浮动 -->
       <br class="clearfix">
    </div>
    </body>
    </html>
```

知识准备三　Bootstrap 模态框（Modal）插件

模态框（Modal）是覆盖在父窗体上的子窗体。显示的效果一般是单击某个链接，会弹出一个窗口，并带有过渡效果。

如何触发并切换模态框（Modal）插件的隐藏内容？

通过 data 属性，在控制器元素（比如按钮或者链接）上设置属性 data-toggle="modal"，同时设置 data-target="#identifier" 或 href="#identifier" 来指定要切换的特定的模态框（带有 id="identifier"）。

一个静态的模态窗口实例如下：

```
    <h2>创建模态框(Modal)</h2>
    <!-- 按钮触发模态框 -->
    <button class="btn btn-primary btn-lg"data-toggle="modal"data-target="
#myModal">开始演示模态框</button>
    <!-- 模态框(Modal) -->
    <div class="modal fade"id="myModal"tabindex="-1"role="dialog"aria-la-
belledby="myModalLabel"aria-hidden="true">
          <div class="modal-dialog">
                <div class="modal-content">
                      <div class="modal-header">
                            <button type="button"class="close"data-dismiss="mo-
dal"aria-hidden="true">&times;</button>
```

```
                    <h4 class="modal-title"id="myModalLabel">模态框(Mo-
dal)标题</h4>
                </div>
                <div class="modal-body">在这里添加一些文本</div>
                <div class="modal-footer">
                    <button type="button"class="btn btn-default"data-dis-
miss="modal">关闭</button>
                    <button type="button"class="btn btn-primary">提交更改
</button>
                </div>
            </div><!-- /.modal-content -->
        </div><!-- /.modal -->
    </div>
```

知识准备四　百度地图 API

百度地图 API 是一套为开发者免费提供的基于百度地图的应用程序接口，包括 JavaScript、iOS、Andriod、静态地图、Web 服务等多种版本，提供基本地图、位置搜索、周边搜索、公交驾车导航、定位服务、地理编码及逆地理编码等丰富功能。

①打开百度地图开放平台 http://lbsyun.baidu.com/，可以申请密钥，也可以获取“Web 开发/JavaScript API”。

②进入“百度地图生成器”页面 http://api.map.baidu.com/lbsapi/createmap/index.html，可通过地址获取经纬度，将获取到的代码复制到自己的网页中即可。

③如果需要完成更复杂的地图定制效果，可以到 http://developer.baidu.com/map/jsdemo.htm#a1_2 页面反复运行调试，直至得到最满意的效果，将获取到的代码复制到自己的网页中即可。

（四）任务实施

步骤一　将分页另存为模板

①打开 sub.html，打开菜单“文件”→“另存为模板”，将分页另存为模板文件 sub.dwt，如图 8.2.1 所示。Dreamweaver 会自动新建 Templates 文件夹，并且更新链接，此时文件列表如图 8.2.2 所示。

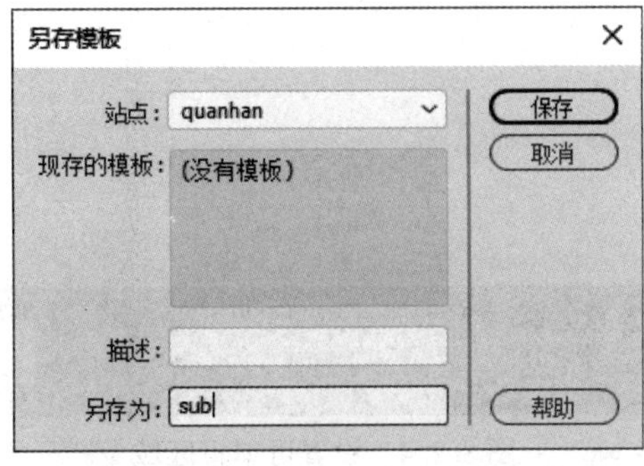

图 8.2.1　将分页另存为模板文件

②此时，打开资源面板，可以看到模板的存在，如图 8. 2. 3 所示，接下来的子栏目网页都应用此模板来制作完成。

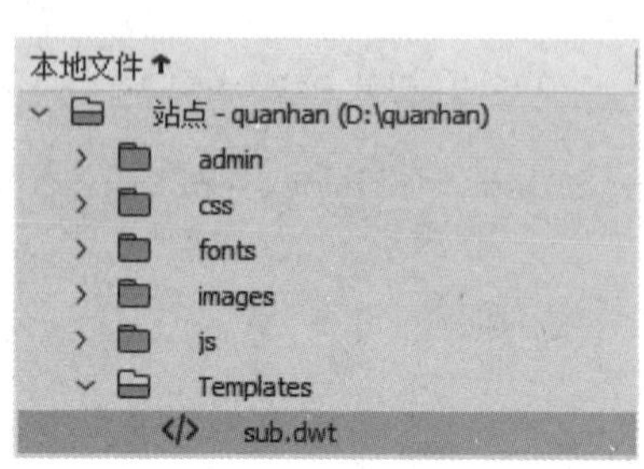

图 8. 2. 2　文件夹组织结构图

图 8. 2. 3　资源窗口模板

③仔细观察样图，可以看出各栏目基本上头部和底部不变，而主体部分发生了变化。值得注意的是，“导航菜单”部分的活动的超链接会根据页面的定位发生变化。所以，需要定义两个可编辑区域。切换至“插入”窗口的“模板”标签，使用“可编辑区域”工具设置可编辑区域 menu 和 main，实现效果如图 8. 2. 4 所示。

图 8. 2. 4　设置可编辑区域

④保存模板，以下的各个栏目都是应用 sub. dwt 模板制作完成的。

步骤二　“关于我们”栏目的制作

①有两种方法可新建基于模板的页面：

方法一：打开菜单“文件”→“新建”，在对话框中切换至“网站模板”，选择“sub”模板，将网页存储为 aboutus. html，如图 8. 2. 5 所示。

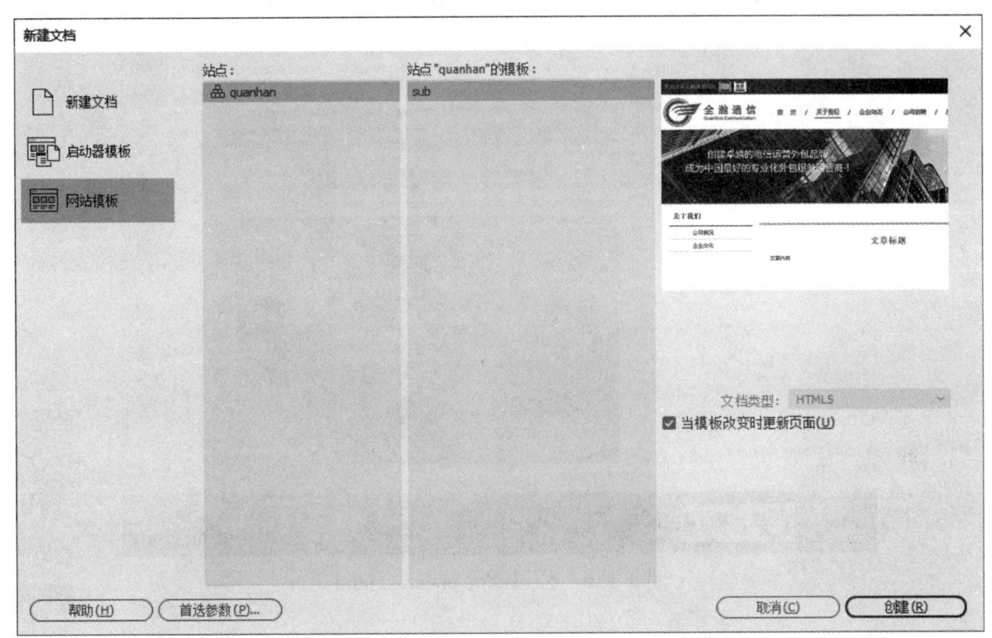

图 8. 2. 5　新建基于网站模板 sub 的网页

方法二：在文件窗口中直接新建空白网页 aboutus. html，然后在资源面板中应用模板。

②修改可编辑区域的内容——menu 部分，将“关于我们”设置为活动的超链接；

```
<li><a href="#" class="active">关于我们</a></li>
```

③在可编辑区域 main 中插入“公司概况”的图文材料，设置标题和内容的相应 CSS 样式，最后达到如图 8. 2. 6 所示的效果。

④应用模板新建“企业文化”页面 culture. html，最后实现的效果如图 8. 2. 7 所示。

步骤三　“企业动态”栏目的制作

①完成“企业动态”列表页的制作。

a. 应用模板 sub 新建页面 news. html，“企业动态”列表页的效果如图 8. 2. 8 所示。

b. 使用 Bootstrap 自带的分页组件 Pagination 完成分页的效果。

②完成“企业动态”内容页的制作，效果如图 8. 2. 9 所示。

③举一反三，完成五条新闻详情页的制作和一条公告详情页的制作。

④完成首页到分页的超链接。

步骤四　“公司招聘”栏目的制作

“公司招聘”栏目用户操作的流程为：公司招聘→岗位列表→岗位详情→我要应聘→应聘反馈。以下简略描述制作过程，其中页面都是应用模板 sub 完成的。

图 8.2.6　公司概况 aboutus. html

扫码查看
彩图效果

图 8.2.7　企业文化 culture. html

扫码查看
彩图效果

扫码查看
彩图效果

图 8.2.8　“企业动态”列表页 news.html

扫码查看
彩图效果

图 8.2.9　“企业动态”内容页 news_detail1. html

①公司招聘：岗位列表页 job. html，如图 8. 2. 10 所示。

图 8. 2. 10　招聘岗位 job. html

扫码查看
彩图效果

②单击第一条招聘岗位信息，出现岗位详情页 job1. html，如图 8. 2. 11 所示。

图 8. 2. 11　岗位详情页 job1. html

扫码查看
彩图效果

③单击“我要应聘”按钮，出现应聘填写的表单页 apply. html，如图 8. 2. 12 所示。

其中表单包括各种类型的表单元素。注意表单元素的命名，并且表单提交的动作指向apply_ok. html。

扫码查看彩图效果

图 8.2.12　我要应聘 apply. html

```
<form id="form1" name="form1" method="post" action="apply_ok.html">
```

④表单提交后出现反馈页面，整个流程结束，如图 8.2.13 所示。

步骤五　“员工家园”栏目的制作

“员工家园”栏目具体分为“企业环境”和“员工活动”两个子栏目。呈现为图片列表页。其中缩略图的排版直接使用 Bootstrap 框架的缩略图组件实现，而图片详情则由 Bootstrap 框架的 JavaScript 插件模态框实现。

①应用模板新建页面 member. html，在可编辑区域 main 中插入 Bootstrap 缩略图组件，更换图片，并删除不必要的文字。此时，12 列栅格化布局类为 col－md－4，正好一行放置 12/4＝3 个图片。复制代码完成另外 8 个缩略图，最终实现效果如图 8.2.14 所示。

```
<div class="row">
    <div class="col-md-4">
      <div class="thumbnail"><img src="images/member/huanjing1.jpg"alt
="Thumbnail Image 1">
        <div class="caption">
          <h3>Thumbnail 1 label</h3>
        </div>
      </div>
    </div>
  </div>
```

扫码查看彩图效果

图 8. 2. 13　应聘反馈 apply_ok. html

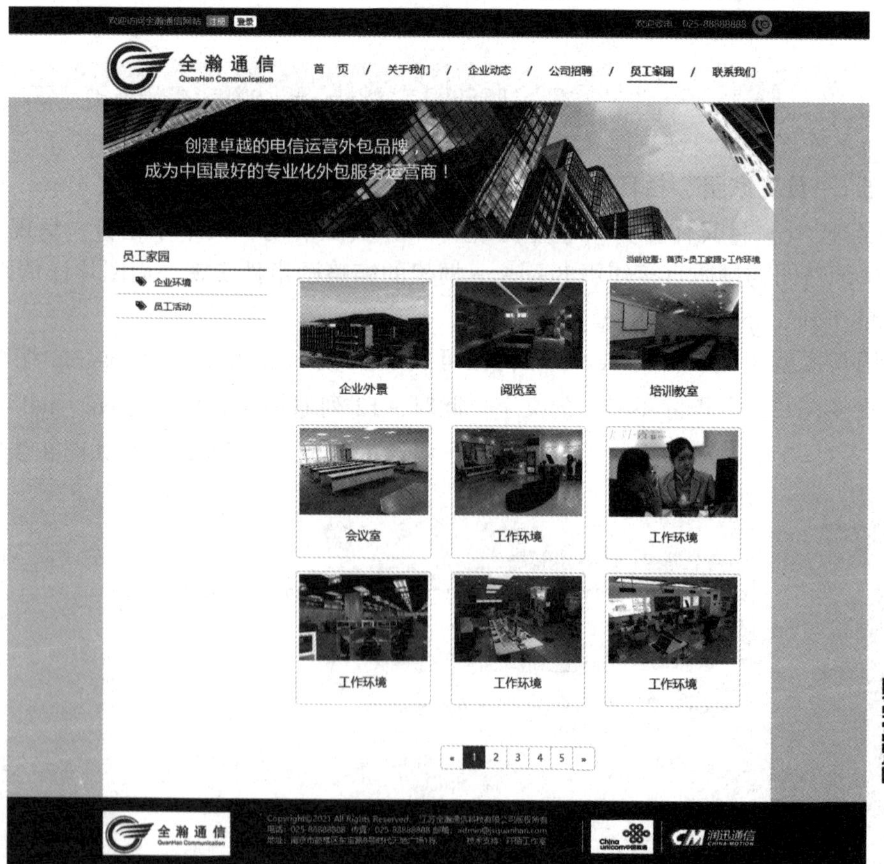

扫码查看彩图效果

图 8. 2. 14　企业环境 member. html

②同理，可完成员工活动页面 member_active. html 的制作，不同的是，缩略图一行放置 2 个，即 <div class = "col - md - 6" >，效果如图 8. 2. 15 所示。

③单击缩略图看大图，使用模态框来实现。首先在第一张缩略图上添加触发事件：

```
<div class = "pic" > <a href = "#"data - toggle = "modal" data - target = "#huangjing1" >
<img src = "images/member/huanjing1.jpg" alt = "Thumbnail Image 1" > </a > </div >
```

图 8. 2. 15　员工活动 member_active. html

扫码查看
彩图效果

④然后插入代码实现模态框#huanjing1，最终效果如图 8. 2. 16 所示。

其中模态框#huanjing1 的代码实现如下，同理，可以实现“企业环境”子栏目前三张缩略图的触发模态框的效果。

图 8. 2. 16　模态框#huanjing1

扫码查
彩图效

```
<!--modal huangjing1 -->
<div class="modal fade" id="huangjing1" style="width:700px;margin:30px auto;">
<div class="modal-content">
<div class="modal-header">
  <button type="button" class="close" data-dismiss="modal" aria-label="Close"><span aria-hidden="true">&times;</span></button>
        <h4 class="modal-title">企业外景</h4>
</div>
<div class="modal-body" style="text-align:center">
  <img src="images/member/huanjing1.jpg" class="img-responsive" alt="Placeholder image" style="display:inline-block"></div>
<div class="modal-footer"><span class="btn btn-info" data-dismiss="modal">close</span></div>
</div>
</div>
```

步骤六　“联系我们”栏目的制作

“联系我们”是一个简单的单页面，其中的地图使用百度地图 JavaScript API 代码生成；也可直接放一张地图的图片文件，效果如图 8. 2. 17 所示。

其中插入的百度地图代码及 DIV#allmap 的 CSS 样式代码见附录三⑦。“密钥”可用自己在百度 API 申请的密钥代替。

步骤七　完成站点的超链接

①修改 sub. dwt 中导航部分的超链接，并更新各个基于该模板的 html 页面。

②完成首页到分页的超链接。

③测试整个网站。

图 8. 2. 17　“联系我们”contact. html

扫码查看
彩图效果

（五）任务评价

序号	一级指标	分值	得分	备注
1	另存为模板，设置可编辑区域	10		
2	应用模板完成“关于我们”	10		
3	应用模板完成“企业动态”	20		
4	应用模板完成“公司招聘”	20		
5	应用模板完成“员工家园”	20		
6	应用模板完成“联系我们”	10		
7	完成站点的超链接	10		
合计		100		

（六）思考练习

1. 关于元素的显示模式，下列说法正确的是（　　）。

A. 块元素会独占一行

B. 一行中可以有多个行内元素

C. 块元素不能直接设置宽和高

D. 多个行内显示元素自上而下显示

2. 下列选项中，关于显示模式的转换说法，正确的是（　　）。

A. 行内显示模式转换为块显示模式的代码为 display:block;

B. 块显示模式转换为行内显示模式的代码为 display:inline;

C. 行内显示模式转换为行内块显示模式的代码为 display:inline-block;

D. 使用 display 属性可以转换元素的显示模式

3. 使块级元素水平居中，需要遵循的条件有（　　）。

A. 使元素有高度（height）

B. 使元素有宽度（width）

C. 使元素左、右外边距的值为 auto

D. 使元素浮动（float）

4. 举例说明块级元素和行内元素的区别、这两者之间如何转换。

5. 如何使父级 DIV 的高度随着子级 DIV 的高度自动变化?

6. 由一个网页扩展到一个风格统一的网站，一般使用什么技术？使用的步骤是什么?

7. 使用 Bootstrap 的栅格系统进行布局，中等屏幕一行显示 4 个图片、小屏幕一行显示 3 个图片、特小屏幕一行显示 2 个图片，如何进行设置?

（七）任务拓展

①完善企业网站，将课堂未完成的分页都完成，使网站具有完整性，并进行整站的超链接。

②根据绘制的班级主页的美工图，进行切片和 DIV + CSS 页面布局，并完成模板页的制作。

任务三　浮动框架完成网站后台

（一）任务描述

网站的前台已经完美实现，虽然我们做一个静态的网站并不需要网站的后台去进行数据的管理，但后续教程动态网页或者 Web 程序开发会涉及后台的内容，所以本任务尝试进行网站后台的布局及功能呈现，使读者对网站有一个完整的概念。

（二）任务目标

网站的后台具有管理权限，所以必须先登录后管理。为了实现类似于软件平台的即视

感，一般为满屏显示，并且用表格来管理大量的数据。

①登录页：后台入口。知识点：DIV 布局、表单。

②后台管理首页：带有浮动框架，实现左侧超链接目标都显示在右侧浮动框架中的效果。知识点：页面自适应、DIV 布局、浮动框架。

③后台管理列表页：如文章管理、招聘管理等。知识点：表格布局。

（三）知识准备

知识准备一　CSS position 的绝对定位与相对定位

CSS position 是一个很重要的样式，它可以设置对象的定位方式，可以让布局 DIV 更加容易定位，控制盒子对象更加准确。

position 语法：

```
position:static |absolute |relative |fixed
```

①static：静态定位。没有特别的设定，遵循基本的定位规定，不能通过 z－index 进行层次分级。

②absolute：绝对定位。脱离文档流，默认以父级的坐标原始点为原始点，但要求父级元素设置为相对定位，否则，以浏览器的左上角为原始点进行定位。元素的位置通过“left”“top”“right”及“bottom”属性进行规定。可以通过 z－index 进行对象的层叠，z－index值越大，越靠前。

③relative：相对定位。对象不可层叠、不脱离文档流，将依据“left”“top”“right”及“bottom”属性在正常文档流中偏移位置。可以通过 CSS 的设置使相对定位的元素改变自己的位置，如通过 float 让元素浮动，通过 margin 来让元素产生位置的移动。

④fixed：固定定位。生成绝对定位的元素，相对于浏览器窗口进行定位。元素的位置通过“left”“top”“right”及“bottom”属性进行规定。

总结：

absolute 是绝对定位，是可以在任意位置的元素。绝对定位是相对于父元素的定位，不受父元素内其他子元素的影响，可以层叠，比较自由。

relative 是相对定位，是可以移位的元素。相对定位是相对于同级元素的定位，配合 float、margin 的使用，使布局整齐有条理。

在 DIV＋CSS 布局中，一般使用相对定位，而绝对定位可做“奇兵”，在一些特殊的场合使用。

知识准备二　DIV 水平居中且垂直居中

有时候需要实现某一个 DIV（例如登录窗口的 DIV）在浏览器中水平居中且垂直居中的效果。由于分辨率的不同和显示终端的不同，实现起来需要费一番脑筋。现在来解释一下最简单的固定高宽的 DIV 水平居中且垂直居中。举例如图 8.3.1 所示。

实现原理为：使 DIV 绝对定位 absolute，left 和 top 均为 50%，外边距设置为 margin－left：负的宽度的一半；margin－top：负的高度的一半。具体代码实现如下：

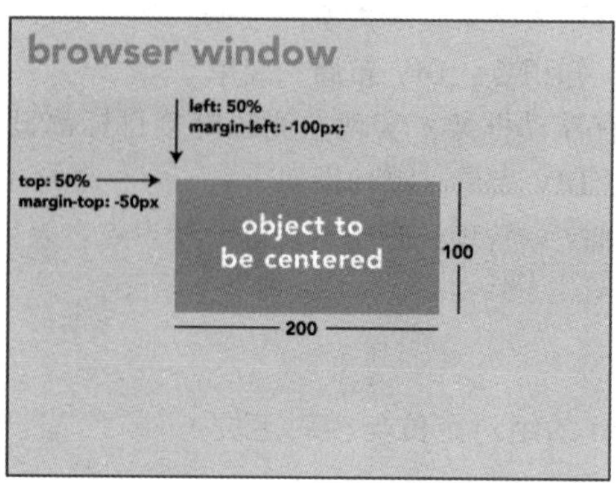

图 8.3.1　200×100 DIV 垂直居中且水平居中

```
<html>
<head>
<meta charset="utf-8">
<title>固定宽高的 DIV 垂直居中且水平居中</title>
<style>
.logindiv {
    position: absolute;
    left: 50%;
    top: 50%;
    width: 200px;
    height: 100px;
    margin-left: -100px;
    margin-top: -50px;
    background-color:#333333;
}
</style>
</head>
<body>
<div class="logindiv"></div>
</body>
</html>
```

知识准备三　浮动框架 iframe

iframe 是一种内联框架，可以放在网页中的任何位置，它是一个容器，里面放的内容是一个网页。iframe 可以直接放置在 <body> </body> 中或者其他标签之中，就像在房间开了一扇窗户，站在窗边可以看到外面不同的风景。

可以通过在 Dreamweaver 中插入“HTML/iframe” 来插入一个浮动框架，或者可以直接书写 HTML 代码实现。

语法：

```
<iframe></iframe>
```

属性：

①src：规定在 iframe 中显示的文档的 URL。

②name：规定 iframe 的名称。

③width：框架的宽度，单位为 px 或者%。

④height：框架的高度，单位为 px 或者%。

⑤scrolling：规定是否在 iframe 中显示滚动条。yes，始终显示滚动条；no，从不显示滚动条；auto，在需要的情况下出现滚动条（默认值）。

⑥frameborder：规定是否显示框架周围的边框。1 为显示，0 为不显示。

⑦allowtransparency：规定背景是否透明。True 为透明，False 为不透明。

那么如何创建一个到浮动框架的超链接呢？

第一步：为浮动框架添加 name 属性（如 name = "mainframe"）。

第二步：设置超链接的 target 属性，属性值为框架的 name 属性（如 target = "mainframe"）。

（四）任务实施

步骤一　后台登录页面制作

在站点中新建文件夹 admin，后台管理的所有页面都存放于此文件夹中。复制“素材\图片素材\admin_images”文件夹中的所有图片到“admin/images”文件夹下。

①设置网站前台首页底部的“管理进入”的超链接到“admin/login.html”，如图 8.3.2 所示。

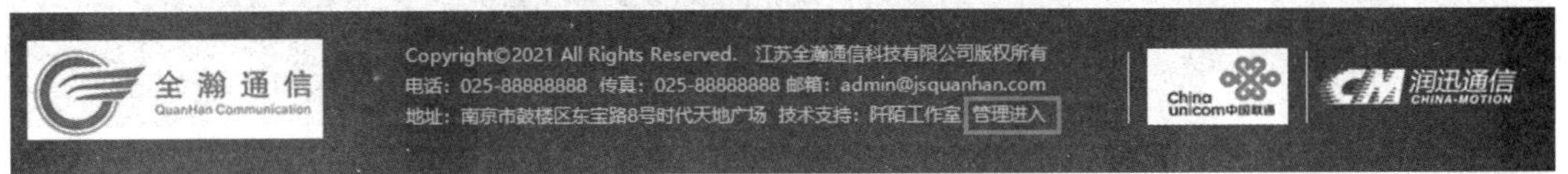

图 8.3.2　“管理进入”超链接

网站后台的文件夹组织结构图的最终效果如图 8.3.3 所示。

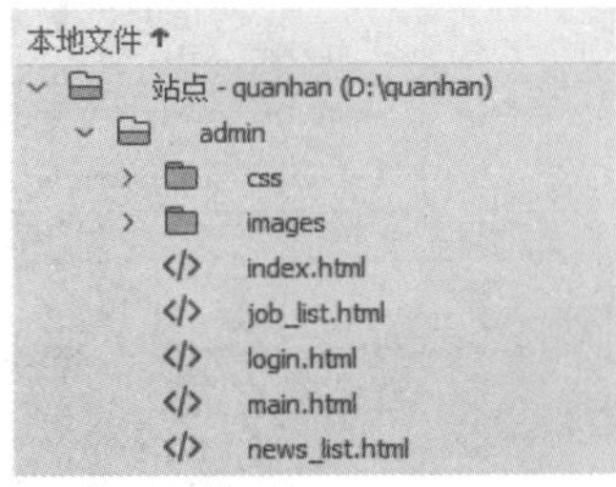

图 8.3.3　网站后台文件夹

②后台管理需要管理员权限，首先需要管理员登录。在“admin”文件夹中新建页面 login.html，最终实现效果如图 8.3.4 所示。

扫码查看
彩图效果

图 8.3.4　后台登录 login.html

③完成登录页面的 HTML 页面布局，其中 body 设置图片背景和颜色背景，内部设置一个盒子进行定位。盒子内部依次为：LOGO、登录表单、版权所有。HTML 代码见附录三⑧。

④附加 CSS 样式文件“admin/css/admin.css”，具体属性设置如下：

a. 通用 CSS，设置了后台经常使用的 CSS 标签和类的样式。具体代码见附录三⑨。

b. 布局 CSS，即布局元素的宽度、高度、边距、字体、背景等。难点在于登录表单外层的盒子，设置了透明度为 0.4 的边框，带阴影效果。具体代码见附录三⑩。

步骤二　后台管理首页的制作

①登录成功后，进入后台的框架网页 index.html。最终效果如图 8.3.5 所示。

图 8.3.5　后台管理首页 index.html

扫码查看
彩图效果

②后台管理页面的布局可以分为头部、导航、主体、底部四个部分。要求整屏显示，主体部分左侧菜单宽度为 210 px，主体部分右侧宽度为 100% −210 px，放置内容为一个浮动框架 iframe，根据左侧菜单链接的不同显示不同的页面。iframe 中默认显示页面为 main. html。

③完成管理首页的页面布局和 CSS 样式设置，具体代码见附录三⑪。

④完成 iframe 的默认页面 main. html，数据的呈现采用表格布局，如图 8. 3. 6 所示。具体代码见附录三⑫。

扫码查看
彩图效果

图 8. 3. 6　iframe 框架默认页面 main. html

新建网页 main. html，设置 DIV 完成网页的布局。其中“您好，admin!”部分和“系统环境”部分用表格来呈现。表格部分也可以设置 CSS 样式，应用类“table1”。

⑤自行完成下方的五个管理按钮的制作。

步骤三　后台管理列表页的制作

①单击左侧菜单“文章管理”，右侧即显示文章管理页面 news_list. html。总体效果如图 8. 3. 7 所示。

扫码查看
彩图效果

图 8. 3. 7　文章管理

②设置左侧“文章管理”的超链接，链接到“news_list. html”，链接目标窗口为浮动框架“mainframe”。

```
<li class="m2 "><a href="news_list.html" target="mainframe"><span class
="d2">文章管理</span></a></li>
```

③完成 news_list. html 页面，用表格布局，应用类“table2”，效果如图 8. 3. 8 所示。

首页 > 文章管理 > 文章列表 >

添加文章

ID	文章标题	发布时间	所属栏目	文章来源	操作
12	全瀚通信网站改版啦！	2021-06-18	新闻资讯	江苏全瀚	
11	中国联通匠心网络持续加速，多城市携手华为全面迈入Gbps时代	2021-06-06	新闻资讯	新闻宣传处	
10	联通手机营业厅App成流量包经营“主力”	2021-06-02	新闻资讯	新闻宣传处	
9	润讯公司荣获2020(第十五届)呼叫中心行业峰会年度最佳呼叫中心“最佳服务外包奖”	2020-08-15	新闻资讯	润讯通信	
8	关于在2016年主汛期抗洪抢险先进个人的表彰决定	2020-07-18	新闻资讯	通知公告	

1 2 3　　12条记录/3页

图 8. 3. 8　iframe 文章管理 news_list. html

扫码查看彩图效果

④单击左侧菜单“招聘管理”，右侧即显示招聘管理页面 job_list. html。总体效果如图 8. 3. 9 所示。

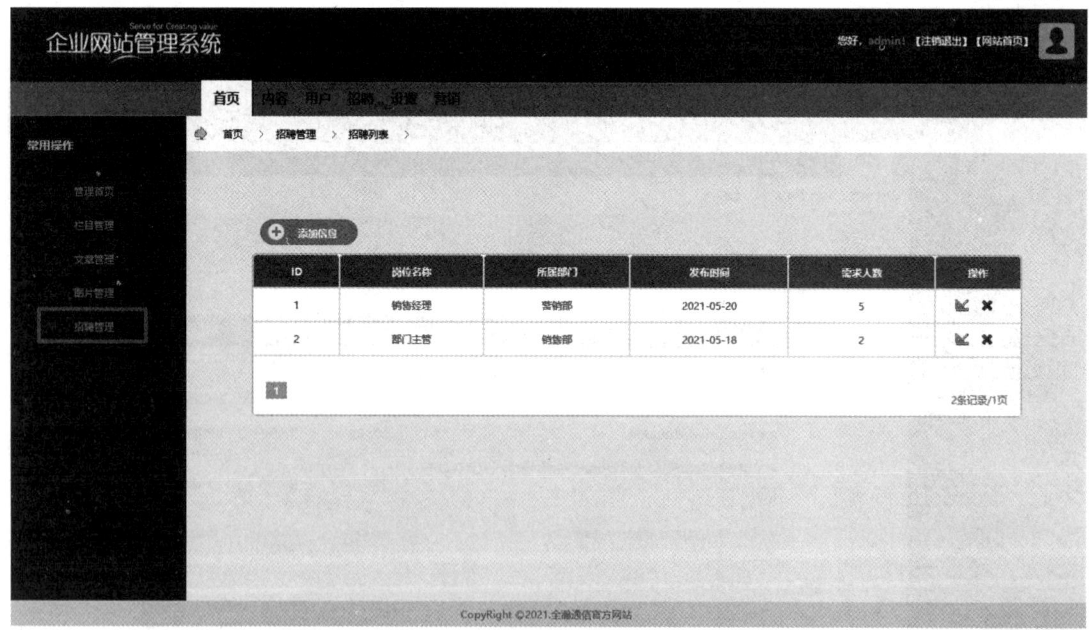

图 8. 3. 9　招聘管理

扫码查看彩图效果

⑤设置左侧“招聘管理”的超链接，链接到“job_list. html”，链接目标窗口为浮动框架“mainframe”。

```
<li class="m2 "><a href="news_list.html" target="mainframe"><span class="d2">文章管理</span></a></li>
```

⑥将 news_list. html 页面另存为 job_list. html，修改内容后，效果如图 8.3.10 所示。

首页 > 招聘管理 > 招聘列表 >

添加信息

ID	岗位名称	所属部门	发布时间	需求人数	操作
1	销售经理	营销部	2021-05-20	5	
2	部门主管	销售部	2021-05-18	2	

1　　2条记录/1页

图 8.3.10　iframe 招聘管理 job_list. html

扫码查看彩图效果

步骤四　测试、调试整个网站

网站完成后，需要进行测试，并调试整个网站，修改所有的错误，删除不必要的站点文件。简单的测试大体可分为如下几项：

1. 测试浏览器兼容性

可在主流浏览器 Edge、火狐、360、谷歌中进行测试。

2. 测试不同的终端和分辨率显示的效果

①不同终端的调试：在谷歌浏览器中按快捷键 F12，可查看不同终端的效果，如图 8.3.11 所示。

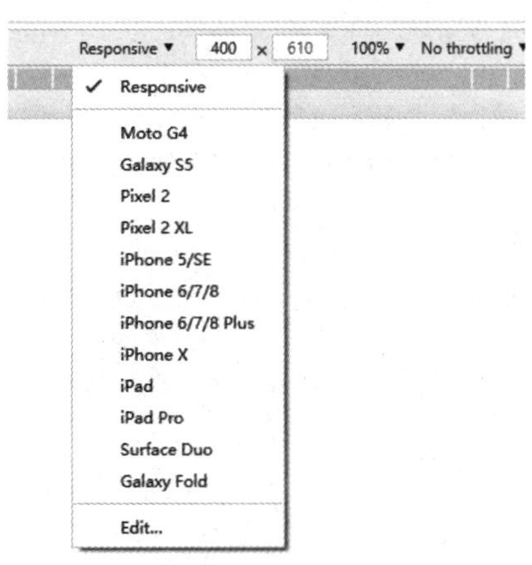

图 8.3.11　不同终端的调试

②不同分辨率的调试：在 Dreamweaver 中切换至“实时视图”，可单击不同的分辨率查看网页的效果，如图 8.3.12 所示。

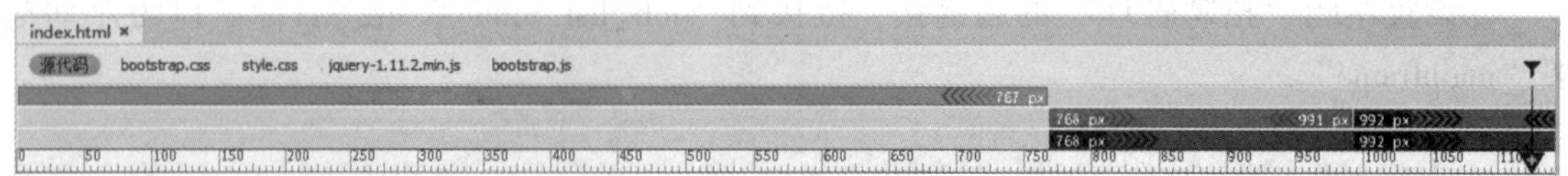

图 8.3.12　不同分辨率的调试

3. 测试整站的超链接

打开菜单“窗口”→“结果”→“链接检查器”，可以进行“断掉的链接”“外部链接”“孤立的文件”三项结果检查，如图 8.3.13～图 8.3.17 所示。选择整个当前站点的检查，然后对检查到的结果进行针对性的解决。

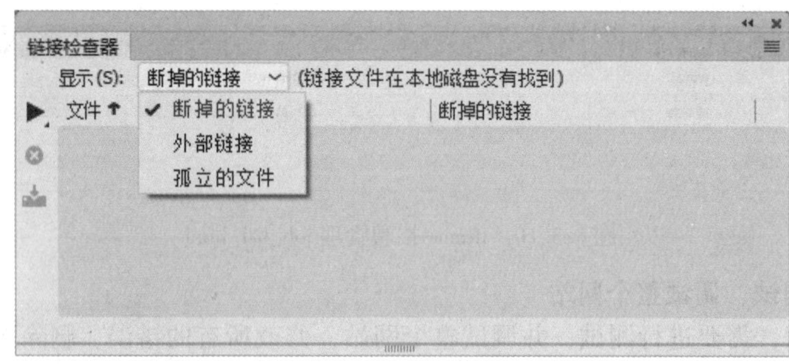

图 8.3.13　链接检查器

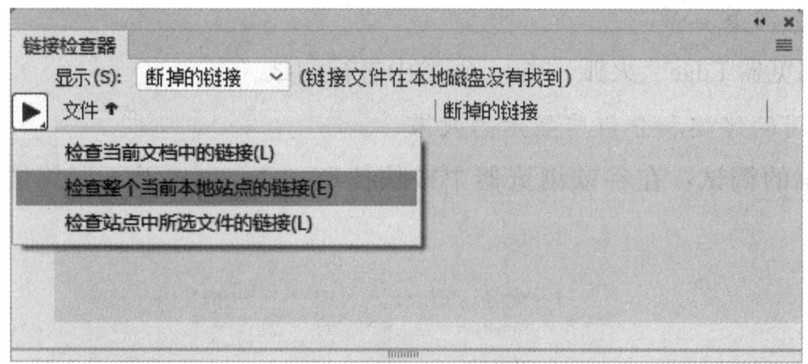

图 8.3.14　检查整个当前本地站点的链接

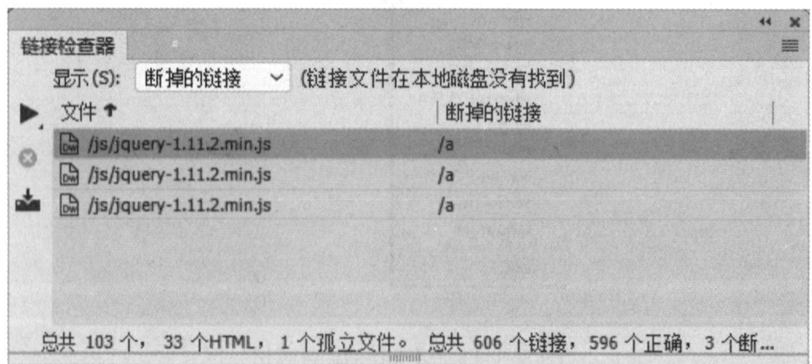

图 8.3.15　断掉的链接

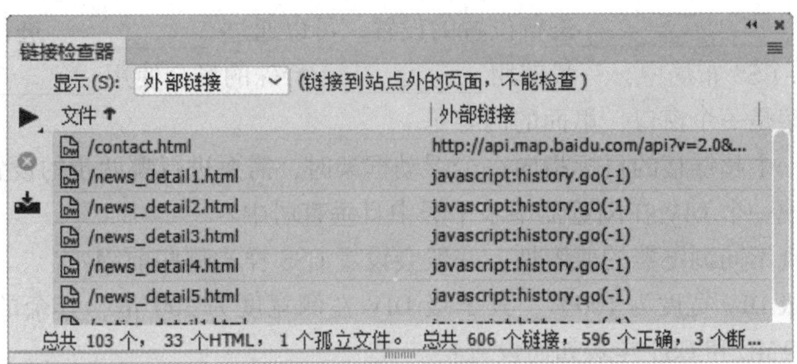

图 8.3.16　外部链接

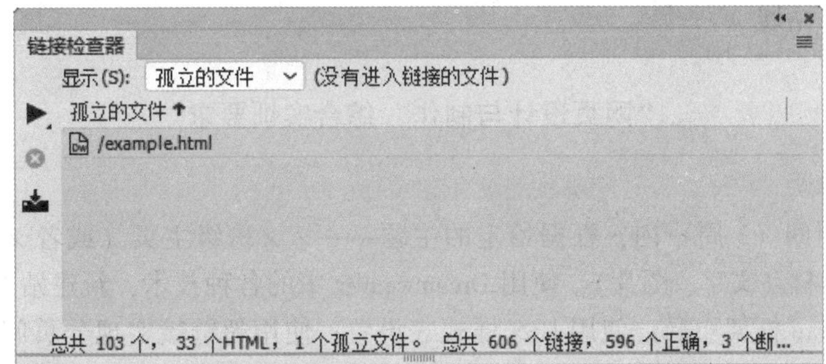

图 8.3.17　孤立的文件

本例通过一个企业网站的设计与制作，经历了一个完整静态网站的制作流程。当然，后期动态网站的学习会涉及更多的内容。本项目中涉及的知识点有网站规划、美工图设计、切片、网页布局、超链接、模板、表单、框架、表格等。

希望通过本项目的学习，能够熟练掌握静态网页的设计与制作，并能制作出优秀的网站作品。

（五）任务评价

序号	一级指标	分值	得分	备注
1	完成后台登录页面	30		
2	完成后台管理首页	30		
3	学习使用 iframe	10		
4	完成主体起始页	10		
5	完成文章管理页	10		
6	完成招聘管理页	10		
合计		100		

（六）思考练习

1. 绝对定位要求父级元素设置为________，否则以__________为原始点进行定位。配合_____________________进行位置的设置。可以通过__________进行对象的层叠。

2. 在 DIV + CSS 布局中，一般使用__________，特殊的场合使用__________。

3. 浮动框架是一个窗口，里面的内容是__________。

4. 当设置一个超链接的目标指向一个浮动框架时，需要进行哪两步的设置？

5. 如何实现一个 DIV 在浏览器中水平居中且垂直居中？

6. 为了实现不同浏览器的兼容性，一般会设置 CSS 样式哪些前缀？

7. 一个父级 DIV 宽度为 100%，其子级 DIV 左侧宽度为 300 px，其余的宽度都给右侧 DIV，具体的 HTML 和 CSS 样式如何设置？

8. 使用表格进行数据列表的显示和美化，可以设置哪些 CSS 样式？

（七）任务拓展

“网页设计与制作”综合实训要求

一、实训说明

在规定的时间（3 周）内，根据给定的主题——××班级主页（或者××企业网站），自己搜集相关素材（文字、图片），使用 Dreamweaver 中的各种技术，新建站点；使用 DIV + CSS 或者 Bootstrap 框架布局；使用 CSS 样式表设置；使用超链接实现分页间的互连；使用 JavaScript 实现动态效果；使用表单进行信息反馈；使用模板实现网页风格的统一；使用表格进行数据的呈现。创意并制作一个完整的网站（不少于 10 个页面）。考查设计者对信息进行整理、加工的能力及创意和设计能力。

二、实训要求

①网页要求主题鲜明、突出，内容充实、健康向上；界面美观，色彩运用恰当，布局设计独到，富有新意；主题表达形式新颖，构思独特、巧妙；主页有个性、有特色。

②网页布局、栏目等自行设计安排。导航美观、醒目、转换合理；网页中必须使用“相对路径”。

③技术运用要全面、技术含量高。

④网站文件夹结构清晰，至少包括一个主页文件 index. html 及文件夹 images、css。

⑤作品设计制作完成后，能正常访问浏览。建议使用 Chrome 浏览器（分辨率为 1 280 × 1 024 像素）。

⑥能展示并陈述自己的作品设计及创意。

三、评分标准（采用 **100** 分制）

Ⅰ级项目	Ⅱ级项目	分值
页面设计（共 40 分）	整体结构：网站设计美观大方，形式效果与主题相应，版面设计合理	0～20 分
	色彩搭配 ：色彩搭配合理	0～20 分

续表

Ⅰ级项目	Ⅱ级项目	分值
内容质量（共30分）	资源丰富性：能充分运用提供的文字、图片，生动、有效地展示与主题相关的内容	0～15分
	自制与主题相关的静态图片，与网页整体效果协调一致	0～10分
	知识性：内容规范、真实、科学，文字通顺，无错别字	0～5分
技术运用（共20分）	基本技术运用：网页制作规范，网站技术构架安全、稳定，人机交互方便，结构清晰，导航和链接准确	0～10分
	动态效果：合理使用动态效果，页面重点突出，并且无杂乱感	0～10分
个性特点（共10分）	创造性：主题表达形式新颖，构思独特、巧妙	0～5分
	审美独特性：界面美观，色彩运用恰当，布局设计独到，富有新意	0～5分

项目九

创建网站“菲菲服饰”（Bootstrap 应用）

一、项目简介

当前小型网站开发对前端视觉效果要求比较高，如图像、下拉菜单、导航、警告框、弹出框等，这需要制作者对 HTML、CSS、JavaScript 技术非常熟练，网页制作初学者对这些技术可能仅有基础的了解，想完成具有较多动态效果的网页设计，非常困难。Bootstrap 是一个用于快速开发 Web 应用程序和网站的前端框架，其响应式 CSS 能够自适应台式机、平板电脑和手机。Bootstrap 包含了十几个可重用的组件，用于创建下拉菜单、按钮、按钮下拉菜单、导航、路径导航、分页、排版、缩略图、警告对话框、进度条图像等，利用 Bootstrap 的框架，可以快速设计出具有丰富动态效果的前端网页。

二、项目目标

本项目以“菲菲服饰”网站开发为例，利用 Bootstrap 框架来实现具有丰富动感效果、视觉突出的时尚型网站建设，帮助初学者理解 Bootstrap 的概念和作用，认识 Bootstrap 框架结构，了解 Bootstrap 组件构成，学会引用 Bootstrap 组件的方法，利用 Bootstrap 技术设计制作动态十足的“菲菲服饰”网站，体验 Bootstrap 框架的强大功能。

通过本项目的学习，初步形成利用 Bootstrap 框架建立丰富动态效果网站的基本思路，提高对身边美好事物的敏感度，培养积极向上的生活态度、健康乐观的心理状态，以及对美好事物的追求。

三、工作任务

根据“菲菲服饰”网站设计与制作的要求，基于工作过程，以任务驱动的方式，利用 Bootstrap 技术完成整个网站的设计和制作，实现下拉菜单、路径导航、分页、排版、缩略图等现代网站元素，保持整个网站的风格协调一致。

①了解 Bootstrap 的概念和作用。

②认识 Bootstrap 的框架结构和组件构成。

③在网页制作中引用 Bootstrap 组件的方法。

④利用 Bootstrap 技术设计制作具有丰富动态效果的网页。

⑤整理基于 Bootstrap 制作网站的一般流程。

任务一　制作网站首页

（一）任务描述

通过以下两个步骤的操作实践来认识 Bootstrap 框架的概念和作用，了解 Bootstrap 框架中页面布局、导航条、图片轮播等组件和插件的用法，初步完成“菲菲服饰”网站首页的制作。网页效果如图 9.1.1 所示。

①设计“菲菲服饰”网站结构。

②制作“菲菲服饰”网站首页。

图 9.1.1　“菲菲服饰”网站首页效果图

（二）任务目标

按照网站需求分析，建立站点文件夹，并在 Dreamweaver 2021 中建立站点，通过“菲菲服饰”网站首页设计和制作，帮助初学者理解 Bootstrap 的概念和作用，学会 Bootstrap 组件中下拉菜单、导航条等组件引用方法和修改方法，完成网站首页的制作。

（三）知识准备

知识准备一　了解 Bootstrap 的概念和作用

现代风格的网站，对界面设计要求比较高：整齐、规范、流畅，动态效果丰富。如果网页设计师制作每个网站都要重复做这些界面设计工作，工作量将非常大。2011 年开始，Twitter 的设计师 Mark Otto 和 Jacob Thornton 合作开发了一个基于 HTML、CSS、JavaScript 的框架，包含了丰富的 Web 组件，包括下拉菜单、按钮组、按钮下拉菜单、导航条、路径导航、分页、排版、缩略图、警告对话框、进度条、媒体对象等。使用这些组件，可以快速地搭建一个漂亮、功能完备的网站。这个目前很受欢迎的前端框架就是 Bootstrap。可以在官网 http://www. bootcss. com/下载软件包，其内部结构如图 9. 1. 2 所示。

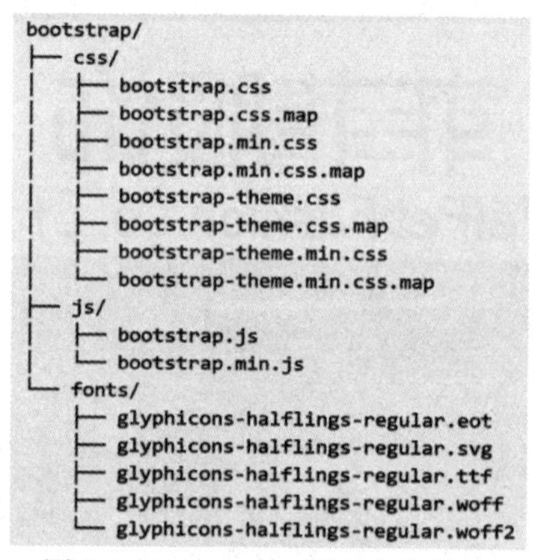

```
bootstrap/
├── css/
│   ├── bootstrap.css
│   ├── bootstrap.css.map
│   ├── bootstrap.min.css
│   ├── bootstrap.min.css.map
│   ├── bootstrap-theme.css
│   ├── bootstrap-theme.css.map
│   ├── bootstrap-theme.min.css
│   └── bootstrap-theme.min.css.map
├── js/
│   ├── bootstrap.js
│   └── bootstrap.min.js
└── fonts/
    ├── glyphicons-halflings-regular.eot
    ├── glyphicons-halflings-regular.svg
    ├── glyphicons-halflings-regular.ttf
    ├── glyphicons-halflings-regular.woff
    └── glyphicons-halflings-regular.woff2
```

图 9. 1. 2　Bootstrap 框架主体结构

Bootstrap 目前使用较广的是版本 v3 和 v4，其中 v3 版本是 3. 4. 1，v4 版本是 4. 4. 1，Dreamweaver 2021 中同时集成了 Bootstrap 的这两个版本供用户选择使用（默认使用 4. 4. 1，对于初学者，建议使用成熟、稳定的 3. 4. 1 版本）。在创建新 HTML 网页时，选择框架 Bootstrap，系统会自动在当前站点文件夹下新建 CSS 文件夹，并复制 bootstrap - 3. 4. 1. css 文件到此文件夹，这就是 Bootstrap 框架的核心文件。同时，系统还会在当前站点文件夹下新建 fonts、js 两个文件夹，在 js 文件夹里复制 bootstrap - 3. 4. 1. js、jquery - 1. 12. 4. min. js 两个脚本文件，这同样也是 Bootstrap 框架的核心文件。有了这几个文件，在制作网页时，就可以直接调用 Bootstrap 的各种组件，来设计和制作漂亮的网页。

本地引用 Bootstrap 框架非常简单，只需在需要使用框架的网页的 <head> </head> 标签中加入：

```
<link href = "css/bootstrap -3.4.1.css" rel = "stylesheet" >;
```

在 <body> </ body> 标签内加入：

```
<script src = "js/jquery -1.12.4.min.js" > </script >
<script src = "js/bootstrap -3.4.1.js" > </script >
```

两行即可。

知识准备二　Bootstrap 栅格系统和文字排版

1. 栅格系统（Grid System）

（1）基础知识

布局在每个网站设计项目中都是必不可少的，Bootstrap 建立了一个响应式的 12 列栅格布局系统，它引入了 fixed 和 fluid - with 两种布局方式。响应式布局的更强大的功能是能让网格布局自适应各类设备。应用也非常简单，只需要遵守 HTML 模板应用，就能轻松地构建所需的布局结果。

默认的 Bootstrap 栅格系统提供一个宽为 940 px 的 12 列格网，如图 9. 1. 3 所示。这意味着页面默认宽度是 940 px，最小的单元宽度是 940/12 px。Bootstrap 使网页可以更好地适应多种终端设备，例如平板电脑、智能手机等。

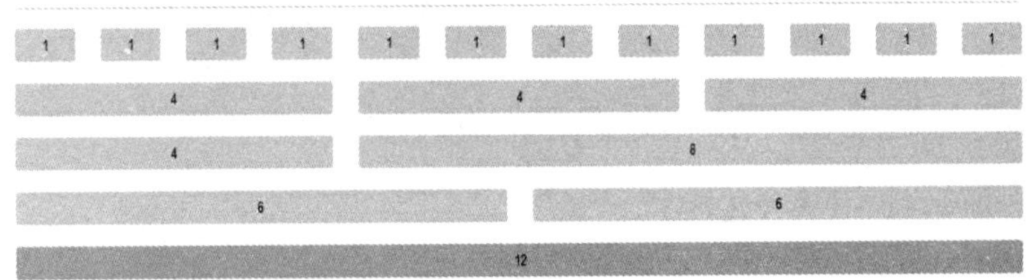

图 9. 1. 3　默认栅格系统

【例 9. 1】 实现图 9. 1. 3 中第三行的宽度为 4 和宽度为 8 的代码片段如下：

```
<div class = "row" >
<div class = "span4" > ... </div >
<div class = "span8" > ... </div >
</div >
```

流式栅格系统（Fluid Grid System）使用百分比，而不是固定的像素来确定页面的宽度。只需要简单地将 . row 改成 . row - fluid，就可以将 fixed 行改为 fluid，如图 9. 1. 4 所示。

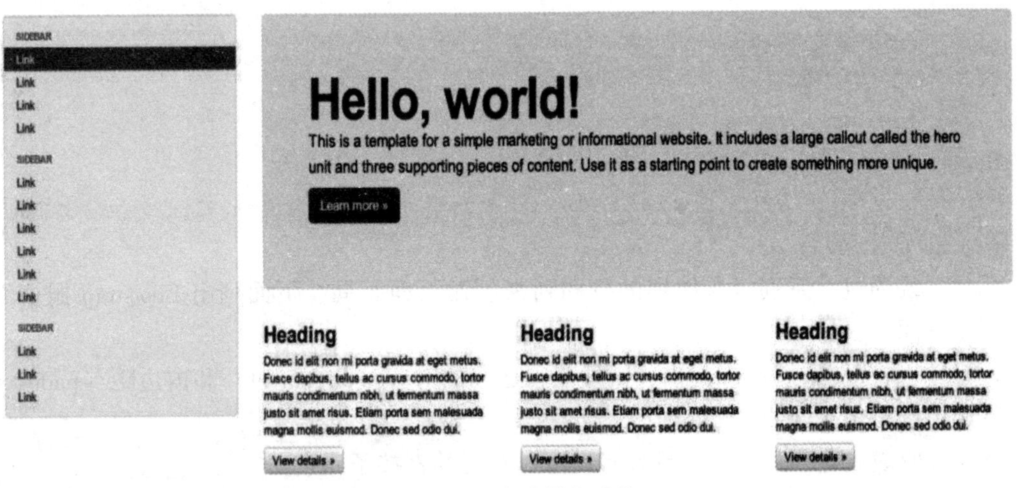

图 9. 1. 4　流式栅格系统

【例9.2】 实现图9.1.4中两个不同宽度的流式页面的代码片段如下：

```
<div class = "row - fluid" >
<div class = "span4" >…< /div >
<div class = "span8" >…< /div >
< /div >
```

Bootstrap 提供了两种布局（Layout）方式：固定（Fixed）布局和流式（Fluid）布局。如图9.1.5所示，图9.1.5（a）为固定布局，图9.1.5（b）为流式布局。

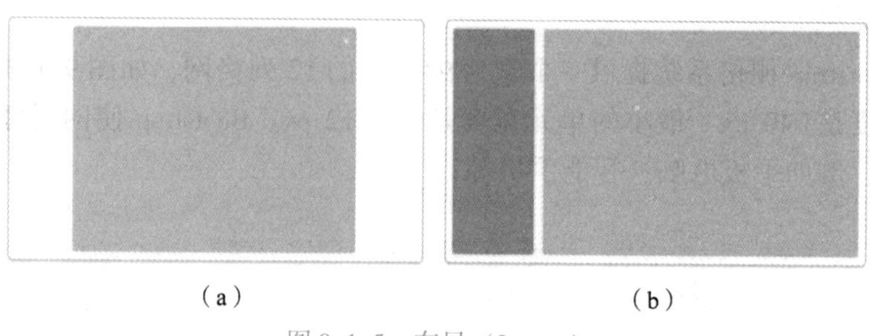

（a）　　（b）

图9.1.5　布局（Layout）

【例9.3】 固定布局代码片段如下：

```
<body >
<div class = "container" > …
< /div >
< /body >
```

【例9.4】 流式布局代码片段如下：

```
<div class = "container - fluid" >
<div class = "row - fluid" >
<div class = "span2" >
<! -- Sidebar content -- >
< /div >
<div class = "span10" >
<! -- Body content -- >
< /div >
< /div >
< /div >
```

（2）工作原理

栅格系统通过一系列包含内容的行和列来创建页面布局。下面列出 Bootstrap 栅格系统的主要工作原理：

➢行必须放置在 . container 内，以便获得适当的对齐（alignment）和内边距（padding）。

➢使用行来创建列的水平组。

➢内容应该放置在列内，并且唯有列可以是行的直接子元素。

➢预定义的网格类，比如 . row 和 . col - xs - 4，可用于快速创建栅格布局。LESS 混合类

可用于更多语义布局。

➤列通过内边距（padding）来创建列内容之间的间隙。该内边距通过 . rows 上的外边距（margin）取负，表示第一列和最后一列的行偏移。

➤栅格系统中的列是通过指定 1 ~ 12 的值来表示其跨越的范围。例如，3 个等宽的列可以使用 3 个 . col – xs – 4 来创建。

（3）栅格选项

表 9. 1. 1 说明了 Bootstrap 栅格系统如何在多种类型的设备中工作。

表 9. 1. 1 Bootstrap 栅格系统在多种类型的设备中工作

特性	超小设备手机（<768 px）	小型设备平板电脑（≥768 px）	中型设备台式电脑（≥992 px）	大型设备台式电脑（≥1 200 px）
网格行为	一直是水平的	以折叠开始，断点以上是水平的	以折叠开始，断点以上是水平的	以折叠开始，断点以上是水平的
最大容器宽度/px	none（auto）	750	970	1 170
Class 前缀	. col – xs –	. col – sm –	. col – md –	. col – lg –
列数量和	12	12	12	12
最大列宽/px	auto	60	78	95
间隙宽度/px	30	30	30	30
可嵌套	Yes	Yes	Yes	Yes
偏移量	Yes	Yes	Yes	Yes
列排序	Yes	Yes	Yes	Yes

（4）基本网格结构

【例 9. 5】Bootstrap 网格结构的代码片段如下：

```
<div class = "container" >
<div class = "row" >
<div class = "col – * – * " > </div >
<div class = "col – * – * " > </div >
</div >
<div class = "row" >... </div >
</div >
<div class = "container" >....
```

其中，<div class = "col – * – * " > </div >中的第一个“ * ”，用“xs”“sm”“md”“lg”代替，根据适用设备的情况选择；第二个“ * ”是一个数字，“数字”从 1 ~ 12 中取，数字等于几，就占几份。合理地选择单元格的数字配置，再向单元格中添加需要的内容，这样一个栅格系统就完成了。

【例9.6】行定义的代码片段如下：

```
<div class = "row" >
    <div class = "col - md - 6" >第一列 </div >
    <div class = "col - md - 6" >第二列 </div >
</div >
```

以上例子定义了一行，由两列构成，每列占6份，两列共占用12份。

2. 文字排版

文字排版（Typography）中包括标题（Headings）、段落（Paragraphs）、列表（Lists）及其他内联要素。

标题和段落使用 html <h * > </h * >和 <p> </p>即可表现，可以不必考虑 margin、padding。两者显示效果如图9.1.6所示。

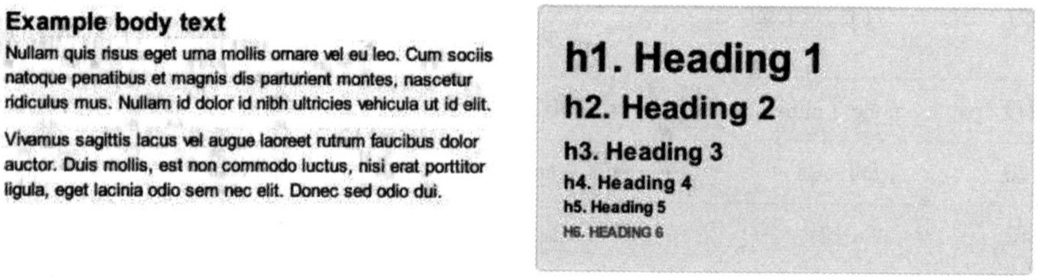

图9.1.6 标题与段落

Bootstrap 提供了三种标签来表现不同类型列表：<ul>表示无序列表，<ul class = "unstyled">表示无样式的无序列表；<ol>表示有序列表；<dl>表示描述列表，<dl class = "dl - horizontal">表示竖排描述列表。图9.1.7显示了这几种列表样式。

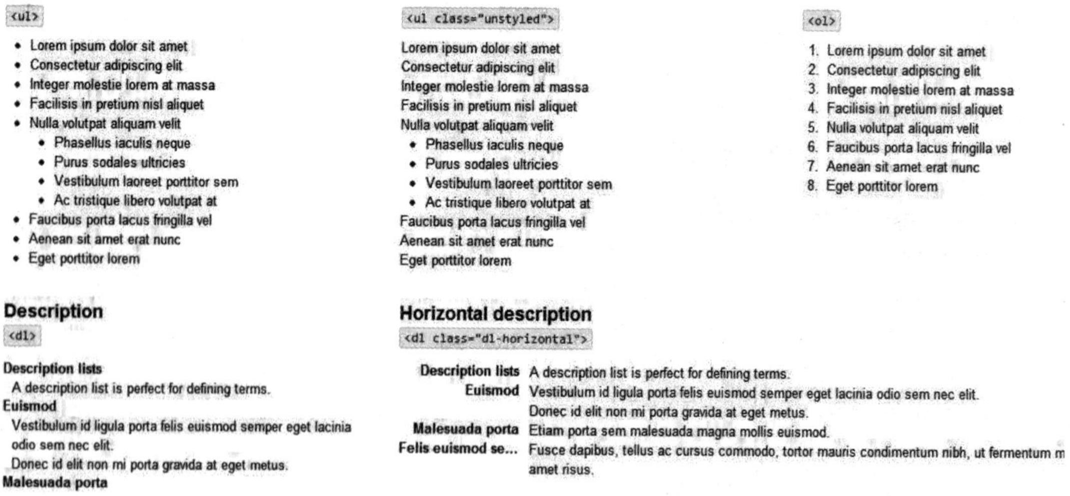

图9.1.7 列表

其他文字排版如强调（Emphasis）、引用文字（Blockquotes）、缩略语等相关内容，可以查阅 Bootstrap 相关网站了解。

小贴士

更多内容可以查阅 Bootstrap 中文网，网址为 http://www. bootcss. com/。

知识准备三　重要组件：按钮（Button）

Bootstrap 提供了多种样式的按钮，同样通过 CSS 的类来控制，包括 btn、btn－primary、btn－info、btn－success 等不同颜色的按钮；也可通过 . btn－large 和 . btn－mini 等 CSS 的 class 来控制按钮大小，能够同时用在 <a>、<button>、<input>标签上，非常简单，效果如图 9. 1. 8 所示。

按钮	class=""	描述
默认	btn	渐变的灰色标准按钮
主要	btn btn-primary	让按钮在一系列的按钮中突显出来
信息	btn btn-info	可以替换默认的按钮样式
成功	btn btn-success	表示成功或正面动作
警告	btn btn-warning	表示这个动作需要谨慎执行
危险	btn btn-danger	表示危险或负面动作
反向	btn btn-inverse	暗色按钮，没有特殊的意义
链接	btn btn-link	保持按钮的行为，但是淡化了按钮的样式，看起来像是一个链接。

图 9. 1. 8　按钮样式

在 Bootstrap 中，可以通过组合 button 来获得更多类似于工具条的功能。组件中的按钮可以组合成按钮组（button group）和按钮式下拉菜单（button drown menu）。

按钮组即将多个按钮集合成一个页面部件。只需要使用 . btn－group 类和一系列的 <a>或者 <button>标签，就可以方便地生成一个按钮组或者按钮工具条。

小贴士

在单一的按钮组中不要混合使用 <a>和 <button>标签；同一按钮组最好使用单一色。

按钮组和按钮工具条都非常容易实现，如图 9. 1. 9 所示。

图 9. 1. 9　按钮组

【**例 9.7**】图 9.1.9（a）所示的按钮组的代码片段如下：

```
<div class = "span4 well pricehover" >
<h2 >按钮组 < /h2 >
<div class = "btn - group" style = "margin:9px 0px;" >
<button class = "btn btn - large btn - primary" >Left < /button >
<button class = "btn btn - large btn - primary" >Middle < /button >
<button class = "btn btn - large btn - primary" >Right < /button >
< /div >
< /div >
```

Bootstrap 允许使用任意的按钮标签来触发一个下拉菜单，只需要将正确的菜单内容置于 . btn – group 类标签内即可，如图 9. 1. 10 所示。

图 9. 1. 10　按钮下拉菜单

【**例 9.8**】图 9.1.10 中的“Inverse”下拉菜单的代码片段如下：

```
<div class = "btn - group" >
    <button class = "btnbtn - inverse dropdown - toggle" data - toggle = "dropdown" >
        Inverse < span class = "caret" > < /span >
    < /button >
<ul class = "dropdown - menu" >
<li > <a href = "#" >Action < /a > < /li >
<li > <a href = "#" >Another action < /a > < /li >
<li > <a href = "#" >Something else here < /a > < /li >
<li class = "divider" > < /li >
<li > <a href = "#" >Separated link < /a > < /li >
< /ul >
< /div > <! -- /btn - group -->
```

知识准备四　重要组件：导航条（Navbar）

页面头部的导航条是最重要的要素之一。Bootstrap 提供了各种样式的导航条，导航条的基础类是 . navbar，用 . navbar – fixed – top 与 . navbar – fixed – bottom 来设置导航条在顶部或底部。同时，可以在 navbar 中使用 form 要素，比如 . navbar – form。可以支持响应式操作，

通过 . nav – collapse 或者直接 . collapse 类实现。如图 9.1.11 所示：

图 9.1.11　导航条

【例 9.9】 图 9.1.11 所示的导航条的代码片段如下：

```
<div class = "navbar" >
<div class = "navbar - inner" >
<div class = "container" >
<a class = "brand" href = "#" >标题 </a >
<div class = "nav - collapse" >
<ul class = "nav" >
<li class = "active" > <a href = "#" >首页 </a > </li >
<li > <a href = "#" >美剧 </a > </li >
<li > <a href = "#" >娱乐 </a > </li >
</ul >
…
</div > <! -- /nav - collapse -- >
</div >
</div > <! -- /navbar - inner -- >
</div > <! -- /navbar -- >
```

知识准备五　重要插件：图片轮播（Carousel）

Bootstrap 的图片轮播（Carousel）插件是一种灵活的响应式的向站点添加轮番显示内容的方式。内容灵活，可以是图像、内嵌框架、视频或者其他想要放置的任何类型的内容。效果如图 9.1.12 所示。

图 9.1.12　图片轮播

【**例 9.10**】图 9.1.12 所示的图片轮播的代码片段如下：

```
<div id = "myCarousel" class = "carousel slide" >
    <ol class = "carousel - indicators" >
        <li data - target = "#myCarousel" data - slide - to = "0" class = "active" > </li >
        <li data - target = "#myCarousel" data - slide - to = "1" > </li >
        <li data - target = "#myCarousel" data - slide - to = "2" > </li >
    </ol >
    <! -- 图片轮播项目 -- >
    <div class = "carousel - inner" >
        <div class = "active item" >…</div >
          <div class = "item" >…</div >
          <div class = "item" >…</div >
    </div >
    <! -- 图片轮播导航 -- >
    <a class = "carousel - control left" href = "#" data - slide = "prev" >&lsaquo; </a >
    <a class = "carousel - controlright" href = "#" data - slide = "next" >&rsaquo; </a >
</div >
```

想一想：

"图片轮播"插件调用了哪个脚本文件实现了轮播效果？

（四）任务实施

步骤一　准备网站基本架构

①在 D 盘建立站点目录"fffs"及其子目录 images，将素材文件夹中提供的图片文件复制到 images 文件夹中，为后期创建网站文件做好前期准备工作，如图 9.1.13 所示。

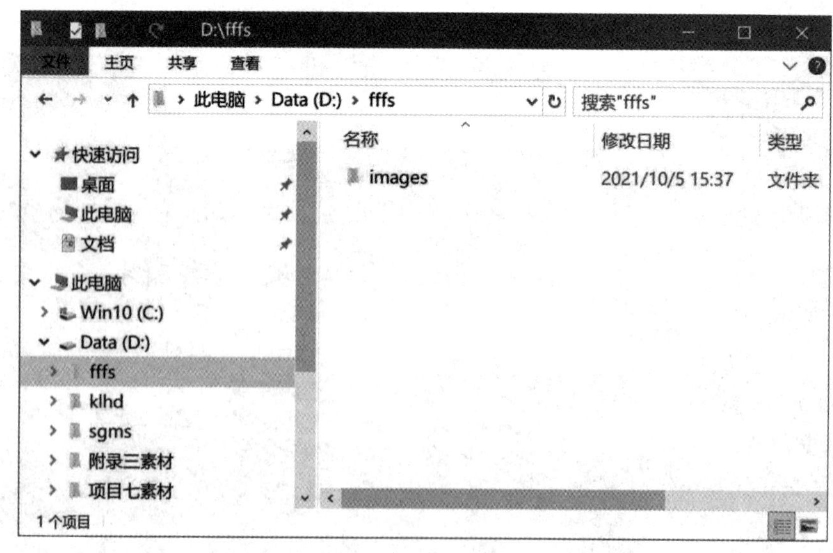

图 9.1.13　新建站点目录

②打开 Dreamweaver 2021，单击“站点”菜单，选择“新建站点”，使用“站点设置对象”定义站点，站点名为“菲菲服饰”，站点文件夹为“fffs”，如图 9. 1. 14 所示。

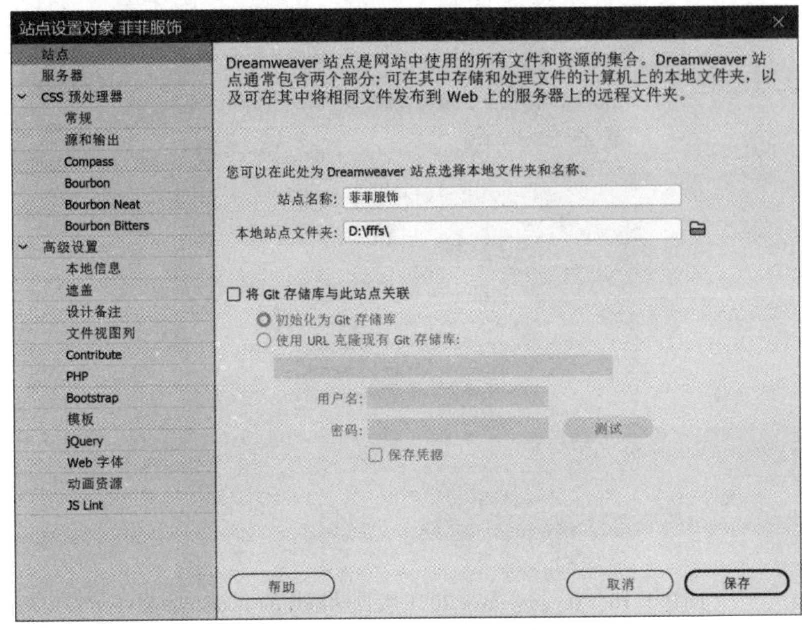

图 9. 1. 14 定义站点

展开“高级设置”，单击“Bootstrap”，在对话框右侧选择 Bootstrap 版本 3. 4. 1。

③单击“文件”菜单，选择“新建”，在弹出的对话框中单击“新建文档”，文件类型为“HTML”，框架选择“BOOTSTRAP”，取消勾选“包含预构建布局”，单击“创建”按钮，如图 9. 1. 15 所示。

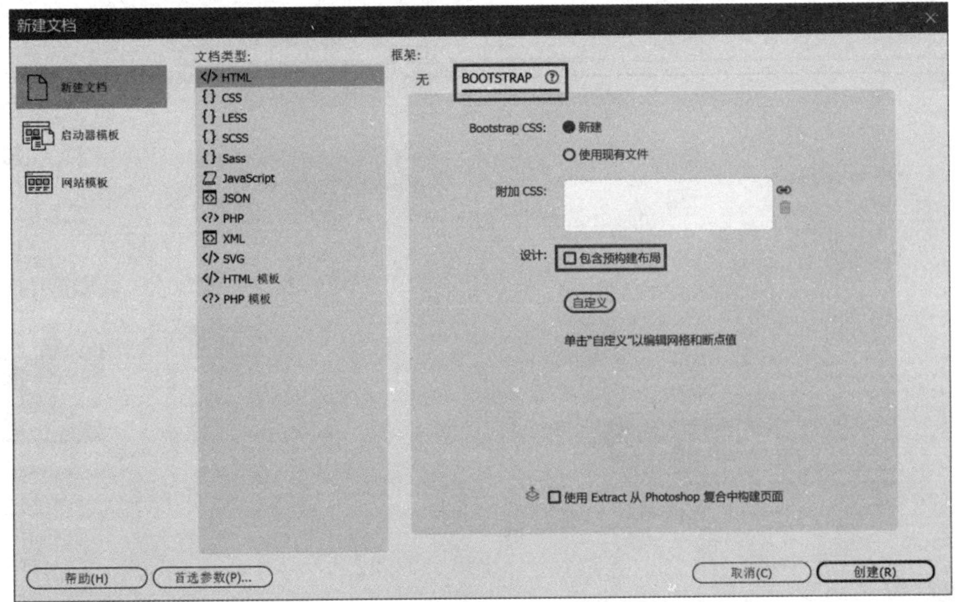

图 9. 1. 15 新建 Bootstrap 框架网页

单击“文件”菜单，选择“保存”，将新建的文档保存为“index. html”。此时站点文件夹下新增三个文件夹：css、fonts、js，其中，css 文件夹下的 bootstrap－3. 4. 1. css、js 文件夹下的 bootstrap － 3. 4. 1. js 是整个框架的核心文件，Bootstrap 版本是 3. 4. 1，如图 9. 1. 16 所示。

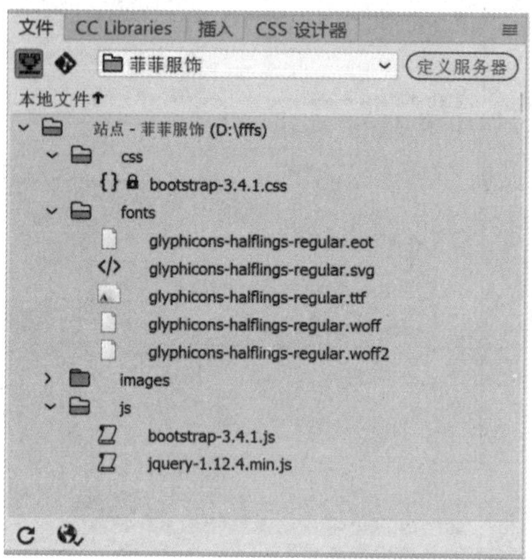

图 9. 1. 16　Dreamweaver 2021 版自动添加的 Bootstrap 文件

将视图模式切换到“实时视图”，单击“拆分”按钮，文档编辑窗口拆分成两部分，后续的网页制作，主要是在此模式下进行，如图 9. 1. 17 所示。大量的编辑操作需要在文档窗口下方的“代码”编辑区进行，这与普通网页的设计模式有所区别。

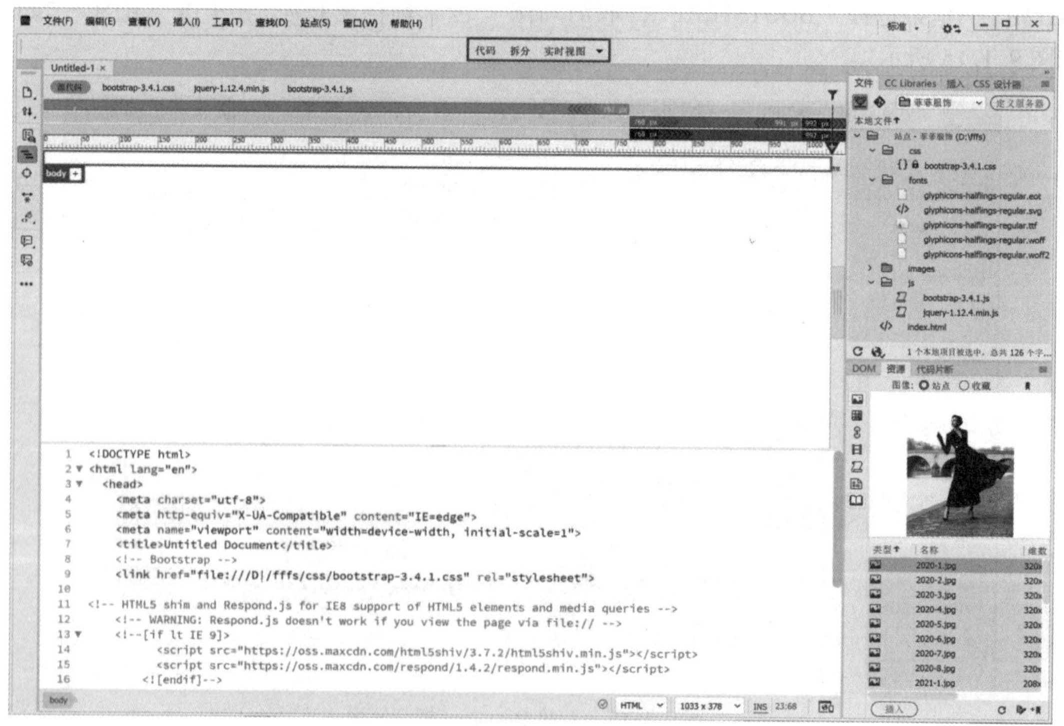

图 9. 1. 17　“拆分”编辑模式

想一想：

为什么在使用 Bootstrap 框架制作网页时一定要强调使用“实时视图”模式？

步骤二　制作网站首页

1. 添加“导航条”

在文档的代码编辑区，将插入点移动到 <script src = "js/bootstrap - 3. 4. 1. js" > </script > 后，单击“插入”菜单，选择“Bootstrap 组件”→“Navbar”→“Inverted Navbar”，在顶部添加一个暗色响应式导航条，如图 9. 1. 18 所示。

图 9. 1. 18　暗色响应式导航条

在“实时视图”区，选中“Brand”，在代码区相应选中的位置中找到文字“Brand”，如图 9. 1. 19 所示，将此文字修改为“菲菲服饰”。

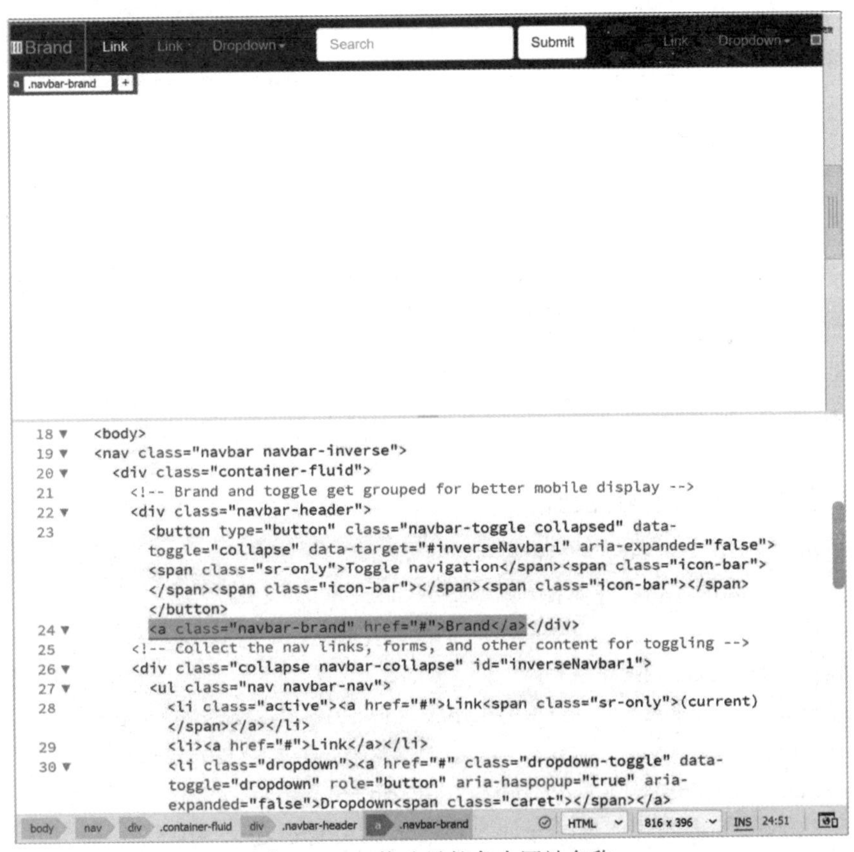

图 9. 1. 19　修改导航条中网站名称

【例 9. 11】 修改后的代码片段如下：

```
<a class = "navbar - brand" href = "#" > 菲菲服饰 < /a >
```

使用同样方法将第 1 项“Link”改为“首页”，超链接对象为“index. html”；将第 2 项“Link”改为“设计师”，超链接对象为“Designer. html”；第 3 项“Dropdown”改为“产品展示”，在第 3 项下拉菜单的 <ul> 和 </ul> 代码中，将第 1 对 <li> </li> 中的“Action”改成“2020”，将第 2 对 <li> </li> 中的“Another action”改成“2021”，超链接对象都是“Product. html”。第 3 ~ 7 对 <li> 标记全部选中后删除。

单击搜索框后的“Submit”按钮，在代码编辑区的 <button> 标记中，将按钮上的文字修改为“搜索”。同样，将“搜索”按钮后的“Link”修改为“关于菲菲”。选中最后一组“Dropdown”下拉菜单后，将代码全部删除。修改后的代码效果如图 9. 1. 20 所示。

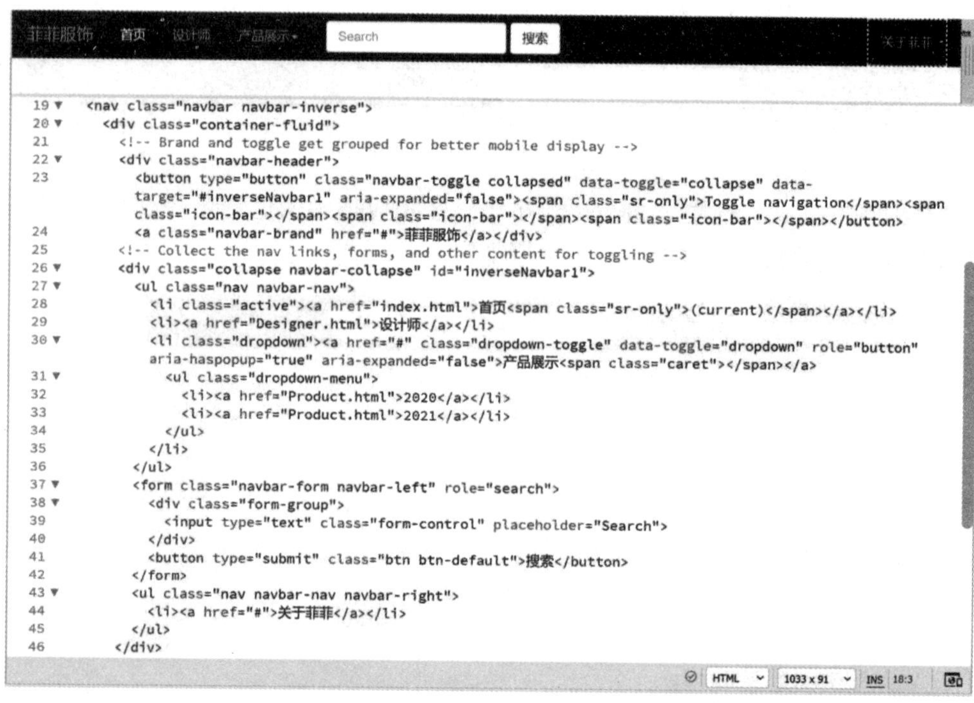

图 9. 1. 20　修改导航条中导航链接标题

【例 9. 12】 修改后的代码片段如下：

```
< nav class = "navbar navbar - inverse" >
< div class = "container - fluid" >
< ! -- Brand and toggle get grouped for better mobile display -- >
< div class = "navbar - header" >
< button type = "button" class = "navbar - toggle collapsed" data - toggle = "col-
lapse" data - target = "#inverseNavbar1" aria - expanded = "false" >
< span class = "sr - only" > Toggle navigation < /span >
< span class = "icon - bar" > < /span > < span class = "icon - bar" >
< /span > < span class = "icon - bar" > < /span > < /button >
< ! - 网站导航栏 logo 代码段 -- >
< a class = "navbar - brand" href = "#" > 菲菲服饰 < /a > < /div >
< ! - 网站导航栏菜单代码段 -- >
< div class = "collapse navbar - collapse" id = "inverseNavbar1" >
```

```
<ul class="nav navbar-nav">
<li class="active">
<a href="index.html">首页<span class="sr-only">(current)</span></a>
</li>
<li><a href=" Designer.html">设计师</a></li>
<li class="dropdown">
<a href="#" class="dropdown-toggle" data-toggle="dropdown" role="button"
aria-haspopup="true" aria-expanded="false">产品展示<span class="caret"></
span></a>
<ul class="dropdown-menu">
<li><a href=" Product.html">2020</a></li>
<li><a href=" Product.html">2021</a></li>
</ul>
</li>
</ul>
<!-网站导航栏搜索栏代码段-->
<form class="navbar-form navbar-left" role="search">
<div class="form-group">
<input type="text" class="form-control" placeholder="Search">
</div>
<button type="submit" class="btn btn-default">搜索</button>
</form>
<!-网站导航栏 about 代码段-->
<ul class="nav navbar-nav navbar-right">
<li><a href="#">关于菲菲</a></li>
</ul>
</div>
<!--/.navbar-collapse-->
</div>
<!--/.container-fluid-->
</nav>
```

2. 添加“网站LOGO”

在文档的代码编辑区，将插入点移动到</nav>标记下方，即导航栏下方，准备插入网站LOGO图片。打开“插入”菜单，选择“Bootstrap组件”→“container”，插入一个DIV容器，并在DIV标签内添加“align="center"”，让容器中的元素居中对齐。接下来选择“Bootstrap组件”→“Responsive Image”→“Default”，这时会在导航栏下插入一个灰色矩形区域。在“实时视图”显示区，单击左上角，弹出“HTML”属性设置对话框。在“src”中选择images文件夹下的logo.png图片，在“alt”中输入“菲菲服饰”，在“link”中选择当前站点下的index.html，网站LOGO插入完成。效果如图9.1.21所示。

图 9.1.21　添加网站 LOGO 图片

【**例 9.13**】修改后的代码片段如下：

```
<div class = "container" align = "center" > <a href = "index.html" > <img src =
"images/logo.png" class = "img - responsive" alt = "菲菲服饰" > </a > </div >
```

3. 添加"图片轮播"

在网站 LOGO 下方，制作公司产品展示横幅，此功能利用 Bootstrap 的"图片轮播"功能可以很方便地实现。在文档的代码编辑区，将插入点移动到网站 LOGO 标记代码下方，打开"插入"菜单，选择"Bootstrap 组件"→"carousel"，这时会在代码区插入"图片轮播"功能代码，起始是 <div id = "carousel1" class = "carousel slide" data - ride = "carousel" >。

默认情况下是三张图片轮换显示，现在修改要显示的图片。在"实时视图"显示区，单击"图片轮播"灰色矩形区域左上角，弹出"HTML"属性设置对话框，在"src"中选择 images 文件夹下的 banner1. jpg 图片，在"alt"中输入"专卖店布局"，在"link"中输入"#"。其他两张图片依次选 banner2. jpg 和 banner3. jpg。效果如图 9.1.22 所示。

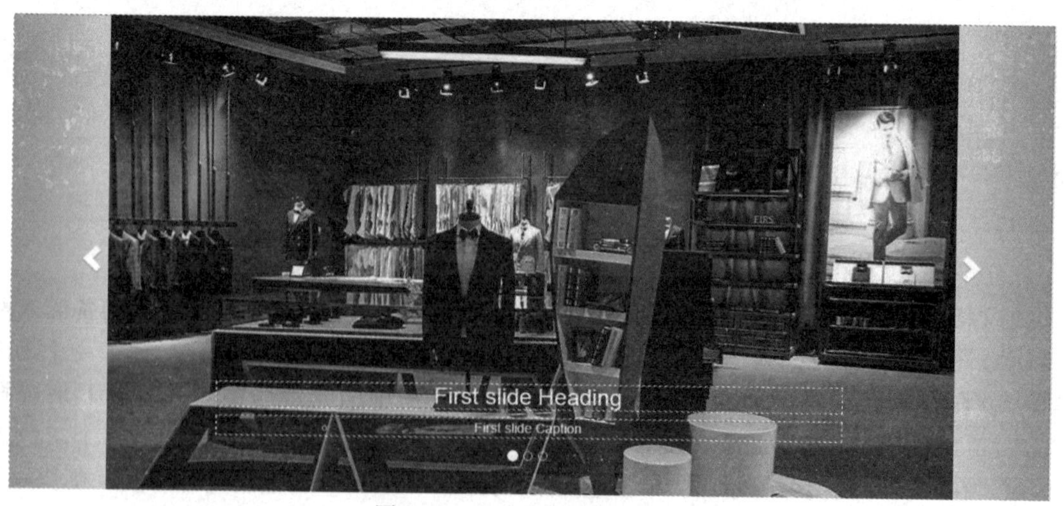

图 9.1.22　公司产品展示横幅

同时，在代码编辑区，依次修改每张轮播图片下 <h3 > </h3 > 和 <p > </p > 标记中的内容，这两项内容将显示在每张轮播图片上。

【例 9.14】修改后的代码片段如下：

```
    <div class="item active"><a href="#"><img src="images/banner1.jpg" alt=
"专卖店布局" class="center-block"></a>
    <div class="carousel-caption">
    <h3>专卖店形像</h3>
    <p>标准店面设计</p>
    </div>
    </div>
    <div class="item"><a href="#"><img src="images/banner2.jpg" alt="模特展示"
class="center-block"></a>
    <div class="carousel-caption">
    <h3>中国风服装展示</h3>
    <p>2021 年最新风尚</p>
    </div>
    </div>
    <div class="item"><a href="#"><img src="images/banner3.jpg" alt="模板展示"
class="center-block"></a>
    <div class="carousel-caption">
    <h3>欧洲风服装展示</h3>
    <p>2021 新款服装</p>
    </div>
```

4. 添加"联系方式"

在公司产品展示广告横幅下方，添加公司的各种联系方式。在文档的代码编辑区，将插入点移动到网站广告横幅代码下方，打开"插入"菜单，选择"Bootstrap 组件"→"container"，插入一个 DIV 容器。在此 DIV 容器内，选择"Bootstrap 组件"→"Grid Row with Column"，打开"插入包含多列的行"对话框，在"需要添加的列数"下方输入"1"，单击"确定"按钮，如图 9.1.23 所示。

文档的代码编辑区此时新增两对 <div> 标记，在 <div class="col-md-12"></div> 标记中，将"col-md-12"中"12"改成"6"，默认情况下，Bootstrap 建立的是一个 12 列格网，现在只使用其中 6 列。将插入点移动到 class="col-md-6" 中的"6"之后，按空格键，在弹出的参数中选择"col-md-offset-3"，指定内容向右偏移 3 列显示。在此对 <div> 标记的"实时视图"区中，添加图 9.1.24 所示的公司各种联系方式。

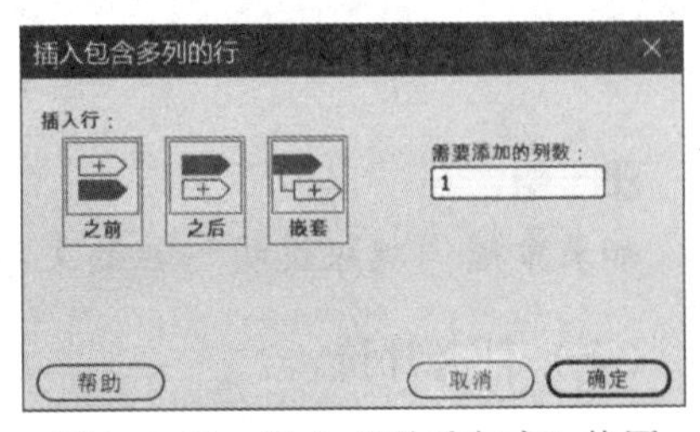

图 9.1.23　插入"联系方式"格网

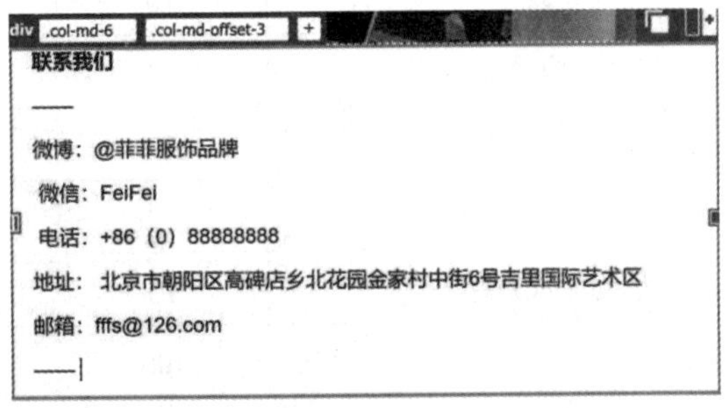

图 9.1.24　"联系方式"主要内容

5. 添加“版权说明”

在网页底部，按一般网页设计规则，添加网站“版权说明”。为和顶部导航栏保持相同风格，“版权说明”也使用暗色风格。

在文档的代码编辑区“联系方式”代码后，打开“插入”菜单，选择“HTML”→“Footer”，弹出“插入 Footer”对话框。单击“Class”后的下拉按钮，选择“navbar - inverse”，这样“版权说明”栏将应用和导航栏相同的 CSS 风格。属性设置如图 9. 1. 25 所示。

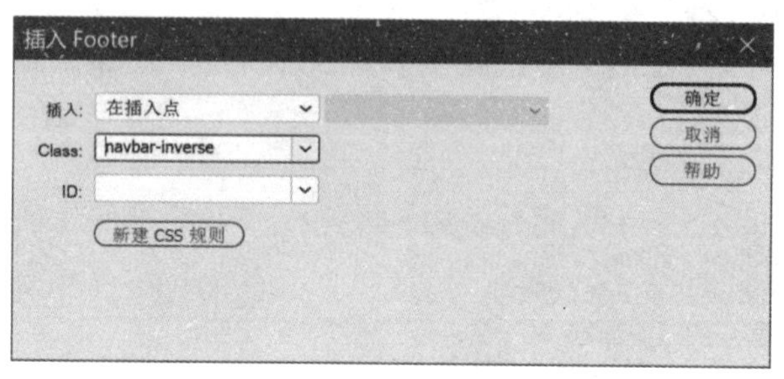

图 9. 1. 25　添加页底“版权说明”栏

在 <footer class = " navbar - inverse" > </footer > 标记中，添加“ <p align = "center" > <font color = " white" > 版权所有（C）2017 - 2021 FeiFei Fashion Co. Ltd. 北京菲菲服饰有限公司 保留所有权利 </font > </p >”，如图 9. 1. 26 所示。至此，网站首页设计制作完成。

图 9. 1. 26　“版权说明”栏内容

想一想：

如果希望“版权说明”栏的文字更大一点，更突出一点，最简单的实现方法是什么？

（五）任务评价

序号	一级指标	分值	得分	备注
1	站点的建设	10		
2	网站首页架构设计	20		
3	网页导航栏的制作	30		
4	网页主体部分的制作	30		
5	模板页最终完成效果	10		
合计		100		

（六）思考练习

1. Dreamweaver 2021 中内置 Bootstrap 的版本是__________。
2. Bootstrap 框架主要使用________和________技术实现。
3. Bootstrap 要建立一个响应式的列格网布局系统，引入________和________布局方式。
4. Bootstrap 第 3 版的核心文件是________和________。
5. Bootstrap. css 文件系统默认存放在（　　）。

A. 站点文件夹的根目录下

B. 站点文件夹的 css 子文件夹下

C. 站点文件夹的 js 子文件夹下

D. 站点文件夹的 images 子文件夹下

6. Bootstrap 提供多种样式的按钮，通过 CSS 的类来控制。要制作“成功”按钮，在 <button>标记的 Class 中，应指定类名（　　）。

A. btn　　B. btn – primary　　C. btn – info　　D. btn – success

7. Bootstrap 图片轮播插件可以向站点添加轮番显示内容，以下元素不包含在轮播内容中的是（　　）。

A. 音频　　B. 图像　　C. 视频　　D. 文字

8. 在 Bootstrap 中，导航条如果要定义在网页顶部，应使用（　　）。

A. navbar – fixed – top　　B. navbar – fixed – Bottom

C. nav – collapse　　D. collapse

9. Bootstrap 主要有什么作用？它的特点是什么？
10. Bootstrap 的页面布局一般有几种方式？它们的区别是什么？

（七）任务拓展

在网站首页的“产品展示横幅”和“联系方式”中间增加一个 DIV 区域，在此区域内，制作“菲菲服饰”简介，可以用文字、图片或两者结合方式，并合理进行布局。根据已有的网页制作经验，结合任务一中“联系方式”的制作方法，收集和处理素材，灵活运用 Bootstrap 样式定义，完成此区块的设计和制作。

任务二　制作“设计师”网页

（一）任务描述

通过以下两个步骤的操作实践来认识 Bootstrap 框架下拉菜单、导航条、标签、小图标等组件的使用，完成“菲菲服饰”网站中“设计师”网页的制作。效果如图 9. 2. 1 所示。

①设计“菲菲服饰”网站的“设计师”网页结构。

②制作“菲菲服饰”网站的“设计师”网页。

图 9.2.1 “设计师”网页效果

（二）任务目标

根据网站需求分析，通过“菲菲服饰”网站“设计师”网页的设计和制作，帮助初学者更深入了解 Bootstrap 的下拉菜单、导航条、标签、小图标等组件的使用方法和代码、参数的修改方法，完成“设计师”网页的制作。

（三）知识准备

知识准备一　重要组件：标签（Label）

标签是一个很好用的页面小元素，Bootstrap 具有多种颜色标签。要表达不同的页面信息，只需要简单使用 .label 类即可。

启用标签，一般使用 <span> 标记，在此标记内用 class 指定要使用的标签类型即可。各种标签效果如图 9.2.2 所示。

知识准备二　重要组件：小图标（Glyphicons）

Bootstrap 捆绑了 200 多个字体图标。如果创建了基于 Bootstrap 的网页，字体图标默认在当前站点的 fonts 文件夹中，主要是 glyphicons – halflings – regular. eot、glyphicons – halflings – regular. svg、glyphicons – halflings – regular. ttf、glyphicons – halflings – regular. woff 等文件。

标签	代码
默认	<span class="label">默认</span>
成功	<span class="label label-success">成功</span>
警告	<span class="label label-warning">警告</span>
重要	<span class="label label-important">重要</span>
信息	<span class="label label-info">信息</span>
反向	<span class="label label-inverse">反向</span>

图 9.2.2　各种类型标签效果

Bootstrap 提供的字体图标中，每个图标对应一个 class，部分图标如图 9.2.3 所示。在使用时，只需要包含 glyphicon 和对应的 class 即可。如果要显示常见的主页图标，可以这样使用：

```
< span class = "glyphiconglyphicon - home" > < /span >
```

可以通过改变字体的大小和颜色来改变字体图标的大小和颜色，这和普通文字的设置方法相同。

小贴士

小图标的图样和对应的 class 可以查阅 http://v3. bootcss.com/components/#glyphicons 进行了解。

Bootstrap v4 默认不再提供图标，把图标分离出来作为一个单独的项目，即 open - iconic。

glyphicon glyphicon-asterisk	glyphicon glyphicon-plus	glyphicon glyphicon-euro	glyphicon glyphicon-eur	glyphicon glyphicon-minus	glyphicon glyphicon-cloud	glyphicon glyphicon-envelope	glyphicon glyphicon-pencil
glyphicon glyphicon-glass	glyphicon glyphicon-music	glyphicon glyphicon-search	glyphicon glyphicon-heart	glyphicon glyphicon-star	glyphicon glyphicon-star-empty	glyphicon glyphicon-user	glyphicon glyphicon-film
glyphicon glyphicon-th-large	glyphicon glyphicon-th	glyphicon glyphicon-th-list	glyphicon glyphicon-ok	glyphicon glyphicon-remove	glyphicon glyphicon-zoom-in	glyphicon glyphicon-zoom-out	glyphicon glyphicon-off
glyphicon glyphicon-signal	glyphicon glyphicon-cog	glyphicon glyphicon-trash	glyphicon glyphicon-home	glyphicon glyphicon-file	glyphicon glyphicon-time	glyphicon glyphicon-road	glyphicon glyphicon-download-alt

图 9.2.3　部分常用小图标样例

（四）任务实施

步骤一　设计“设计师”网页结构

①单击“文件”菜单，选择“新建”，在弹出的对话框中选择“新建文档”，文件类型为“HTML”，框架选择“BOOTSTRAP”。特别注意的是，“Bootstrap CSS”选项中不能再选“新建”，要选择“使用现有文件”。同时取消勾选“包含预构建布局”，单击“创建”按钮，如图 9. 2. 4 所示。

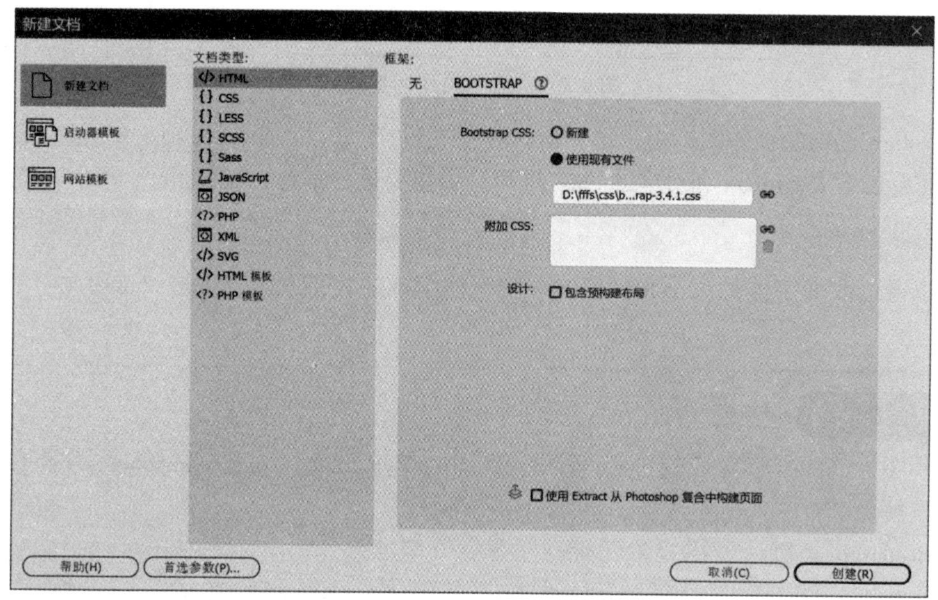

图 9. 2. 4　新建 Bootstrap 框架网页

想一想：

如果勾选“包含预构建布局”，创建的 Bootstrap 框架网页有什么特征？

②单击“文件”菜单，选择“保存”，将新建的文档保存为“Designer. html”。将视图模式切换到“实时视图”，单击“拆分”按钮，将文档编辑窗口拆分成“实时视图”和“代码视图”两部分。

“设计师”网页的结构比较简单，上部是导航条，中部是设计师个人介绍资料，下部是版权说明栏。简单结构如图 9. 2. 5 所示。

步骤二　制作“设计师”网页

1. 添加导航条

在文档的代码编辑区，将插入点移动到 <script src = "js/bootstrap - 3. 4. 1. js"> </script >后，打开“插入”菜单，选择“Bootstrap 组件”→“Navbar”→“Inverted Navbar”，在顶部添加一个暗色响应式导航栏。参照 index. html 中导航条的修改方法，将导航条相关内容修改至和 index. html 中的完全一致，如图 9. 2. 6 所示。

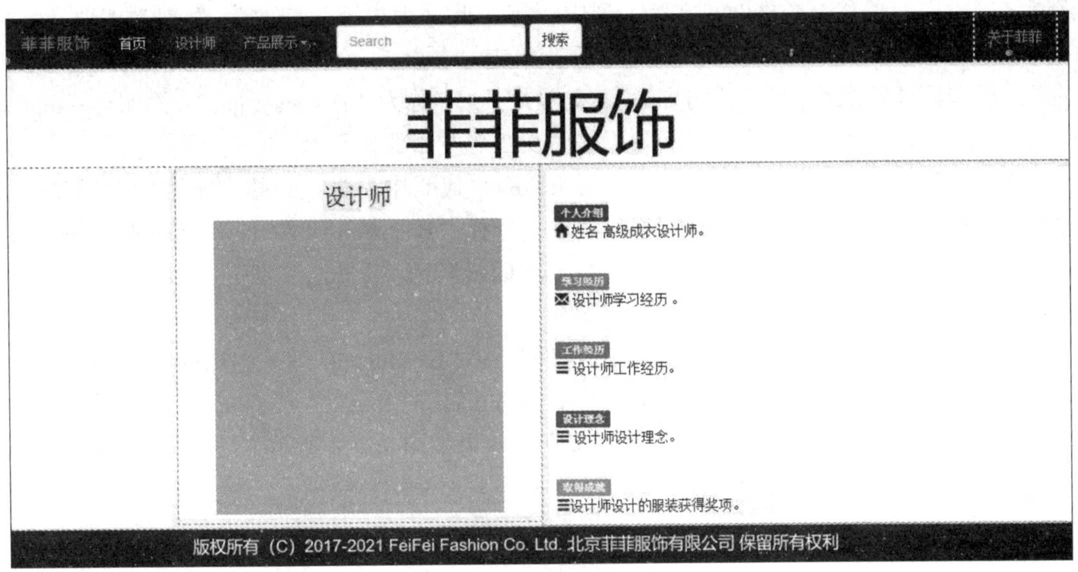

图 9.2.5　设计师网页结构

图 9.2.6　添加暗色响应式导航条

2. 添加网站 LOGO

在文档的代码编辑区，将插入点移动到 </nav> 标记下方，即导航栏下方，插入网站小型 LOGO 图片。操作方法可参考首页中 LOGO 的添加方法。LOGO 图片选择 images 文件夹下的 logo2. png，“alt” 中输入 “菲菲公司”，“link” 中输入 “#”，如图 9.2.7 所示。

图 9.2.7　添加网站小型 LOGO 图片

3. 添加设计师简介

在网站 LOGO 的下方，单击 “插入” 菜单，选择 “Bootstrap 组件” → “Grid Row with Column”，打开 “插入包含多列的行” 对话框，在列数后输入 “2”，单击 “确定” 按钮。

在代码区，修改新插入的代码中第一列 <div class = "col - md - 6" > </div>，将 “col - md - 6” 改为 “col - md - 4”，同时，在其后新增 “col - md - offset - 1”，即第 1 列占用 4 个

格网，同时向右偏移 1 个格网。在第 1 列中，将“此处为内容”修改为“<h3 align = "center">设计师</h3>”；在</h3>标签后，单击“插入”菜单，选择“HTML”→“Image”，插入设计师图片，图片位于 images 文件夹下，名称为“Designer. jpg”。添加<p align = "center">并让图片居中显示。最后效果如图 9. 2. 9 左侧部分所示。

在第 2 列<div class = "col - md - 6"> </div>代码中，为让介绍文字和图片同高，添加 3 个</br>标签，然后单击“插入”菜单，选择“Bootstrap 组件”→“Labels”→“Primary”，选择“嵌套”，代码区新增<span class = "label label - primary">Primary Label</span>，将其中的“Primary Label”修改为“个人介绍”。

单击“插入”菜单，选择“Bootstrap 组件”→“Glyphicons”→“Home”，代码区新增<span class = "glyphicon glyphicon - home" aria - hidden = "true"> </span>，即“主页”图标。在此图标后，输入设计师的个人简介文字。效果如图 9. 2. 8 所示。

个人介绍

菲乐 高级服装成衣设计师，中国服装届知名新锐服装设计师。

图 9. 2. 8　添加“个人介绍”

接下来依次添加以下内容，添加方法和添加“个人介绍”的方法完全相同。

➢学习经历：“Label”使用“Info”，“Glyphicon”使用“Envelope”。

➢工作经历：“Label”使用“Success”，“Glyphicon”使用“Menu”。

➢设计理念：“Label”使用“Danger”，“Glyphicon”使用“Menu”。

➢取得成就：“Label”使用“Warning”，“Glyphicon”使用“Menu”。

通过以上制作，设计师个人介绍材料形成一个五彩标签，更能吸引浏览者的注意力。各段文字内容如图 9. 2. 9 所示。

个人介绍

菲乐 高级服装成衣设计师，中国服装届知名新锐服装设计师。

学习经历

18岁的菲乐独自前往巴黎，先后就读于 Studio Bercot Istituto Marangoni 两所国际时尚界最高学府，学习服装设计；2012年，刚满20岁的她在巴黎成立了品牌"FeiFei"。2013年9月，菲菲服饰在巴黎发布了以"还原"为主题的首个系列，它将黑与白、优雅与高贵重新演绎，重现经典。

工作经历

2010.9-2011.6 lanven;
2011.7-2011.12 rojrovern。

设计理念

菲菲服饰流淌着一种与生俱来的浪漫气质，秉承着谦慎细谨的作风，选用高品质面料，制作精准的服装版型，在每一个环节都做到了尽善尽美，从设计到成衣一气呵成。菲菲坚持着简约、干练的设计风格，用独特的视角，塑造成熟优雅的女性形象。

取得成就

2012年作品《鼎盛时代》获首届中国国际青年服装设计师大赛唯一金奖。
2013年评为首届中国十佳服装设计师。
2013年被日本朝日周刊誉为中国"五佳"服装设计师之首。
2015年作品获第九届全国美展设计艺术类金奖。
2016年获上海国际服装文化节颁发的设计成就奖。

图 9. 2. 9　设计师介绍制作效果图

4. 添加版权说明

在网页底部添加版权说明。和顶部导航条保持相同风格，版权说明也使用暗色风格，如图 9. 2. 10 所示。使用 Footer 标签实现，和 index. html 文件中的添加方法相同。

版权所有 (C) 2017-2021 FeiFei Fashion Co. Ltd. 北京菲菲服饰有限公司 保留所有权利

图 9. 2. 10　版权说明

想一想：

网站首页和“设计师”网页的导航条及版权说明基本一致，能不能利用“模板”来制作？

（五）任务评价

序号	一级指标	分值	得分	备注
1	站点的建设	10		
2	网站首页架构设计	20		
3	网页导航栏制作	20		
4	设计师介绍部分制作	40		
5	网页最终完成效果	10		
合计		100		

（六）思考练习

1. Bootstrap 框架中，对于“成功”类型的标签，class 是＿＿＿＿＿。
2. Bootstrap 框架使用“Label”，一般使用 HTML 中的标记来显现＿＿＿＿＿。
3. Bootstrap 框架中，小图标“ + ”的 class 是＿＿＿＿＿。
4. Bootstrap 框架中，“col – md – offset – 2”的作用是＿＿＿＿＿。
5. Bootstrap 小图标的字体文件一般保存在（　　）。

A. 站点文件夹的根目录下

B. 站点文件夹的 css 子文件夹下

C. 站点文件夹的 fonts 子文件夹下

D. 站点文件夹的 images 子文件夹下

6. Bootstrap 中的“主页”小图标的 class 是（　　）。

A. glyphicon glyphicon – home

B. glyphiconglyphicon – ok

C. glyphiconglyphicon – user

D. glyphiconglyphicon – envelope

7. Bootstrap 中的“警告”标签的 class 是（　　）。

A. label label – primary　　　　B. label label – success

C. label label – warning　　　　D. label label – danger

8. Footer 标签是（　　）技术中提供的。

A. HTML 4　　　　B. HTML 5

C. JavaScript　　　　D. jQuery

9. Bootstrap 框架小图标主要保存在哪个字体文件中？

10. 勾选“包含预构建布局”创建的 Bootstrap 框架网页，主要使用了哪些组件和插件？

（七）任务拓展

在网站导航栏上，最右侧有一个“关于菲菲”的标题，请新创建一个基于 Bootstrap 框架的网页，主要介绍“菲菲服饰”的发展历史。网页结构可以参考任务二。使用文字、图片结合方式，合理进行布局，完成网页制作。单击导航栏右侧的“关于菲菲”链接，可以打开此网页。根据已有的网页制作经验，结合任务二的制作方法，收集和处理素材，灵活运用 Bootstrap 组件，完成此网页的设计和制作。

任务三　制作“产品展示”网页

（一）任务描述

通过以下两个步骤的操作实践来认识 Bootstrap 框架下拉菜单、导航条、缩略图等组件的使用，完成“菲菲服饰”网站中“产品展示”网页的制作，网页效果如图 9. 3. 1 所示。

①设计“菲菲服饰”网站“产品展示”网页的结构。

②制作“菲菲服饰”网站“产品展示”网页。

（二）任务目标

根据网站需求分析，通过“菲菲服饰”网站 2020 年、2021 年服装产品展示网页的设计和制作，帮助初学者更深入了解 Bootstrap 的下拉菜单、导航条、缩略图等组件的使用方法和代码、参数修改方法，完成服装产品展示网页的制作。

（三）知识准备

知识准备一　重要插件：标签页（Tab）

标签页插件可以在网页中添加快速的、动态的 tab 和 pill，带过滤效果及下拉菜单的选项卡功能，可以切换显示本地内容，来实现过渡页面内容的效果。只需要在 tab 或者 pill 页面要素上简单地添加上 nav 和 nav – tabs 并引用该 JS 文件即可。同时，可以使用 ul 标签来样式化要素。

启用标签页，通过 data 属性，添加 data – toggle = "tab" 或 data – toggle = "pill" 到锚文本链接中。如果需要为标签页设置淡入淡出效果，添加 . fade 到每个 . tab – pane 后面。第一个标签页必须添加 . in 类，以便淡入显示初始内容。效果如图 9. 3. 2 所示。

图 9.3.1　“产品展示”网页效果图

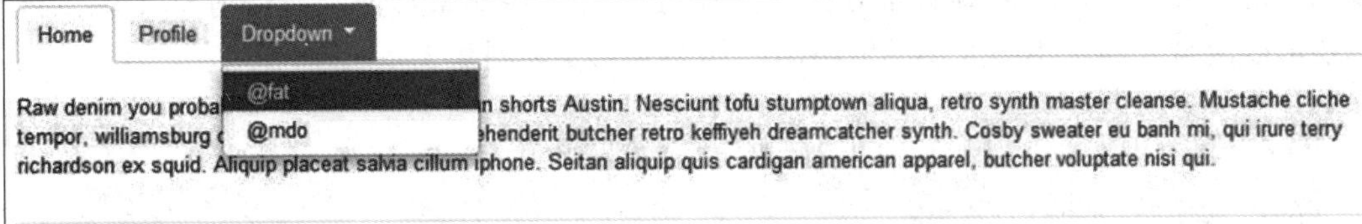

图 9.3.2　标签效果

【例 9.15】 图 9.3.2 中的标签页的代码片段如下：

```
< div role = "tabpanel" >
< ul id = "myTab" class = "nav nav - tabs" >
< li class = "active" > < a href = "#home" data - toggle = "tab" > Home < /a > < /li >
< li > < a href = "#profile" data - toggle = "tab" > Profile < /a > < /li >
< li class = "dropdown" >
```

```
<a href = "#" class = "dropdown - toggle" data - toggle = "dropdown" > Dropdown
<b class = "caret" > </b> </a>
<ul class = "dropdown - menu" >
<li > <a href = "#dropdown1" data - toggle = "tab" >@ fat </a> </li>
<li > <a href = "#dropdown2" data - toggle = "tab" >@ mdo </a> </li>
</ul>
</li>
</ul>
<div id = "myTabContent" class = "tab - content" >
<div class = "tab - pane fade in active" id = "home" >
<p >Raw denim you probably havent heard of them... </p>
</div>
<div class = "tab - pane fade" id = "profile" >
<p >Food truck fixie locavore, accusamus mcsweeney's... </p>
</div>
<div class = "tab - pane fade" id = "dropdown1" >
<p >Etsy mixtape wayfarers, ethical wes anderson... </p>
</div>
<div class = "tab - pane fade" id = "dropdown2" >
<p >Trust fund seitan letterpress, keytar raw denim... </p>
</div>
</div>
</div>
```

知识准备二　重要组件：缩略图（Thumbnails）

缩略图可以作为图片、视频、文字的格网结构展示。实现默认形式的 Bootstrap 缩略图，只需要简单的 Thumbnails 标签。Thumbnails 多应用于图片、视频的搜索结果等页面，还可以链接到其他页面。同样，它具有很好的可定制性，可以将文章片段、按钮等标签融入缩略图，还可以混合和匹配不同大小的缩略图，如图 9. 3. 3 和图 9. 3. 4 所示。

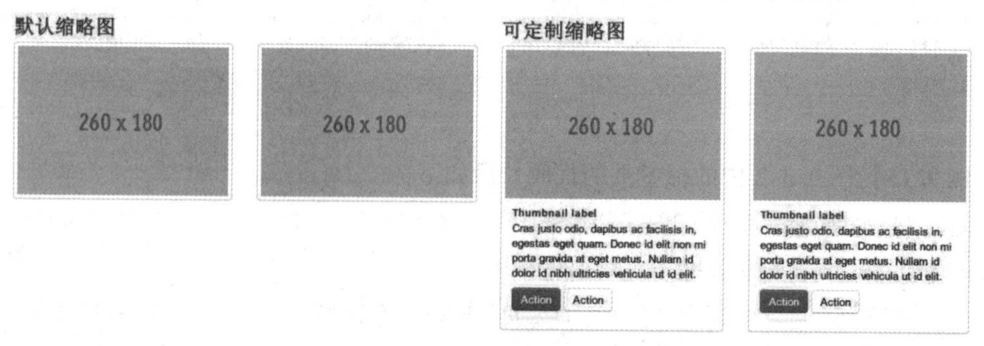

图 9. 3. 3　缩略图样式（1）

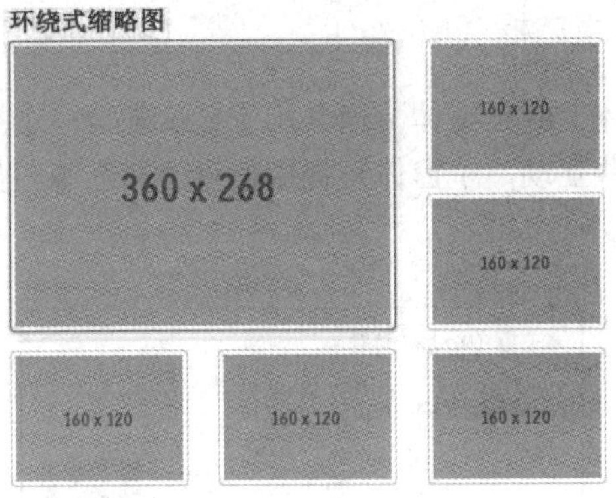

图 9.3.4　缩略图样式（2）

【例 9.16】 图 9.3.3 中的“可定制缩略图”的代码片段如下：

```
<div class = "span6 " >
<h2 >可定制缩略图 </h2 >
<ul class = "thumbnails" >
<li class = "span3" >
<div class = "thumbnail" >
<img src = "images/260x180.jpg" alt = "" >
<div class = "caption" >
<h5 >Thumbnail label </h5 >
<p >Cras justo odio, dapibus ac facilisis in... </p >
<p > <a href = "#" class = "btn btn - primary" >Action </a >
<a href = "#" class = "btn" >Action </a > </p >
</div >
</div >
</li >
<li class = "span3" >
<div class = "thumbnail" >
<img src = "images/260x180.jpg"alt = "" >
<div class = "caption" >
<h5 >Thumbnail label </h5 >
<p >Cras justo odio, dapibus ac facilisis in... </p >
<p > <a href = "#" class = "btn btn - primary" >Action </a >
<a href = "#" class = "btn" >Action </a > </p >
</div >
</div >
</li >
</ul >
</div >
```

想一想：

环绕式缩略图在设计什么内容的网页时特别适合使用？

知识准备三　重要插件：模态框（Modal）

模态框是覆盖在父窗体上的子窗体。通常用于显示来自一个单独的源的内容，可以在不离开父窗体的情况下有一些互动。子窗体可提供信息、交互等，如图 9. 3. 5 所示。该插件需要引用 bootstrap－3. 4. 1. js。

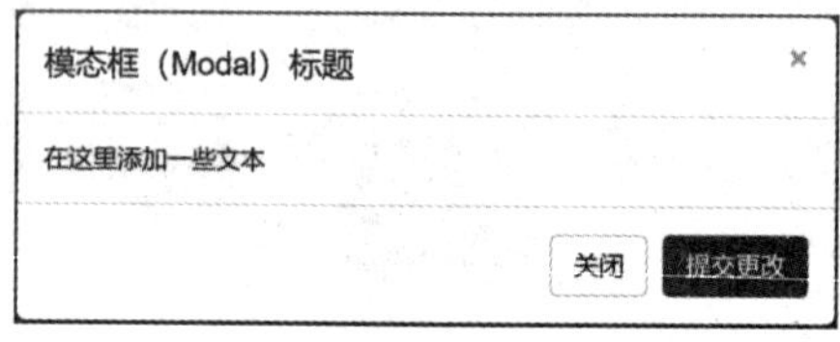

图 9. 3. 5　模态框

【例 9. 17】 图 9. 3. 5 中的模态框的代码片段如下：

```
<!-- 按钮触发模态框 -->
<button class = "btn btn - primary btn - lg" data - toggle = "modal" data - target =
"#myModal" > 开始演示模态框 </button>

<!-- 模态框(Modal) -->
<div class = "modal fade" id = "myModal" tabindex = " -1" role = "dialog" aria - la-
belledby = "myModalLabel" aria - hidden = "true" >
<div class = "modal - dialog" >
<div class = "modal - content" >
<div class = "modal - header" >
<button type = "button" class = "close" data - dismiss = "modal" aria - hidden = "
true" > &times; </button>
<h4 class = "modal - title" id = "myModalLabel" >
模态框(Modal)标题
</h4>
</div>
<div class = "modal - body" >
在这里添加一些文本
</div>
<div class = "modal - footer" >
<button type = "button" class = "btn btn - default" data - dismiss = "modal" >关闭
</button>
<button type = "button" class = "btn btn - primary" >提交更改 </button>
</div>
</div> <!-- /.modal - content -- >
</div> <!-- /.modal -- >
```

（四）任务实施

步骤一　设计产品展示网页结构

①单击“文件”菜单，选择“新建”，在弹出的对话框中选择“新建文档”，文件类型为“HTML”，框架选择“BOOTSTRAP”。需要特别注意的是，“Bootstrap CSS”选项不能再选择“新建”，要选择“使用现有文件”。同时，取消勾选“包含预构建布局”，单击“创建”按钮，如图9.3.6所示。

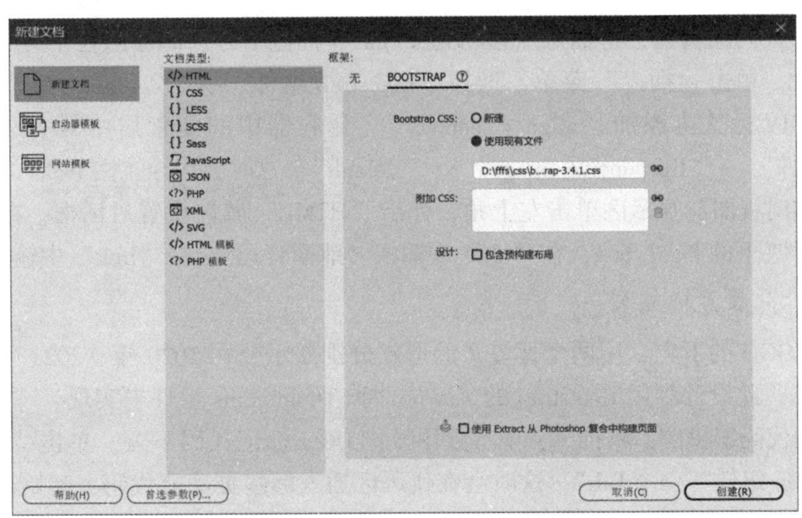

图 9.3.6　新建 Bootstrap 框架网页

②单击“文件”菜单，选择“保存”，将新建的文档保存为“Product. html”。将视图模式切换到“实时视图”，单击“拆分”按钮，将文档编辑窗口拆分成“实时视图”和“代码视图”两部分。

产品展示网页的结构比较简单，上部是导航条，中部是要展示的产品，下部是版权说明栏。简单结构如图9.3.7所示。

图 9.3.7　产品展示网页结构

步骤二　制作产品展示网页

1. 添加导航条

在文档的代码编辑区，将插入点移动到 <script src = "js/bootstrap - 3. 4. 1. js" > </script >后，打开“插入”菜单，选择“Bootstrap 组件”→“Navbar”→“Inverted Navbar”，在顶部添加一个暗色响应式导航栏。参照 index. html 中导航条的修改方法，将导航条相关内容修改至和 index. html 中完全一致。

2. 添加网站 LOGO

在文档的代码编辑区，将插入点移动到 </nav >标记下方，即导航栏下方，插入网站小型 LOGO 图片。单击“插入”菜单，选择“Bootstrap 组件”→“container”，插入一个 DIV 容器，并在 DIV 标签内添加“align = "center"”，让容器中的元素居中对齐。接下来选择“Bootstrap 组件”→“Responsive Image”→“Default”，这时会在导航栏下插入一个灰色矩形区域，在“实时视图”显示区单击左上角，弹出“HTML”属性设置对话框，在“src”中选择 images 文件夹下的 logo2. png，在“alt”中输入“菲菲公司”，在“link”中输入“#”。

3. 添加产品展示标签页

在网站 LOGO 的下方，用两个标签页的形式分别展示公司 2020 年、2021 年两个年度的畅销服装产品，此设计利用 Bootstrap 的 Tab 插件和 Thumbnails 组件来实现。

在文档的代码编辑区，将插入点移动到网站 LOGO 标记代码下方，单击“插入”菜单，选择“Bootstrap 组件”→“Tab”，这时会在代码区插入标签页功能代码，起始是 <div role = "tabpanel"> 。

【例 9. 18】 Tab 组件的代码片段如下：

```
<div role = "tabpanel" class = "tab - pane fade" id = "tabDropDownOne1" >
<p >Dropdown content#1 < /p >
< /div >
<div role = "tabpanel" class = "tab - pane fade" id = "tabDropDownTwo1" >
<p >Dropdown content#2  < /p >
< /div >
```

在“实时视图”中，单击“Tab1”，在代码区对应位置，将“Tab1”修改为“2020 年畅销产品展示”，同样，将“Tab2”修改为“2021 年畅销产品展示”。

【例 9. 19】 修改 Tabs 标签内容后的代码片段如下：

```
    <li role = "presentation" class = "active" > <a href = "#home1" data - toggle =
"tab" role = "tab" aria - controls = "tab1" >2020 年畅销产品展示 < /a > < /li >
    <li role = "presentation" > <a href = "#paneTwo1" data - toggle = "tab" role = "tab"
aria - controls = "tab2" >2021 年畅销产品展示 < /a > < /li >
```

在“实时视图”中，单击“Tab3”，将代码区从 <li role = " presentation" class = " dropdown" >到对应的 </li >的代码全部删除。同时，将对应两个下拉菜单的 id = " tabDropDownOne1 " 和 id = " tabDropDownTwo1 " 两组 <div >标记全部删除。在这个产品展示区中，不需要此下拉菜单。

【例 9.20】要删除的代码如下：

```
<li role = "presentation" class = "dropdown" >
<a href = "#" id = "tabDropOne1" class = "dropdown - toggle" data - toggle = "drop-
down" role = "tab" aria - controls = "tab3" aria - haspopup = "true" aria - expanded =
"false" >Tab 3 Dropdown <span class = "caret" > </span > </a >
<ul class = "dropdown - menu" aria - labelledby = "tabDropOne1" >
<li > <a href = "#tabDropDownOne1" tabindex = " - 1" data - toggle = "tab" >Drop-
down Link 1 </a > </li >
<li > <a href = "#tabDropDownTwo1" tabindex = " - 1" data - toggle = "tab" >Drop-
down Link 2 </a > </li >
</ul >
</li >
```

查找 <div role = "tabpanel" class = "tab – pane fade in active" id = "home1" >，删除 <div > 标记中的“ <p > Content in <b > Tab Panel 1 </b > </p >”，单击“插入”菜单，选择“Bootstrap 组件”→“Thumbnails”，在第一个“Tab”中插入第一张“缩略图”，如图 9.3.8 所示。

图 9.3.8　添加“缩略图”组件

在新插入的“缩略图”代码中，第二行中找到 <div class = "col – md – 4" >，默认一张“缩略图”占用 4 个格网，为使一行能显示 4 张“缩略图”，将“col – md – 4”改为“col – md – 3”。选中灰色“缩略图”，单击左上角，弹出“HTML”属性设置对话框，在“src”中选择 images 文件夹下的 2020 – 1. jpg，在“alt”中输入“2020”，在“link”中输入“#gg2020 – 1”。单击图片下的“Thumbnail 1 label”，在代码区对应位置将其修改为“欧美风格裙装”；同样，将“Optional content and buttons for Thumbnail #1”修改为“2020 年夏季推出”；将下方两个“Button”分别修改为“规格”和“材质”。修改完成的效果如图 9.3.9 所示。

为实现单击服装图片后，用弹窗形式展示该服装基本信息，需要使用模态框插件。在第一组 <div class = "col – md – 3" > </div >后插入例 9.21 中的代码，实现弹窗展示服装的基本信息。效果如图 9.3.10 所示。

图 9.3.9　修改缩略图图片和文字

图 9.3.10　弹窗展示服装基本信息

【例 9.21】弹窗展示服装基本信息的代码片段如下：

```
<!--modal gg2020-1 start-->
<div class="modal fade" id="gg2020-1" aria-labelledby="ModalLabel2020-1"
aria-hidden="true">
<div class="modal-dialog modal-md">
<div class="modal-content">
<div class="modal-header">
<button type="button" class="close" data-dismiss="modal" aria-label=
"Close">
<span>&times;</span></button>
<h3 class="modal-title" id="ModalLabel2020-1">2020 欧美风格裙装</h3>
</div>
<div class="modal-body">
<div class="row" align="center">
<h3>202001 裙装套件</h3>
<h5>&yen;2800.00</h5>
<p>颜色/Color:黑色/Black</p>
<p>面料/Fabric:真丝/real silk</p>
</div>
</div>
<div class="modal-footer"></div>
</div><!-- /.modal-content -->
</div><!-- /.modal-dialog -->
</div><!-- /.modal -->
<!--modal gz2020-1 end-->
```

在“实时视图”中选中插入的第一张“缩略图”，代码区对应选中的是 <div class="col-md-3"> 到对应的 </div> 之间的内容，右击，在快捷菜单中选择“复制”，然后复制 3 次，这样在同一行中出现 4 个同样的“缩略图”，将第 2～4 张“缩略图”依次修改为 2020-2.jpg、2020-3.jpg、2020-4.jpg，如图 9.3.11 所示。

图 9.3.11　第一行缩略图效果展示

在第一行4张“缩略图”添加完成后，将插入点移到<div class="row">对应的</div>之后，再增加一对<div class="row"> </div>，在这对<div>标签中，准备添加第二行4张“缩略图”。添加方法和第一行完全相同，图片分别是2020-5.jpg、2020-6.jpg、2020-7.jpg、2020-8.jpg，如图9.3.12所示。

图9.3.12　第二行添加的4张图片

第一个“Tab”添加完成后，在“实时视图”中单击“2021年畅销产品展示”，在下方出现第二个“Tab”的内容“Content 2”。在代码区相应区域，找到“<div role="tabpanel" class="tab-pane fade" id="paneTwo1">”，删除其后的“<p>Content 2</p>”，用制作第一个“Tab”相同的方法，添加8张“缩略图”并修改相应文字内容。这8张图片在images文件夹下，分别是2021-1.jpg～2021-8.jpg。完成后的效果如图9.3.13所示。

图9.3.13　第二个“Tab”页效果图

4. 添加版权说明

在网页底部添加网站的版权说明。和顶部导航条保持相同风格，版权说明也使用暗色风格。使用 Footer 标签实现，和 index. html 文件中的添加方法相同。

5. 添加导航条“产品展示”超链接

在制作导航条时，“产品展示”下的“2020”和“2021”两个菜单项的超链接设置的是虚链接“Product. html”。标签页制作完成后，可以设置实链接。在“实时视图”中，单击“产品展示”，在弹出的下拉菜单中单击“2020”，在代码区对应位置，将“2020”前的 <a href = "Product. html" >修改为 <a href = " Product. html#home1" data – toggle = " tab" >。同样，将“2021”前的 <a href = " Product. html" >修改为 <a href = " Product. html#paneTwo1" data – toggle = "tab" >。在浏览器中预览标签页切换、超链接是否准确。

【例 9. 22】 修改导航条超链接的代码片段如下：

```
<ul class = "dropdown - menu" >
<li > <a href = "Product.html#home1" data - toggle = "tab" >2020 </a > </li >
<li > <a href = "Product.html#paneTwo1" data - toggle = "tab" >2021 </a > </li >
</ul >
```

小提示

此处修改的超链接“#home1”等是添加“Tab”时系统默认的名称，可以自定义此名称。

（五）任务评价

序号	一级指标	分值	得分	备注
1	站点的建设	10		
2	网站首页架构设计	20		
3	网页导航栏制作	10		
4	标签页部分制作	50		
5	网页最终完成效果	10		
合计		100		

（六）思考问题

1. 基于 Bootstrap 制作的网页，在编辑时为什么一般要使用“实时视图”而不是“设计”？

2. 基于 Bootstrap 制作网站的一般流程是什么？

（七）任务拓展

制作无锡科学技术职业学院“科技处在线”网站，首页效果如图 9.3.14 所示。首页用到的素材图片，在项目九的任务拓展包内提供。首页的基本格局由五部分组成：第一部分是 LOGO 区；第二部分是网站导航栏；第三部分是网站图片轮播展示区；第四部分是网站图文信息展示区；第五部分是版权说明，宽度 1 000 像素，居中对齐。各栏根据需要自行设定。请使用 Bootstrap 框架完成此网站首页的制作。

图 9.3.14 无锡科学技术职业学院“科技处在线”网站首页效果图

其中，①网站 LOGO 使用 Bootstrap 的“Responsive Image”组件；②导航条使用 Bootstrap 的“Navbar”组件；③图片轮播展示区使用 Bootstrap 的“Carousel”插件；④图文信息展示区使用 Bootstrap 的“Media - object - default”组件；⑤图文信息标题前的小图标使用 Bootstrap 的“Glyphicons”组件。

附　录

附录一　创建网站
“姑苏美食”续
（样式入门）

附录二　创建网站
“全瀚通信”前导
（网页美工）

附录三　创建网站
“全瀚通信”续
（网站代码）